新编 AutoCAD
制图快捷命令
速查一册通

CAD辅助设计教育研究室 编著

人民邮电出版社
北 京

图书在版编目（CIP）数据

新编AutoCAD制图快捷命令速查一册通 / CAD辅助设计教育研究室编著. -- 北京：人民邮电出版社，2017.6
ISBN 978-7-115-44792-0

Ⅰ．①新… Ⅱ．①C… Ⅲ．①AutoCAD软件 Ⅳ.
①TP391.72

中国版本图书馆CIP数据核字(2017)第045037号

内 容 提 要

本书是一本 AutoCAD 各版本都通用的学习工具书，收录了实用、常用的命令和功能，开本小巧，内容实用，是学习 AutoCAD 的随身速查宝典。

本书共 14 章，内容包括 AutoCAD 入门、文件管理、图形坐标系、图形的绘制与编辑、图形标注、文字与表格、图层与图块特性、块与外部参照、设计中心、三维绘图基础、三维实体与网格建模、三维模型的编辑、三维渲染以及图形打印等知识。

本书配有诸多超值的电子书，可以增强读者的学习兴趣，提高学习效率。

本书定位于 AutoCAD 初、中级用户，可作为广大 AutoCAD 初学者和爱好者学习 AutoCAD 的专业指导教材。同时对各专业技术人员来说也是一本不可多得的参考和速查手册。

◆ 编　　著　　CAD 辅助设计教育研究室
　　责任编辑　张丹阳
　　责任印制　陈　犇

◆ 人民邮电出版社出版发行　　北京市丰台区成寿寺路 11 号
　　邮编　100164　　电子邮件　315@ptpress.com.cn
　　网址　http://www.ptpress.com.cn
　　三河市君旺印务有限公司印刷

◆ 开本：880×1230　1/32
　　印张：8　　　　　　　　　　2017 年 6 月第 1 版
　　字数：345 千字　　　　　　　2025 年 4 月河北第33次印刷

定价：29.00 元

读者服务热线：(010)81055410　印装质量热线：(010)81055316
反盗版热线：(010)81055315

在当今的计算机工程界，恐怕没有一款软件比 AutoCAD 更具有知名度和普适性了。AutoCAD 是美国 Autodesk 公司推出的集二维绘图、三维设计、参数化设计、协同设计及通用数据库管理和互联网通信功能于一体的计算机辅助绘图软件包。AutoCAD 自 1982 年推出以来，从初期的 1.0 版本，经多次版本更新和性能完善，现已发展到 AutoCAD 2016。AutoCAD 不仅在机械、电子、建筑、室内装潢、家具、园林和市政工程等工程设计领域得到了广泛的应用，而且在地理、气象、航海等特殊图形的绘制，甚至乐谱、灯光和广告等方面也得到了广泛的应用，目前已成为计算机 CAD 系统中应用最为广泛的图形软件之一。

同时，AutoCAD 也是一个最具有开放性的工程设计开发平台，其开放性的源代码可以供各个行业进行广泛的二次开发，目前国内一些著名的二次开发软件，如适用于机械的 CAXA、PCCAD 系列，适用于建筑的天正系列，适用于服装设计的富怡 CAD 系列……这些无不是在 AutoCAD 基础上进行本土化开发的产品。

一、编写目的

鉴于 AutoCAD 强大的功能和深厚的工程应用底蕴，我们力图编写一套全方位介绍 AutoCAD 在各个行业实际应用的丛书。具体就每本书而言，我们都将以 AutoCAD 命令为脉络，供读者逐步掌握使用 AutoCAD 进行本行业设计的基本技能和技巧。

二、本书内容安排

本书主要介绍 AutoCAD 各板块的功能命令，AutoCAD 2007 到 AutoCAD 2016 都适用，从简单的界面调整到二维绘图，再到三维建模、渲染与打印输出，以及各项参数设置等，内容覆盖度比较宽广全面，又不失便捷查询的特点，可谓同类书中之冠。

而为了让读者更好地学习本书的知识，在编写时特地对本书采取了疏导分流的措施，内容可划分为 3 篇，共 14 章，具体编排如下表所示。

三大篇	内 容 安 排
基础篇 （第 1 章～第 5 章）	本篇内容主讲一些 AutoCAD 的基本使用技巧，包括软件启动、关闭、文件保存输出，以及简单绘图与编辑等，具体章节介绍如下。 第 1 章，介绍 AutoCAD 基本界面的组成与执行命令的方法等基础知识； 第 2 章，介绍 AutoCAD 的样板文件、文件的输出以及备份和修复； 第 3 章，介绍 AutoCAD 坐标系、对象的选取以及一些辅助绘图工具的用法； 第 4 章，介绍 AutoCAD 基本图形的绘制方法； 第 5 章，介绍 AutoCAD 基本图形的编辑方法

三大篇	内 容 安 排
精通篇 （第6章～第10章）	本篇内容相对于第一篇内容来说有所提高，且更为实用，学习之后能让读者从 "会画图"上升到"能解决问题"的层次，具体章节介绍如下。 第6章，介绍 AutoCAD 中各种标注、注释工具的使用方法； 第7章，介绍 AutoCAD 文字与表格工具的使用方法； 第8章，介绍图层的概念以及 AutoCAD 中图层的使用与控制方法； 第9章，介绍图块的概念以及 AutoCAD 中图块的创建和使用方法； 第10章，介绍 AutoCAD 中图形信息的查询方法
拓展篇 （第11章～第14章）	本篇主要介绍三维绘图环境、三维实体与曲面建模的方法，以及渲染的主要步 骤和各有关命令的含义，具体章节介绍如下。 第11章，介绍 AutoCAD 中建模的基本操作和三维实体和三维曲面的建模方法。 第12章，介绍各种模型编辑修改工具的使用方法； 第13章，介绍三维渲染的概念以及方法； 第14章，介绍 AutoCAD 图形的打印出图方式

三、本书写作特色

为了让读者更好地学习与快速查找，本书在具体的写法上也暗藏玄机，具体总结如下。

◎ 4 大解说板块，全方位解读命令

书中各命令均配有 4 大解说板块："启用方法""操作过程""结束方法"和"选项说明"，各板块的含义说明如下。

● 启用方法：AutoCAD 中各命令的启用方式不止一种，因此该板块主要介绍命令的各启用方法。

● 操作过程：介绍命令执行之后该如何进行下一步操作，该板块还给出了命令行中的内容做参考。

● 结束方法：对操作的结束方法做了详细的介绍。

● 选项说明：AutoCAD 中许多命令都具有丰富的子选项，因此该板块主要针对这些子选项进行介绍。

◎ 2 大索引功能速查，可作案头辞典用

本书不仅能作为初学者入门与进阶的学习图书，也能作为一位老设计师的案头速查手册。书中提供了"AutoCAD 常见问题"和"AutoCAD 命令快捷键"2 大索引附录，可供读者快速定位至所需的内容。

● AutoCAD 常见问题索引：读者可以通过该索引在书中快速准确地查找到各疑难杂症的解决办法。

● AutoCAD 命令快捷键索引：按字母顺序将 AutoCAD 中的命令快捷键进行排列，方便读者查找。

◎ 全方位绘图练习，全面提升操作技能

读书破得万卷，下笔才能如出神入化。AutoCAD 也是一样，只有多加练习方能真正掌握它的绘图技法。我们深知 AutoCAD 是一款操作性很强的软件，本书内容均通过层层筛选，既可作为命令介绍的补充，也符合各行各业实际工作的需要。本书附录还提供了 40 个平面绘图练习以及 20 个三维绘图练习，在很大程度上有助于提升读者的操作技巧，因此本书还是一本不可多得的、能全面提升读者绘图技能的练习手册。

◎ 小巧实用，便于查询

本书最大的特色在于"速查"二字。在目录上，直接用各种命令以及各类问题的表现形式和问题的描述作为名称，使读者通过目录就可以查找到自己所需的内容，极大地提高了查阅的快捷性与准确性。因此完全可以将本书当作一本技术手册，一旦在工作中遇到什么技术问题，都可以在图书中进行查询。

书中内容说明如下。

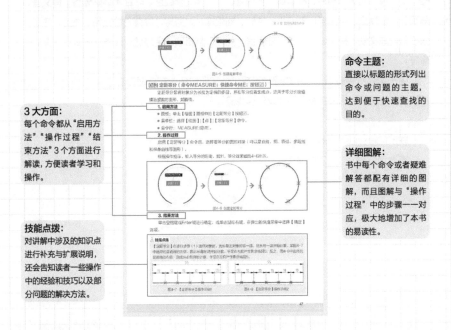

命令主题：
直接以标题的形式列出命令或问题的主题，达到便于快速查找的目的。

3 大方面：
每个命令都从"启用方法""操作过程""结束方法"3 个方面进行解读，方便读者学习和操作。

详细图解：
书中每个命令或者疑难解答都配有详细的图解，而且图解与"操作过程"中的步骤一一对应，极大地增加了本书的易读性。

技能点拨：
对讲解中涉及的知识点进行补充与扩展说明，还会告知读者一些操作中的经验和技巧以及部分问题的解决方法。

四、本书的配套资源

本书物超所值，除了与本书配套的附录之外，还附赠以下 9 本电子书。读者扫描"资源下载"验证码，即可获得下载方法。

❶《CAD 常用命令键大全》：AutoCAD 各种命令的快捷键大全。

❷《CAD 常用功能键速查》：键盘上各功能键在 AutoCAD 中的作用汇总。

资 源 下 载

❸《CAD 机械标准件图库》：AutoCAD 在机械设计上的各种常用标准件图块。

❹《室内设计常用图块》：AutoCAD 在室内设计上的常用图块。

❺《电气设计常用图例》：电气设计上的常用图例。

❻《服装设计常用图块》：服装设计上的常用图块。

❼《107 款经典建筑图纸赏析》：只有见过好的，才能做出好的，因此特别附赠该赏析，供读者学习。

❽《112 个经典机械动画赏析》：经典的机械原理动态示意图，供读者寻找设计灵感。

❾《117 张二维、三维混合练习图》：AutoCAD 为操作性强的软件，只有勤加练习才能融会贯通。

五、本书创作团队

本书由 CAD 辅助设计教育研究室编写，具体参与编写的有陈志民、江凡、张洁、马梅桂、戴京京、骆天、胡丹、陈运炳、申玉秀、李红萍、李红艺、李红术、陈云香、陈文香、陈军云、彭斌全、林小群、刘清平、钟睦、刘里锋、朱海涛、廖博、喻文明、易盛、陈晶、张绍华、陈文轶、杨少波、杨芳、刘有良、刘珊、赵祖欣、毛琼健、江涛、张范、田燕、宋瑾等。

由于编者水平有限，书中疏漏与不妥之处在所难免。在感谢读者选择本书的同时，也希望读者能够把对本书的意见和建议告诉我们。

联系信箱：lushanbook@qq.com

读者 QQ 群：327209040

编者

2017 年 4 月

目录
Contents

基础篇

第1章
AutoCAD 入门

1.1 AutoCAD 的启动与退出 ……………… 14
001 启动 AutoCAD 的几种方法 ………………14
002 新建 AutoCAD 图形文件 …………………14
003 打开现有的图形文件 ……………………15
004 保存图形文件 ……………………………16
005 另存为图形文件 …………………………16
006 退出 AutoCAD 的几种方法 ……………16
1.2 AutoCAD 工作空间 ………………… 16
007 【草图与注释】工作空间 ………………16
008 【三维基础】工作空间 …………………17
009 【三维建模】工作空间 …………………17
010 如何恢复 AutoCAD 的经典工作空间界面 …18
1.3 AutoCAD 执行命令的方式 ………… 20
011 功能区按钮输入命令 ……………………20
012 命令行输入命令 …………………………20
013 菜单栏输入命令 …………………………20
014 快捷菜单输入命令 ………………………22
015 命令的重复 ………………………………22
016 命令的撤销 ………………………………22
017 命令的重做 ………………………………23
018 自定义快捷键 ……………………………23
1.4 AutoCAD 视图的控制 ……………… 24
019 全部缩放视图 ……………………………24
020 窗口缩放视图 ……………………………24
021 范围缩放视图 ……………………………25
022 比例缩放视图 ……………………………25
023 平移视图 …………………………………26
024 命名视图 …………………………………27
025 重生成与重画视图 ………………………27
026 设置弧形对象的显示分辨率 ……………28
027 如何调整界面颜色 ………………………29

第2章
文件管理类命令

2.1 样板文件 ……………………………… 30
028 什么是样板文件 …………………………30
029 无样板创建图形文件 ……………………30
2.2 文件的输出 …………………………… 31
030 输出为 .dxf 文件 …………………………31
031 输出为 .stl 文件 …………………………31
032 输出为 .igs 文件 …………………………32
033 其他格式文件的输出 ……………………32
2.3 文件的备份与修复 ………………… 32
034 自动备份文件 ……………………………32
035 如何恢复备份文件 ………………………32
036 如何修复意外故障时损坏的文件 ………33

第3章
坐标系、对象选择命令与辅助绘图工具

3.1 AutoCAD 的坐标系 ………………… 34
037 世界坐标系 ………………………………34
038 用户坐标系 ………………………………34
039 直角坐标系 ………………………………34
040 极坐标系 …………………………………35
041 绝对坐标 …………………………………35
042 相对坐标 …………………………………35
043 坐标值的显示 ……………………………35
3.2 选择对象 ……………………………… 36
044 直接选取 …………………………………36
045 窗口选取 …………………………………36
046 交叉窗口选取 ……………………………36
047 不规则窗口选取 …………………………37
048 快速选择 …………………………………38
3.3 辅助绘图工具 ………………………… 39
049 正交（快捷键 F8，按钮 ）………………39
050 极轴追踪（快捷键 F10，按钮 ）………39
051 对象捕捉（快捷键 F3，按钮 ）…………40
052 对象捕捉追踪（快捷键 F11，按钮 ）……41

053 临时捕捉（快捷键 Ctrl+ 鼠标右键）………41
054 显示栅格（快捷键 F7，按钮▦ ）…………42
055 栅格捕捉（快捷键 F9，按钮▦ ）…………42
056 动态输入（快捷键 F12，按钮▚ ）…………43
057 如何更改十字光标和自动捕捉标记大小……44

第 4 章
图形绘制类命令

4.1 绘制点…………………………………45
058 设置点样式（命令 DDPTYPE；
按钮▱ 点样式 ）…………………………………45
059 绘制单点（命令 POINT；快捷命令 PO）…45
060 绘制多点（按钮▪ ）……………………46
061 定数等分（命令 DIVIDE；快捷命令 DIV；
按钮▨ ）……………………………………46
062 定距等分（命令 MEASURE；快捷命令
ME；按钮▨ ）………………………………47
4.2 绘制简单直线类图形…………………48
063 直线（命令 LINE；快捷命令 L；按钮✎ ）…48
064 射线（命令 RAY；按钮▱ ）……………49
4.3 绘制构造线（命令 XLINE；快捷命令
XL；按钮▱ ）……………………………49
065 绘制水平构造线（命令 XL；按钮▱ ）……49
066 绘制垂直构造线（命令 XL；按钮▱ ）……50
067 绘制指定角度的构造线（命令 XL；
按钮▱ ）……………………………………50
068 二等分绘制构造线（命令 XL；按钮▱ ）…51
069 偏移绘制构造线（命令 XL；按钮▱ ）…51
4.4 绘制多段线（命令 PLINE；快捷命令
PL；按钮▱ ）……………………………52
070 直线绘制多段线（命令 PLINE；快捷命令
PL；按钮▱ ）………………………………52
071 绘制带有圆弧的多段线（命令 PLINE；快捷
命令 PL；按钮▱ ）…………………………53
072 绘制带宽度的多段线（命令 PLINE；快捷命
令 PL；按钮▱ ）……………………………53
4.5 绘制多线………………………………54
073 设置多线样式（命令 MLSTYLE）………54
074 绘制多线（命令 MLINE；快捷命令 ML）…55
4.6 绘制圆类图形（命令 CIRCLE；快捷
命令 C；按钮▱ ）………………………56

075 用"圆心、半径（R）"绘制圆（按钮▱ ）…56
076 用"圆心、直径（D）"绘制圆（按钮▱ ）…56
077 用"两点（2P）"绘制圆（按钮▱ ）……57
078 用"三点（3P）"绘制圆（按钮▱ ）……58
079 用"相切、相切、半径（T）"绘制圆（按钮▱ ）…58
080 用"相切、相切、相切（A）"绘制圆（按钮▱ ）…59
4.7 绘制圆弧类图形（命令 ARC；快捷命
令 A；按钮▱ ）……………………………60
081 用"三点（P）"绘制圆弧（按钮▱ ）……60
082 用"起点、圆心、端点（S）"绘制圆弧
（按钮▱ ）……………………………………60
083 用"起点、圆心、角度（T）"绘制圆弧
（按钮▱ ）……………………………………61
084 用"起点、圆心、长度（A）"绘制圆弧
（按钮▱ ）……………………………………62
085 用"起点、端点、角度（N）"绘制圆弧
（按钮▱ ）……………………………………62
086 用"起点、端点、方向（D）"绘制圆弧
（按钮▱ ）……………………………………63
087 用"起点、端点、半径（R）"绘制圆弧
（按钮▱ ）……………………………………63
088 用"圆心、起点、端点（C）"绘制圆弧
（按钮▱ ）……………………………………64
089 用"圆心、起点、角度（E）"绘制圆弧
（按钮▱ ）……………………………………65
090 用"圆心、起点、长度（L）"绘制圆弧
（按钮▱ ）……………………………………65
091 用"连续（O）"绘制圆弧（按钮▱ ）……66
4.8 绘制矩形（命令 RECTANG；快捷命
令 REC；按钮▱ ）………………………66
092 绘制任意大小的矩形（按钮▱ ）………66
093 绘制指定大小的矩形（按钮▱ ）………67
094 绘制指定面积的矩形（按钮▱ ）………67
095 绘制倒角矩形（按钮▱ ）………………68
096 绘制圆角矩形（按钮▱ ）………………69
097 绘制宽度矩形（按钮▱ ）………………70
4.9 绘制正多边形（命令 POLYGON；快
捷命令 POL；按钮▱ ）…………………71
098 绘制内接多边形（命令 POLYGON；快捷命
令 POL；按钮▱ ）…………………………71
099 绘制外切多边形（命令 POLYGON；快捷命
令 POL；按钮▱ ）…………………………71

4.10 绘制椭圆（命令 ELLIPSE；快捷命令 EL；按钮 ⊙）······ 72
  100 通过圆心绘制椭圆（按钮 ⊙）······ 72
  101 通过轴、端点绘制椭圆（按钮 ⊙）······ 73
  102 绘制椭圆弧（按钮 ⊙）······ 73
4.11 绘制曲线 ······ 74
  103 拟合点绘制样条曲线（命令 SPLINE；快捷命令 SPL；按钮 ⊠）······ 74
  104 控制点绘制样条曲线（命令 SPLINE；快捷命令 SPL；按钮 ⊠）······ 75
  105 绘制修订云线（命令 REVCLOUD；快捷命令 REVC；按钮 ▣）······ 76

第 5 章
图形编辑类命令

5.1 移动、旋转、缩放和镜像 ······ 78
  106 移动（命令 MOVE；快捷命令 M；按钮 ✛）······ 78
  107 旋转（命令 ROTATE；快捷命令 RO；按钮 ○）······ 78
  108 缩放（命令 SCALE；快捷命令 SC；按钮 ⊟）······ 79
  109 镜像（命令 MIRROR；快捷命令 MI；按钮 ◮）······ 80
5.2 复制、偏移和阵列对象 ······ 81
  110 复制（命令 COPY；快捷命令 CO；按钮 ⊡）······ 81
  111 偏移（命令 OFFSET；快捷命令 O；按钮 ⊡）······ 81
  112 矩形阵列（命令 ARRAY；快捷命令 AR；按钮 ⊞）······ 82
  113 环形阵列（命令 ARRAY；快捷命令 AR；按钮 ⊛）······ 83
  114 路径阵列（命令 ARRAY；快捷命令 AR；按钮 ⊡）······ 84
5.3 修改对象 ······ 86
  115 修剪（命令 TRIM；快捷命令 TR；按钮 ⊹）······ 86
  116 延伸（命令 EXTEND；快捷命令 EX；按钮 ⊿）······ 87
  117 拉伸（命令 STRETCH；快捷命令 S；按钮 ⊿）······ 87
  118 拉长（命令 LENGTHEN；快捷命令 LEN；按钮 ◿）······ 88
  119 倒圆角（命令 FILLET；快捷命令 F；按钮 ◶）······ 89
  120 倒角（命令 CHAMFER；快捷命令 CHA；按钮 ◶）······ 90
  121 光顺曲线（命令 BLEND；按钮 ⌇）······ 91
  122 分解（命令 EXPLODE；快捷命令 X；按钮 ◍）······ 92
  123 打断对象（命令 BREAK；快捷命令 BR；按钮 ▢）······ 92
  124 打断于点（按钮 ▢）······ 93
  125 合并（命令 JOIN；快捷命令 J；按钮 ⊷）······ 94
  126 删除（命令 ERASE；快捷命令 E；按钮 ◢）······ 94
5.4 图案填充 ······ 95
  127 创建图案填充（命令 HATCH；快捷命令 H；按钮 ▩）······ 95
  128 创建渐变色填充（命令 GRADIENT；按钮 ▦）······ 95
  129 边界封闭图形（命令 BOUNDARY；快捷命令 BO；按钮 ▣）······ 96
  130 使用孤岛填充图案 ······ 97
  131 怎样创建无边界填充图案 ······ 97
5.5 利用夹点、【特性】选项板编辑图形 ······ 98
  132 使用夹点拉伸对象 ······ 98
  133 使用夹点移动对象 ······ 99
  134 使用夹点旋转对象 ······ 99
  135 使用夹点缩放对象 ······ 100
  136 使用夹点镜像对象 ······ 100
  137 使用夹点复制对象 ······ 101
  138 使用【特性】选项板编辑图形 ······ 101
5.6 特殊图形的编辑 ······ 102
  139 编辑多线对象（命令 MLEDIT）······ 102
  140 编辑多段线（命令 PEDIT；按钮 ◢）······ 102
  141 编辑样条曲线（命令 SPLINEEDIT；按钮 ◢）······ 103
  142 编辑图案填充（命令 HATCHEDIT；按钮 ▩）······ 103
  143 编辑阵列（命令 ARRAYEDIT；按钮 ▦）······ 104

精通篇

第6章
图形标注类命令

6.1 设置标注样式···························· 105
144 新建标注样式····························· 105
145 设置尺寸界限样式······················ 106
146 设置箭头符号样式······················ 107
147 设置文字样式···························· 109
148 设置文字与尺寸线的位置关系········ 110
149 设置标注单位样式······················ 112
150 设置换算单位样式······················ 113
151 设置公差样式···························· 113
152 设置多重引线标注样式················· 114
6.2 标注尺寸···························· 117
153 智能标注（命令 DIM；按钮▣）········ 117
154 线性标注（命令 DIMLINEAR；快捷命令
DLI；按钮⊢）···························· 118
155 对齐标注（命令 DIMALIGNED；快捷命令
DAL；按钮✎）··························· 118
156 角度标注（命令 DIMANGULAR；快捷命令
DAN；按钮△）··························· 119
157 弧长标注（命令 DIMARC；快捷命令 DAR；
按钮╱）································· 119
158 半径标注（命令 DIMRADIUS；快捷命令
DRA；按钮◎）··························· 120
159 直径标注（命令 DIMDIAMETER；快捷命令
DDI；按钮◎）··························· 120
160 坐标标注（命令 DIMORDINATE；快捷命令
DOR；按钮⊿）··························· 121
161 折弯标注（命令 DIMJOGGED；
按钮⌒）································· 121
162 连续标注（命令 DIMCONTINUE；快捷命令
DCO；按钮╫）··························· 122
163 基线标注（命令 DIMBASELINE；快捷命令
DBA；按钮⊢）··························· 122
6.3 引线标注···························· 123
164 创建多重引线标注（命令 MLEADER；
按钮╱）································· 123
165 添加引线（命令 MLEADEREDIT；
按钮╱）································· 123

166 删除引线（命令 MLEADEREDIT；
按钮╱）································· 124
167 对齐引线（命令 MLEADERALIGN；
按钮▨）································· 124
168 合并引线（命令 MLEADERCOLLECT；
按钮╱8）································· 125
6.4 其他标注···························· 126
169 公差标注（命令 TOLERANCE；快捷命令
TOL；按钮▦）··························· 126
170 圆心标注（命令 DIMCENTER；
按钮◎）································· 127
171 倾斜标注（命令 DIMEDIT；
按钮⊢）································· 127
6.5 编辑标注对象························ 128
172 标注的关联性··························· 128
173 编辑标注文字··························· 129
174 翻转标注箭头··························· 129
175 使用【特性】选项板编辑标注·········· 130
176 标注间距······························· 130
177 标注打断······························· 131
178 折弯线性······························· 131

第7章
文字与表格

7.1 创建、编辑单行文字················ 133
179 创建文字样式··························· 133
180 创建单行文字（命令 TEXT；快捷命令 DT；
按钮Ａ）································· 133
181 编辑单行文字··························· 134
182 编辑单行文字的对正方式·············· 134
7.2 创建、编辑多行文字················ 135
183 创建多行文字（命令 MTEXT；快捷命令 MT
或 T；按钮Ａ）··························· 135
184 添加特殊字符··························· 135
185 创建堆叠文字··························· 136
186 编辑多行文字··························· 137
7.3 创建、编辑表格（命令 TABLE；快捷
命令 TB；按钮▦）······················· 137
187 创建表格样式··························· 137
188 插入表格······························· 138
189 添加表格内容··························· 139

190 如何调整表格的行高与列宽 ·········· 139
191 如何在表格中插入行与列 ············· 139
192 如何删除表格中多余的行与列 ·········· 140
193 如何合并单元格 ····················· 140
194 表格文字的对齐方式 ················· 140
195 如何将 Excel 表格导入 ·············· 141

第 8 章
图层与图层特性类命令

8.1 什么是图层 ······················· 142
196 图层概述 ·························· 142
197 图层特性管理器 ····················· 142
8.2 图层的基本操作 ··················· 143
198 新建图层 ·························· 143
199 设置图层的颜色 ····················· 144
200 设置图层的线型样式 ················· 144
201 设置图层的线宽 ····················· 144
202 设置图层的线型比例 ················· 145
8.3 图层的管理与控制 ················· 145
203 打开与关闭图层 ····················· 145
204 冻结与解冻图层 ····················· 146
205 锁定与解锁图层 ····················· 146
206 如何重命名图层 ····················· 147
207 如何删除多余的图层 ················· 147
208 如何将图层设置为当前图层 ··········· 148
209 如何将不同特性的图层合并为一个图层 ··· 148
210 如何将某图层上的对象转换至另一图层 ··· 149
211 如何匹配图层特性 ··················· 149
8.4 更改图形的特性 ··················· 149
212 改变图形的颜色 ····················· 149
213 改变图形的线型 ····················· 149
214 改变图形的线宽 ····················· 150
8.5 特性匹配 ························· 150
215 匹配所有属性 ······················ 150
216 匹配指定属性 ······················ 150

第 9 章
块、外部参照与设计中心

9.1 创建与插入块 ····················· 151
217 什么是块 ·························· 151

218 创建内部块（命令 BLOCK；快捷命令 B；
按钮🔲） ··························· 151
219 创建外部块（命令 WBLOCK；快捷命令 W；
按钮🔲） ·························· 152
220 插入块（命令 INSERT；快捷命令 I；
按钮🔲） ·························· 152
9.2 创建与编辑属性块 ················· 153
221 什么是属性块 ······················ 153
222 创建属性块 ························ 153
223 编辑属性块 ························ 153
9.3 创建与编辑动态块 ················· 154
224 什么是动态块 ······················ 154
225 如何添加动态参数 ··················· 154
226 如何添加动态动作 ··················· 155
9.4 AutoCAD 设计中心 ·············· 156
227 设计中心窗口 ······················ 156
228 设计中心查找功能 ··················· 157
229 插入设计中心图形 ··················· 158
9.5 外部参照 ························· 158
230 什么是外部参照 ····················· 159
231 附着外部参照 ······················ 159
232 拆离外部参照 ······················ 159
233 管理外部参照 ······················ 160
234 外部参照在建筑设计中的部分使用技巧 ··· 161

第 10 章
图形信息查询类命令

10.1 查询图形类信息 ················· 162
235 查询图形的状态 ····················· 162
236 查询系统变量 ······················ 162
237 查询时间 ·························· 163
10.2 查询对象类信息 ················· 164
238 查询点坐标（命令 ID；按钮🔲）······· 164
239 查询距离（命令 DIST；快捷命令 DI；
按钮🔲） ·························· 164
240 查询半径（命令 MEASUREGEOM；
按钮🔲） ·························· 165
241 查询角度（命令 MEASUREGEOM；
按钮🔲） ·························· 165
242 查询面积（命令 AREA；按钮🔲）······ 166

243 查询体积（命令 MEASUREGEOM；
按钮 🖰 ） ·······················167

244 查询面域、质量特性 ···········167

拓展篇

第11章
三维建模类命令

11.1 设置三维绘图环境 ···········169
245 设置三维视图方向 ···········169
246 设置三维视图的视觉样式 ···········170
11.2 三维坐标系 ···········172
247 定义 UCS ···········172
248 动态 UCS ···········175
249 管理 UCS ···········176
11.3 动态观察三维图形 ···········176
250 三维平移、缩放和旋转 ···········176
251 设置视点 ···········177
252 预览视点 ···········179
253 ViewCube 与平行、透视投影 ···········179
254 三维动态观察 ···········180
255 设置视距和回旋角度 ···········182
256 漫游和飞行 ···········182
257 控制盘辅助操作 ···········183
11.4 绘制三维实体 ···········184
258 绘制长方体（命令 BOX；按钮 🗇 ）···184
259 绘制圆柱体（命令 CYLINDER；按钮 🗋 ）···185
260 绘制圆锥体（命令 CONE；按钮 △ ）···186
261 绘制球体（命令 SPHERE；按钮 ◯ ）···186
262 绘制棱锥体（命令 PYRAMID；按钮 △ ）187
263 绘制楔体（命令 WEDGE；按钮 ◻ ）187
264 绘制圆环体（命令 TORUS；按钮 ◎ ）···188
265 绘制多段体（命令 POLYSOLID；
按钮 🦆 ） ···········188
11.5 创建三维曲面与网格 ···········189
266 创建三维面 ···········189
267 创建平面曲面（命令 PLANESURF；
按钮 ◈ ） ···········189
268 创建网络曲面（命令 SURFNETWORK；
按钮 ◈ ） ···········190
269 创建直纹网格（命令 RULESURF；

按钮 🖾 ） ···········191
270 创建旋转网格（命令 REVSURF；
按钮 🖮 ） ···········191
271 创建平移网格（命令 TABSURF；
按钮 🖾 ）···········192
272 创建边界网格（命令 EDGESURF；
按钮 🗗 ） ···········192
11.6 由二维对象生成三维实体 ···········193
273 拉伸创建实体（命令 EXTRUDE；
按钮 🗇 ）···········193
274 旋转创建实体（命令 REVOVLE；
按钮 🖾 ）···········194
275 放样创建实体（命令 LOFTE；按钮 🖾 ）···194
276 扫掠创建实体（命令 SWEEP；按钮 🖰 ）···195

第12章
三维模型编辑类命令

12.1 操作三维对象 ···········196
277 移动模型（命令 3DMOVE；按钮 🖾 ）···196
278 旋转模型（命令 3DROTATE；按钮 🖲 ）···197
279 缩放模型（命令 3DSCALE；按钮 🖽 ）···198
280 镜像模型（命令 3DMIRROR；
按钮 🕱 ）···········198
281 对齐模型（命令 3DALIGN；按钮 🖺 ）···199
282 阵列模型（命令 3DARRAY；按钮 🖻 ）···200
12.2 编辑实体 ···········201
283 抽壳（命令 SOLIDEDIT；按钮 🖾 ）···201
284 剖切实体（命令 SLICE；按钮 🖾 ）···········202
285 加厚曲面（命令 THICKEN；按钮 🗹 ）···204
12.3 布尔运算 ···········204
286 并集运算（命令 UNION；快捷命令 UNI；
按钮 🖾 ） ···········204
287 差集运算（命令 SUBTRACT；快捷命令
SU；按钮 🖾 ） ···········205
288 交集运算（命令 INTERSECT；快捷命令
IN；按钮 🖾 ） ···········205
12.4 编辑实体边 ···········206
289 边倒角（命令 CHAMFEREDGE；
按钮 🖴 ） ···········206
290 边圆角（命令 FILLETEDGE；
按钮 🖴 ） ···········206

291 复制边（命令 SOLIDEDIT；按钮▣）····207
292 着色边（命令 SOLIDEDIT；按钮▣）····208
293 压印边（命令 IMPRINT；按钮▣）·······208
12.5 编辑实体面·····························208
294 拉伸实体面(命令 SOLIDEDIT；
按钮▣)······································209
295 倾斜实体面(命令 SOLIDEDIT；
按钮▣)······································209
296 移动实体面(命令 SOLIDEDIT；
按钮▣)······································210
297 复制实体面(命令 SOLIDEDIT；
按钮▣)······································210
298 偏移实体面(命令 SOLIDEDIT；
按钮▣)······································211
299 删除实体面(命令 SOLIDEDIT；
按钮▣)······································211
300 旋转实体面(命令 SOLIDEDIT；
按钮▣)······································211
301 实体面着色(命令 SOLIDEDIT；
按钮▣)······································212

第 13 章
三维渲染类命令

13.1 了解渲染·····························213
302 AutoCAD 渲染步骤·················213
303 默认渲染·······························213
13.2 创建光源·····························214
304 创建点光源····························214
305 创建聚光灯····························215
306 创建平行光····························216
307 模拟太阳光照·························217
308 光源的管理····························218
13.3 使用材质·····························219
309 如何使用材质浏览器··············219
310 如何使用材质编辑器··············219
311 使用贴图·······························220
13.4 渲染设置·····························222
312 设置渲染环境·························222
313 执行渲染·······························222
314 高级渲染设置·························223

第 14 章
图形的打印

14.1 模型空间与布局空间··············224
315 模型空间·······························224
316 布局空间·······························224
317 空间管理·······························225
14.2 设置打印样式·······················226
318 打印样式的类型·····················226
319 打印样式的设置·····················226
14.3 布局的页面设置···················230
320 创建与管理页面设置··············230
321 指定打印设备·························231
322 设置图纸尺寸·························233
323 设置打印区域·························234
324 设置打印位置·························236
325 设置打印比例和方向··············236
326 打印预览·······························237
14.4 图纸集·································237
327 图纸集管理器·························237
328 创建图纸集····························238
329 管理图纸集····························239
14.5 出图·····································239
330 直接打印·······························239
331 输出高分辨率的 JPG 图片·······240
332 输出供 PS 用的 EPS 文件········241

附录 A　AutoCAD 常见问题索引

文件管理类·································244
绘图编辑类·································244
图形标注类·································245
系统设置类·································245
视图与打印类·····························246
程序与应用类·····························246

附录 B　AutoCAD 命令快捷键索引

CAD 常用快捷键命令·····················247
常用 Ctrl 快捷键···························248
常用功能键·································248

附录 C　绘图练习

平面绘图练习 40 例······················249
三维绘图练习 20 例······················254

AutoCAD 入门

AutoCAD 是由美国 Autodesk 公司开发的通用计算机辅助设计软件。在深入学习 AutoCAD 绘图软件之前，本章首先介绍 AutoCAD 的启动与退出、操作界面、视图的控制和工作空间等基本知识，使读者对 AutoCAD 及其操作方式有一个全面的了解和认识，为熟练掌握该软件打下坚实的基础。

1.1 AutoCAD 的启动与退出

要使用 AutoCAD 进行绘图，首先必须启动该软件。在完成绘制之后，应保存文件并退出该软件，以节省系统资源。

001 启动 AutoCAD 的几种方法

安装好 AutoCAD 后，启动 AutoCAD 的方法有以下几种。

● 【开始】菜单：单击【开始】按钮，在菜单中选择"所有程序"|"Autodesk"|"AutoCAD 2016- 简体中文（Simplified Chinese）"|"AutoCAD 2016- 简体中文（Simplified Chinese）"选项。

● 与 AutoCAD 相关联格式文件：双击打开与 AutoCAD 相关格式的文件（*.dwg、*.dwt 等）。

● 快捷方式：双击桌面上的快捷图标▲，或者 AutoCAD 图纸文件。

AutoCAD 启动后的界面如图 1-1 所示，主要由【快速入门】、【最近使用的文档】和【连接】3 个区域组成。

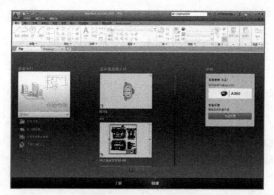

图 1-1 AutoCAD 的开始界面

002 新建 AutoCAD 图形文件

新建 AutoCAD 图形文件有以下几种方法，分别介绍如下。

● 单击应用程序按钮下拉工具条中的【新建】按钮，选择图形文件新建即可。

● 单击标签栏中的【添加】按钮 来新建一个图形文件，如图 1-2 所示。
    ● 快捷键：Ctrl+N。
    ● 命令行：NEW。

图 1-2 新建 AutoCAD 图形文件

003 打开现有的图形文件

打开现有的 AutoCAD 图形文件有以下几种方法，如图 1-3 所示。

● 单击应用程序按钮下拉工具条中的【打开】按钮，选择图形文件，并在文件夹中选择所需文件打开即可。

● 单击【快速入门】栏中的【打开文件】按钮来打开所需文件。
    ● 快捷键：Ctrl+O。
    ● 命令行：OPEN。

图 1-3 打开现有的图形文件

技能点拨

要想局部打开某图形，首先定位至要局部打开的素材文件，然后单击【选择文件】对话框中【打开】按钮后的三角下拉按钮，在弹出的下拉菜单中，选择其中的【局部打开】项，如图 1-4 所示。为了限制 AutoCAD 打开文件的数量，使得当用软件打开一个图形文件后，再打开另一个图形文件时，软件自动将之前的图形文件关闭并退出，即在【窗口】下拉菜单中，始终只显示一个文件名称。只需取消勾选【显现】选项卡中的【显示文件选项卡】复选框即可，如图 1-5 所示。

图 1-4 选择【局部打开】   图 1-5 取消勾选【显示文件选项卡】复选框

004 保存图形文件

保存 AutoCAD 图形文件有 3 种方法。

● 单击标题栏右上角的【关闭】按钮 ✕；或单击应用程序按钮，选择【关闭】选项，系统弹出如图 1-6 的对话框，单击【是（Y）】按钮即可保存所编辑的图形文件。

● 单击应用程序按钮，选择【保存】选项即可。

● 快捷键：Ctrl+S。

● 命令行：SAVE。

图 1-6 是否保存对话框

005 另存为图形文件

另存为图形文件有以下几种方法。

● 单击应用程序按钮，选择【另存为】按钮中的【图形】选项，并指定保存的文件夹即可另存为 AutoCAD 的图形文件，如图 1-7 所示。

● 快捷键：Ctrl+Shift+S。

● 命令行：SAVEAS。

006 退出 AutoCAD 的几种方法

在完成图形的绘制和编辑后，退出 AutoCAD 的方法有以下几种。

● 应用程序按钮：单击应用程序按钮，选择【关闭】选项，如图 1-8 所示。

● 菜单栏：选择【文件】|【退出】命令。

● 标题栏：单击标题栏右上角的【关闭】按钮 ✕。

● 快捷键：Alt+F4 或 Ctrl+Q。

● 命令行：QUIT 或 EXIT。

图 1-7 另存为图形文件

图 1-8 应用程序按钮关闭 AutoCAD

1.2 AutoCAD 工作空间

中文版 AutoCAD 为用户提供了【草图与注释】、【三维基础】以及【三维建模】3 种工作空间。选择不同的空间可以进行不同的操作，例如，在【三维建模】工作空间下，可以方便地进行更复杂的三维建模为主的绘图操作。

007 【草图与注释】工作空间

AutoCAD 默认的工作空间为【草图与注释】空间。其界面主要由【应用程序】按钮、功能区选项板、快速访问工具栏、绘图区、命令行窗口和状态栏等元素组成。在该空间中，可以方便地使用【默认】选项卡中的【绘图】、【修改】、【图层】、【注释】、【块】和

【特性】等面板绘制和编辑二维图形，如图 1-9 所示。

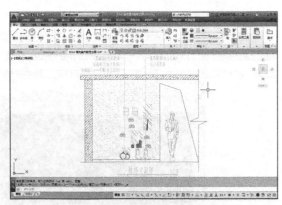

图 1-9 【草图与注释】工作空间

008 【三维基础】工作空间

【三维基础】空间与【草图与注释】工作空间类似，但【三维基础】空间功能区包含的是基本的三维建模工具，如各种常用的三维建模、布尔运算以及三维编辑工具按钮，能够非常方便地创建简单的基本三维模型，如图 1-10 所示。

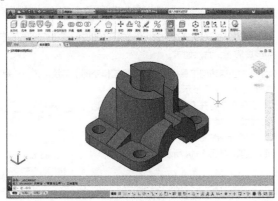

图 1-10 【三维基础】工作空间

009 【三维建模】工作空间

【三维建模】空间界面与【三维基础】空间界面较相似，但功能区包含的工具有较大差异。其功能区选项卡中集中了实体、曲面和网格的多种建模和编辑命令，以及视觉样式、渲染等模型显示工具，为绘制和观察三维图形、附加材质、创建动画、设置光源等操作提供了非常便利的环境，如图 1-11 所示。

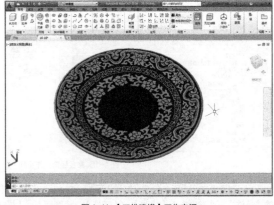

图 1-11 【三维建模】工作空间

010 如何恢复 AutoCAD 的经典工作空间界面

从 2015 版本开始，AutoCAD 取消了【经典工作空间】的界面设置，结束了长达十余年之久的工具栏命令操作方式。但对于一些有基础的用户来说，相较于 2016，他们更习惯于 2005、2008、2012 等经典版本的工作界面，也习惯于使用工具栏来调用命令，如图 1-12 所示。

图 1-12 旧版本 AutoCAD 的经典空间

在 AutoCAD 2016 中，仍然可以通过设置工作空间的方式，创建出符合自己操作习惯的经典界面，方法如下。

01 单击快速访问工具栏中的【切换工作空间】下拉按钮，在弹出的下拉列表中选择【自定义】选项，如图 1-13 所示。

02 系统自动打开【自定义用户界面】对话框，然后选择【工作空间】一栏，单击右键，在弹出的快捷菜单中选择【新建工作空间】选项，如图 1-14 所示。

图 1-13 选择【自定义】

图 1-14 新建工作空间

03 在【工作空间】树列表中新添加了一工作空间，将其命名为【经典工作空间】，然后单击对话框右侧【工作空间内容】区域中的【自定义工作空间】按钮，如图 1-15 所示。

图 1-15 命名经典工作空间

04 返回对话框左侧【所有自定义文件】区域，单击田按钮展开【工具栏】树列表，依次勾选其中的【标注】、【绘图】、【修改】、【特性】、【图层】、【样式】、【标准】7 个工具栏，即旧版本 AutoCAD 中的经典工具栏，如图 1-16 所示。

05 再返回勾选上一级的整个【菜单栏】与【快速访问工具栏】下的【快速访问工具栏 1】，如图 1-17 所示。

图1-16 勾选7个经典工具栏　　图1-17 勾选菜单栏与快速访问工具栏

06 在对话框右侧的【工作空间内容】区域中已经可以预览到该工作空间的结构，确定无误后单击其上方的【完成】按钮，如图 1-18 所示。

07 在【自定义工作界面】对话框中先单击【应用】按钮，再单击【确定】按钮，退出该对话框。

08 将工作空间切换至刚刚创建的【经典工作空间】，效果如图 1-19 所示。

图1-18 完成经典工作空间的设置

图 1-19 创建的经典工作空间

09 可见在原来的【功能区】区域已经消失，但仍空出了一大块，影响界面效果。可以在该处单击鼠标右键，在弹出的快捷菜单中选择【关闭】选项，即可关闭【功能区】显示。

10 将各工具栏拖移到合适的位置，最终效果如图 1-20 所示。保存该工作空间后即可随时启用。

图 1-20 经典工作空间

1.3 AutoCAD 执行命令的方式

命令是 AutoCAD 用户与软件交换信息的重要方式，本小节将介绍执行命令的方式，如何终止当前命令、退出命令及如何重复执行命令等。

011 功能区按钮输入命令

【功能区】是各命令选项卡的合称，它用于显示与绘图任务相关的按钮和控件，存在于【草图与注释】、【三维基础】和【三维建模】空间中。【草图与注释】工作空间的【功能区】包含了【默认】、【插入】、【注释】、【参数化】、【视图】、【管理】、【输出】、【附加模块】、【A360】、【精选应用】、【BIM 360】、【Performance】等 12 个选项卡，如图 1-21 所示。每个选项卡包含有若干个面板，每个面板又包含许多由图标表示的命令按钮。

图 1-21 功能区选项卡

用户创建或打开图形时，功能区将自动显示。如果没有显示功能区，那么用户可以执行以下操作来手动显示功能区。

- 菜单栏：选择【工具】|【选项板】|【功能区】命令。
- 命令行：RIBBON。如果要关闭功能区，则输入 RIBBONCLOSE 命令。

012 命令行输入命令

命令行是输入命令名和显示命令提示的区域，默认的命令行窗口布置在绘图区下方，由若干文本行组成，如图 1-22 所示。命令窗口中间有一条水平分界线，它将命令窗口分成两个部分：命令行和命令历史窗口。位于水平线下方为【命令行】，它用于接收用户输入命令，并显示 AutoCAD 提示信息；位于水平线上方为【命令历史窗口】，它含有 AutoCAD 启动后所用过的全部命令及提示信息，该窗口有垂直滚动条，可以上下滚动查看以前用过的命令。

图 1-22 命令行

013 菜单栏输入命令

与之前版本的 AutoCAD 不同，在 AutoCAD 2016 中，菜单栏在任何工作空间都默认为不显示。只有在【快速访问】工具栏中单击下拉按钮，并在弹出的下拉菜单中选择【显示菜单栏】选项，才可将菜单栏显示出来，如图 1-23 所示。

菜单栏位于标题栏的下方，包括了 12 个菜单：【文件】、【编辑】、【视图】、【插

入】、【格式】、【工具】、【绘图】、【标注】、【修改】、【参数】、【窗口】、【帮助】,几乎包含了所有绘图命令和编辑命令,如图 1-24 所示。

图 1-23 显示菜单栏　　　　　　　　图 1-24 菜单栏

这 12 个菜单栏的主要作用介绍如下。

● 【文件】:用于管理图形文件,例如,新建、打开、保存、另存为、输出、打印和发布等。

● 【编辑】:用于对文件图形进行常规编辑,例如,剪切、复制、粘贴、清除、链接、查找等。

● 【视图】:用于管理 AutoCAD 的操作界面,例如,缩放、平移、动态观察、相机、视口、三维视图、消隐和渲染等。

● 【插入】:用于在当前 AutoCAD 绘图状态下,插入所需的图块或其他格式的文件,例如,PDF 参考底图、字段等。

● 【格式】:用于设置与绘图环境有关的参数,例如,图层、颜色、线型、线宽、文字样式、标注样式、表格样式、点样式、厚度和图形界限等。

● 【工具】:用于设置一些绘图的辅助工具,例如,选项板、工具栏、命令行、查询和向导等。

● 【绘图】:提供绘制二维图形和三维模型的所有命令,例如,直线、圆、矩形、正多边形、圆环、边界和面域等。

● 【标注】:提供对图形进行尺寸标注时所需的命令,例如,线性标注、半径标注、直径标注、角度标注等。

● 【修改】:提供修改图形时所需的命令,例如,删除、复制、镜像、偏移、阵列、修剪、倒角和圆角等。

● 【参数】:提供对图形约束时所需的命令,例如,几何约束、动态约束、标注约束和删除约束等。

● 【窗口】:用于在多文档状态时设置各个文档的屏幕,例如,层叠,水平平铺和垂直平铺等。

● 【帮助】:提供使用 AutoCAD 所需的帮助信息。

熟知以上菜单栏的作用,在菜单栏输入命令只需在菜单栏中选择所需的操作键单击即可。

014 快捷菜单输入命令

如果在绘图过程中执行过某个命令,可利用快捷菜单来重复这个命令。在绘图区单击鼠标右键出现的快捷菜单中选择【最近的输入】,即可出现最近执行过的命令,单击所需执行的命令即可。快捷菜单如图 1-25 所示。

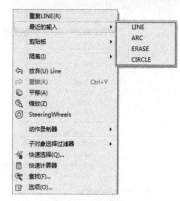

015 命令的重复

在绘图过程中,有时需要重复执行同一个命令,如果每次都重复输入,会使绘图效率大大降低。执行【重复执行】命令有以下几种方法。

● 快捷键:按 Enter 键或空格键。

● 快捷菜单:单击鼠标右键,在弹出的快捷菜单中选择【最近的输入】子菜单选择需要重复的命令。

图 1-25 快捷菜单

● 命令行:MULTIPLE 或 MUL。

如果用户对绘图效率要求很高,那可以将鼠标右键自定义为重复执行命令的方式。在绘图区的空白处单击右键,在弹出的快捷菜单中选择【选项】,打开【选项】对话框,然后切换至【用户系统配置】选项卡,单击其中的【自定义右键单击(I)】按钮,打开【自定义右键单击】对话框,在其中勾选两个【重复上一个命令】选项,即可将右键设置为重复执行命令,如图 1-26 所示。

 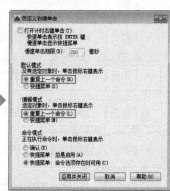

图 1-26 将右键设置为重复执行命令

016 命令的撤销

在绘图过程中,如果执行了错误的操作,此时就需要放弃操作。执行【放弃】命令有以下几种方法。

● 菜单栏:选择【编辑】|【放弃】命令。

● 工具栏:单击【快速访问】工具栏中的【放弃】按钮 。

● 命令行:UNDO 或 U。

● 快捷键：Ctrl+Z。

017 命令的重做

通过重做命令，可以恢复前一次或者前几次已经放弃执行的操作，重做命令与撤销命令是一对相对的命令。执行【重做】命令有以下几种方法。

● 菜单栏：选择【编辑】|【重做】命令。
● 工具栏：单击【快速访问】工具栏中的【重做】按钮 ▣。
● 命令行：REDO。
● 快捷键：Ctrl+Y。

018 自定义快捷键

丰富的快捷键功能是 Auto CAD 的一大特点，用户可以以修改系统默认的快捷键，或者创建自定义的快捷键。例如，【重做】命令默认的快捷键是 Ctrl+Y，在键盘上这两个键因距离太远而操作不方便，此时可以将其设置为 Ctrl+2。

选择【工具】|【自定义】|【界面】命令，系统弹出【自定义用户界面】对话框，如图 1-27 所示。在左上角的列表框中选择【键盘快捷键】选项，然

图 1-27 【自定义用户界面】对话框

后在右上角【快捷方式】列表中找到要定义的命令，双击其对应的主键值并进行修改，如图 1-28 所示。需注意的是，按键定义不能与其他命令重复，否则系统弹出提示信息对话框，如图 1-29 所示。

图 1-28 修改【重做】按键

图 1-29 提示对话框

1.4 AutoCAD 视图的控制

在绘图过程中，为了更好地观察和绘制图形，通常需要对视图进行平移、缩放、重生成等操作。本节将详细介绍 AutoCAD 视图的控制方法。

019 全部缩放视图

全部缩放用于在当前视口中显示整个模型空间界限范围内的所有图形对象（包括绘图界限范围内和范围外的所有对象）和视图辅助工具（如栅格），也包含坐标系原点。缩放前后对比效果如图 1-30 所示。

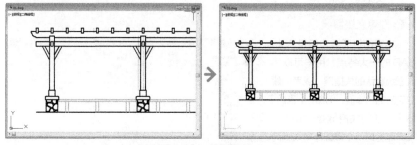

图 1-30 全部缩放效果

执行【全部缩放】命令有以下几种方法。

- 功能区：在【视图】选项卡中，单击【导航】面板选择视图缩放工具，如图 1-31 所示。
- 菜单栏：选择【视图】|【缩放】|【全部（A）】命令。
- 导航条：单击【缩放】导航条中的【全部缩放】按钮，如图 1-32 所示。
- 命令行：ZOOM → A 或 Z → A。
- 快捷操作：滚动鼠标滚轮。

图 1-31 【视图】选项卡中的【导航】面板

图 1-32 导航条

020 窗口缩放视图

窗口缩放可以将矩形窗口内选择的图形充满当前视窗，执行【窗口缩放】命令有以下几种方法。

- 功能区：在【视图】选项卡中，单击【导航】面板选择视图缩放工具。
- 菜单栏：选择【视图】|【缩放】|【窗口（W）】命令。
- 导航条：单击【缩放】导航条中的【窗口缩放】按钮。
- 命令行：ZOOM → W 或 Z → W。

执行完操作后，用光标确定窗口对角点，这两个角点确定了一个矩形框窗口，系统将矩形框窗口内的图形放大至整个屏幕，如图 1-33 所示。

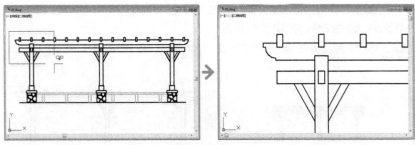

图 1-33 窗口缩放效果

021 范围缩放视图

范围缩放使所有图形对象最大化显示，充满整个视口。视图包含已关闭图层上的对象，但不包含冻结图层上的对象。范围缩放仅与图形有关，会使得图形充满整个视口，而不会像全部缩放一样将坐标原点同样计算在内，因此是使用最为频繁的缩放命令。而双击鼠标中键可以快速进行视图范围缩放。

执行【范围缩放】命令有以下几种方法。

● 功能区：在【视图】选项卡中，单击【导航】面板选择视图缩放工具。

● 菜单栏：选择【视图】|【缩放】|【范围（E）】命令。

● 导航条：单击【缩放】导航条中的【范围缩放】按钮。

● 命令行：ZOOM→E 或 Z→E。

022 比例缩放视图

执行【比例缩放】命令有以下几种方法。

● 功能区：在【视图】选项卡中，单击【导航】面板选择视图缩放工具。

● 菜单栏：选择【视图】|【缩放】|【比例（S）】命令。

● 导航条：单击【缩放】导航条中的【缩放比例】按钮。

● 命令行：ZOOM→S 或 Z→S。

比例缩放是指按输入的比例值进行缩放，有以下 3 种输入方法。

● 直接输入数值，表示相对于图形界限进行缩放，如输入"2"，则将以界限原来尺寸的 2 倍进行显示，如图 1-34 所示（栅格为界限）。

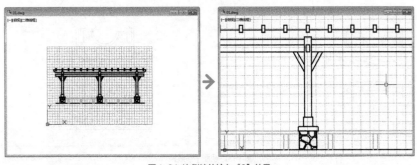

图 1-34 比例缩放输入"2"效果

● 在数值后加 X，表示相对于当前视图进行缩放，如输入"2X"，使屏幕上的每个对象显示为原大小的 2 倍，效果如图 1-35 所示。

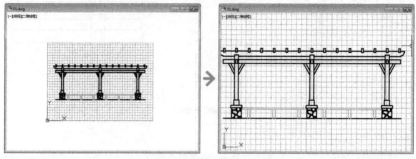

图 1-35 比例缩放输入"2X"效果

● 在数值后加 XP，表示相对于图纸空间单位进行缩放，如输入"2XP"，则以图纸空间单位的 2 倍显示模型空间，效果如图 1-36 所示，在创建视口时适合输入不同的比例来显示对象的布局。

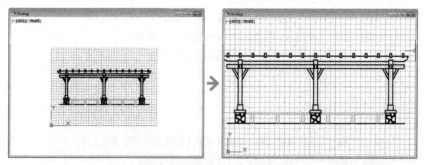

图 1-36 比例缩放输入"2XP"效果

023 平移视图

视图平移不改变视图的大小和角度，只改变其位置，以便观察图形其他的组成部分，如图 1-37 所示。图形显示不完全，且部分区域不可见时，即可使用视图平移，很好地观察图形。

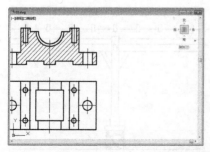
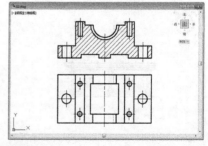

图 1-37 视图平移效果

执行【平移】命令有以下几种方法。

- 功能区：单击【视图】选项卡中【导航】面板的【平移】按钮🖐。
- 菜单栏：选择【视图】|【平移】命令。
- 工具栏：单击【标准】工具栏上的【实时平移】按钮🖐。
- 命令行：PAN 或 P。
- 快捷操作：按住鼠标滚轮拖动，可以快速进行视图平移。

视图平移可以分为【实时平移】和【定点平移】两种，其含义如下。

- 实时平移：光标形状变为手形🖐，按住鼠标左键拖曳可以使图形的显示位置随鼠标向同一方向移动。
- 定点平移：通过指定平移起始点和目标点的方式进行平移。

在【平移】子菜单中，【左】、【右】、【上】、【下】分别表示将视图向左、右、上、下 4 个方向移动。必须注意的是，该命令并不是真的移动图形对象，也不是真正改变图形，而是通过位移图形进行平移。

024 命名视图

命名视图是指将某些视图命名并保存，供以后随时调用，一般在三维建模中使用。执行【命名视图】命令有以下几种方法。

- 功能区：单击【视图】面板中的【视图管理器】按钮🗄。
- 菜单栏：选择【视图】|【命名视图】命令。
- 工具栏：单击【视图】工具栏中的【命名视图】按钮🗄。
- 命令行：VIEW 或 V。

执行该命令后，系统弹出【视图管理器】对话框，如图 1-38 所示，可以在其中进行视图的命名和保存。

图 1-38 【视图管理器】对话框

025 重生成与重画视图

在 AutoCAD 中，某些操作完成后，其效果往往不会立即显示出来，或者在屏幕上留下绘图的痕迹与标记。因此，需要通过刷新视图重新生成当前图形，以观察到最新的编辑效果。

视图刷新的命令主要有两个：【重画】命令和【重生成】命令。这两个命令都是自动完成的，不需要输入任何参数，也没有可选选项。

1. 重画视图

AutoCAD 常用数据库以浮点数据的形式储存图形对象的信息，浮点格式精度高，但计算时间长。AutoCAD 重生成对象时，需要把浮点数值转换为适当的屏幕坐标。因此对于复杂图形，重新生成需要花很长的时间。为此软件提供了【重画】这种速度较快的刷新命令。重画只刷新屏幕显示，因而生成图形的速度更快。执行【重画】命令有以下几种方法。

- 菜单栏：选择【视图】|【重画】命令。
- 命令行：REDRAWALL 或 RADRAW 或 RA。

在命令行中输入 REDRAW 并按 Enter 键，将从当前视口中删除编辑命令留下来的点标记；而输入 REDRAWWALL 并按 Enter 键，将从所有视口中删除编辑命令留下来的点标记。

2. 重生成视图

AutoCAD 使用时间太久、或者图纸中内容太多，有时就会影响到图形的显示效果，让图形变得很粗糙，这时就可以用到【重生成】命令来恢复。【重生成】命令不仅重新计算当前视图中所有对象的屏幕坐标，并重新生成整个图形，还重新建立图形数据库索引，从而优化显示和对象选择的性能。执行【重生成】命令有以下几种方法。

- 菜单栏：选择【视图】|【重生成】命令。
- 命令行：REGEN 或 RE。

【重生成】命令仅对当前视图范围内的图形执行重生成，如果要对整个图形执行重生成，可选择【视图】|【全部重生成】命令。重生成的效果如图 1-39 所示。

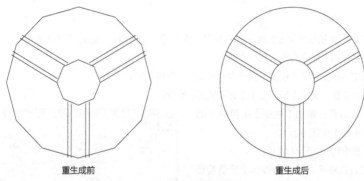

重生成前　　　　　　　　　　重生成后

图 1-39　重生成前后的效果

026 设置弧形对象的显示分辨率

在 AutoCAD 中，为了加快显示速度便于系统分辨，弧形对象都是以多边形来显示的，这样可以加深视觉效果。通过调整圆弧和圆的平滑度，可以改变显示精准度。

设置弧形对象的显示分辨率可以通过【选项】对话框来实现，如图 1-40 所示。【选项】对话框的打开方式有以下几种。

- 单击菜单栏中【工具】下拉列表中的【选项】按钮。
- 在绘图区单击鼠标右键选择【选项】按钮。
- 命令行：OPTIONS。

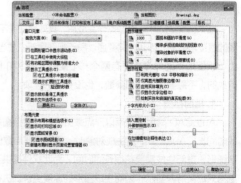

图 1-40　【选项】对话框

027 如何调整界面颜色

【选项】对话框的第二个选项卡为【显示】选项卡，如图 1-41 所示。在【显示】选项卡中，可以设置 AutoCAD 工作界面的一些显示选项，如窗口元素、布局元素、显示精度、显示性能、十字光标大小和参照编辑的褪色度等显示属性。

图 1-41 【显示】选项卡

在 AutoCAD 中，提供了两种配色方案：明、暗，可以用来控制 AutoCAD 界面的颜色。在【显示】选项卡中选择【配色方案】下拉列表中的两种选项即可，效果分别如图 1-42 和图 1-43 所示。

图 1-42 配色方案为【明】

图 1-43 配色方案为【暗】

第 2 章

文件管理类命令

文件管理是管理 AutoCAD 文件。在深入学习 AutoCAD 绘图之前,本章首先介绍 AutoCAD 文件的管理、样板文件、文件的输出及文件的备份与修复等基本知识,使读者对 AutoCAD 文件的管理有一个全面的了解和认识,为快速运用该软件打下坚实的基础。

2.1 样板文件

本节主要讲解 AutoCAD 设计时所使用到的样板文件,用户可以通过创建复杂的样板来避免重复进行相同的基本设置和绘图工作。

028 什么是样板文件

如果将 AutoCAD 中的绘图工具比作设计师手中的铅笔,那么样板文件就可以看成是供铅笔涂写的纸。而纸,也有白纸、带格式的纸之分,选择合适格式的纸可以让绘图事半功倍,因此选择合适的样板文件也可以让 AutoCAD 变得更为轻松。

样板文件存储图形的所有设置,包含预定义的图层、标注样式、文字样式、表格样式和视图布局、图形界限等设置及绘制的图框和标题栏。样板文件通过扩展名【.dwt】区别于其他图形文件。它们通常保存在 AutoCAD 安装目录下的 Template 文件夹中,如图 2-1 所示。

图 2-1 样板文件

029 无样板创建图形文件

有时候,可能希望创建一个不带任何设置的图形。实际上这是不可能的,但是却可以创建一个带有最少预设的图形文件。在他人的计算机上进行工作,而又不想花时间去掉大量对自己工作无用的复杂设置时,可能就会有这样的需要。

要以最少的设置创建图形文件,可以执行【文件】|【新建】菜单命令,这时不要在【选择样板】对话框中选择样板,而是单击位于【打开】按钮右侧的下拉箭头按钮 打开(O),然后在列表选项选择【无样板打开 - 英制(I)】或【无样板打开 - 公制(M)】,如图 2-2 所示。

图 2-2 【选择样板】对话框

2.2 文件的输出

AutoCAD 拥有强大、方便的绘图能力，有时候我们利用其绘图后，需要将绘图的结果用于其他程序。在这种情况下，我们需要将 AutoCAD 图形输出为通用格式的图像文件，如 JPG、PDF 等。

030 输出为 .dxf 文件

dxf 是 Autodesk 公司开发的用于 AutoCAD 与其他软件之间进行 CAD 数据交换的 CAD 数据文件格式。

将 AutoCAD 图形输出为 .dxf 文件后，就可以导入至其他的建模软件中，如 UG、Creo、草图大师等。dxf 文件适用于 AutoCAD 的二维草图输出。

单击【应用程序】中的【另存为】按钮，选择【图形】选项，如图 2-3 所示。系统弹出【图形另存为】对话框，在文件类型中选择 dxf 格式即可，如图 2-4 所示。

图 2-3 【应用程序】按钮调用　　　　图 2-4 【图形另存为】对话框
【另存为】|【图形】命令

031 输出为 .stl 文件

stl 文件是一种平版印刷文件，可以将实体数据以三角形网格面形式保存，一般用来转换 AutoCAD 的三维模型。近年来发展迅速的 3D 打印技术就需要使用到该种文件格式。除了 3D 打印之外，stl 数据还用于通过沉淀塑料、金属或复合材质的薄图层的连续性来创建对象。生成的部分和模型通常用于以下几个方面。

- 可视化设计概念，识别设计问题。
- 创建产品实体模型、建筑模型和地形模型，测试外形、拟合和功能。
- 为真空成型法创建主文件。

单击【应用程序】中的【输出】按钮，选择【其他格式】选项，如图 2-5 所示。系统弹出【输出数据】对话框，在文件类型中选择 stl 格式即可，如图 2-6 所示。

图 2-5 【应用程序】按钮调用　　　　图 2-6 【输出数据】对话框
【输出】|【其他格式】命令

032 输出为 .igs 文件

IGS 是根据 IGES 标准生成的文件，主要用于不同三维软件系统的文件转换。所有的三维设计软件如 solidworks，inventor，proe，ug，均能打开 IGS 文件格式。

单击【应用程序】中的【输出】按钮，选择【其他格式】选项，系统弹出【输出数据】对话框，在文件类型中选择 igs 格式即可。

033 其他格式文件的输出

除了上面介绍的几种常见的文件格式之外，在 AutoCAD 中还可以输出 DWF、PDF、DGN、FBX、IGS 等十余种格式。这些文件的输出方法与所介绍的几种文件的输出方法基本相同。

> **技能点拨**
>
> 为了能够在Internet上显示AutoCAD图形，Autodesk采用了一种称为DWF（Drawing Web Format）的新文件格式。dwf文件格式支持图层、超级链接、背景颜色、距离测量、线宽、比例等图形特性。用户可以在不损失原始图形文件数据特性的前提下通过dwf文件格式共享其数据和文件。用户可以在AutoCAD中先输出DWF文件，然后下载DWF Viewer这款小程序来进行查看。

2.3 文件的备份与修复

文件的备份、修复有助于确保图形数据的安全，使得用户在软件发生意外时可以恢复文件，减小损失；而当图形内容很多的时候，会影响到软件操作的流畅性，这时可以使用清理工具来删除无用的累赘。

034 自动备份文件

在 AutoCAD 中，后缀名为 bak 的文件即是备份文件。当修改了原 dwg 文件的内容后，再保存了修改后的内容，那么修改前的内容就会自动保存为 bak 备份文件（前提是设置为保留备份）。默认情况下，备份文件将和图形文件保存在相同的位置，且和 dwg 文件具有相同的名称。例如，"site_topo.bak"即是一份备份文件，是"site_topo.dwg"文件的精确副本，是图形文件在上次保存后自动生成的，如图 2-7 所示。值得注意的是，同一文件在同一时间只会有一个备份文件，新创建的备份文件将始终替换旧的备份，并沿用相同的名称。

图 2-7 自动备份文件与图形文件

035 如何恢复备份文件

备份文件本质上是重命名的 dwg 文件，因此可以再通过重命名的方式来恢复其中保存的数据。如"site_topo.dwg"文件损坏或丢失后，可以重命名"site_topo.bak"文件，将后缀改为 .dwg，再在 AutoCAD 中打开该文件，即可得到备份数据。

036 如何修复意外故障时损坏的文件

1. 核查

使用该命令可以核查图形文件是否与标准冲突，然后再解决文件中的冲突。标准批准处理检查器一次可以核查多个文件。将标准文件和图形相关联后，可以定期检查该图形，以确保其他符合标准，这在许多人同时更新一个文件时尤为重要。

执行【核查】命令的方式有几下几种。

● 应用程序按钮：鼠标单击【应用程序】按钮▲，在下拉列表中选择【图形实用工具】|【核查】命令，如图2-8所示。

● 菜单栏：执行【文件】|【图形实用工具】|【核查】命令，如图2-9所示。

图2-8 【应用程序】按钮调用【核查】命令

图2-9 【菜单栏】调用【核查】命令

【核查】命令可以选择修复或者忽略报告的每个标准冲突。如果忽略所报告的冲突，系统将在图形中对其进行标记。可以关闭被忽略的问题的显示，以便下次核查该图形的时候不再将它们作为冲突的情况而进行报告。

如果对当前的标准冲突未进行修复，那么在【替换为】列表中将没有项目显示，【修复】按钮也不可用。如果修复了当前显示在【检查标准】对话框中的标准冲突，那么，除非单击【修复】或【下一个】按钮，否则此冲突不会在对话框中删除。

在整个图形核查完毕后，将显示【检查完成】消息。此消息总结在图形中发现的标准冲突，还显示自动修复的冲突、手动修复的冲突和被忽略的冲突。

2. 修复

单击【应用程序】按钮▲，在其下拉列表中选择【图形实用工具】|【修复】|【修复】命令，系统弹出【选择文件】对话框，在对话框中选择一个文件，然后单击【打开】按钮。核查后，系统弹出【打开图形－文件损坏】对话框，显示文件的修复信息，如图2-10所示。

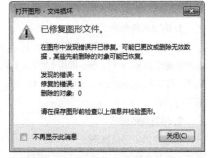

图2-10 【打开图形－文件损坏】对话框

第 3 章

坐标系、对象选择命令与辅助绘图工具

要利用 AutoCAD 来绘制图形，首先就要了解坐标、对象选择和一些辅助绘图工具方面的内容。本章将深入阐述相关内容，并通过实例来帮助大家加深理解。

3.1 AutoCAD 的坐标系

AutoCAD 的图形定位，主要是由坐标系统进行确定。要想正确、高效的绘图，必须先了解 AutoCAD 坐标系的概念和坐标输入方法。

037 世界坐标系

世界坐标系统（World Coordinate System，WCS）是 AutoCAD 的基本坐标系统。它由 3 个相互垂直的坐标轴 X、Y 和 Z 组成，在绘制和编辑图形的过程中，它的坐标原点和坐标轴的方向是不变的。

如图 3-1 所示，世界坐标系统在默认情况下，X 轴正方向水平向右，Y 轴正方向垂直向上，Z 轴正方向垂直屏幕平面方向，指向用户。坐标原点在绘图区左下角，在其上有一个方框标记，表明是世界坐标系统。

图 3-1 世界坐标系统图标（WCS）

038 用户坐标系

为了更好地辅助绘图，经常需要修改坐标系的原点位置和坐标方向，这时就需要使用可变的用户坐标系统（User Coordinate SYstem，USC）。在用户坐标系中，可以任意指定或移动原点和旋转坐标轴，默认情况下，用户坐标系统和世界坐标系统重合，如图 3-2 所示。

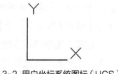

图 3-2 用户坐标系统图标（UCS）

039 直角坐标系

1. 绝对直角坐标

绝对直角坐标是指相对于坐标原点（0,0）的直角坐标，要使用该指定方法指定点，应输入逗号隔开的 X、Y 和 Z 值，即用（X,Y,Z）表示。当绘制二维平面图形时，其 Z 值为 0，可省略而不必输入，仅输入 X、Y 值即可，如图 3-3 所示。

2. 相对直角坐标

相对直角坐标是基于上一个输入点而言，以某点相对于另一特定点的相对位置来定义该点的位置。相对特定坐标点（X，Y，Z）增加（nX，nY，nZ）

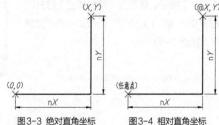

图 3-3 绝对直角坐标　　图 3-4 相对直角坐标

的坐标点的输入格式为（@nX，nY，nZ）。相对坐标输入格式为（@X,Y），"@"符号表示使用相对坐标输入，是指定相对于上一个点的偏移量，如图 3-4 所示。

👍 **技能点拨**

坐标分割的逗号"，"和"@"符号都应是英文输入法下的字符，否则无效。

040 极坐标系

极坐标系是由一个极点和一根极轴构成，极轴的方向为水平向右，如图 3-5 所示。平面上任何一点 P 都可以由该点到极点连线长度 L（>0）和连线与极轴的夹角 a（极角，逆时针方向为正）来定义，即用一对坐标值（$L<a$）来定义一个点，其中"<"表示角度。

例如，某点的极坐标为（15<30），表示该点距离极点的长度为 15，与极轴的夹角为 30°。

图3-5 极坐标系

041 绝对坐标

如果需要绘制相对于原点（0,0,0）的坐标值，可以采用绝对坐标。

绝对坐标是以当前坐标原点为基点所获得的坐标值，如（2，-7）和（5<125）均为绝对坐标。

042 相对坐标

很多情况下，用户需要直接通过点与点之间的相对位移来绘制图形，而不是指定每个点的绝对坐标。所谓的相对坐标，就是某点与相对点的相对位移值，相对坐标用"@"表示。在使用相对坐标时，用户可以采用直角坐标，也可以采用极坐标。

例如，某条直线的起点坐标为（5,5）、终点坐标为（10,5），则终点相对于起点的相对坐标为（@5,0），用相对极坐标的表示应为（@5<0）。

043 坐标值的显示

在 AutoCAD 状态栏的左侧区域，会显示当前光标所处位置的坐标值，该坐标值有 3 种显示状态。

● 绝对直角坐标状态：显示光标所在位置的坐标（ 118.8822, -0.4634, 0.0000 ）。
● 相对极坐标状态：在相对于前一点来指定第二点时可以使用此状态（ 37.6469<216, 0.0000 ）。
● 关闭状态：颜色变为灰色，并"冻结"关闭时所显示的坐标值，如图 3-6 所示。
用户可根据需要在这 3 种状态之间相互切换。
● 快捷键 Ctrl+I 可以关闭开启坐标显示。
● 当确定一个位置后，在状态栏中显示坐标值的区域，单击也可以进行切换。
● 在状态栏中显示坐标值的区域，单击鼠标右键即可弹出快捷菜单，如图 3-7 所示，可在其中选择所需状态。

图3-6 关闭状态下的坐标值　　图3-7 坐标的右键快捷菜单

3.2 选择对象

对图形进行任何编辑和修改操作的时候，必须先选择图形对象。针对不同的情况，采用最佳的选择方法，能大幅提高图形的编辑效率。AutoCAD 提供了多种选择对象的基本方法，如点选、框选、栏选、围选等。

044 直接选取

如果选择的是单个图形对象，可以使用点选的方法。直接将拾取光标移动到选择对象上方，此时该图形对象会虚线亮显表示，单击鼠标左键，即可完成单个对象的选择。点选方式一次只能选中一个对象，如图 3-8 所示。连续单击需要选择的对象，可以同时选择多个对象，如图 3-9 所示，虚线显示部分为被选中的部分。

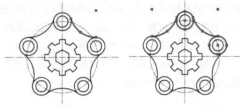

图 3-8 点选单个对象　　　图 3-9 点选多个对象

如果需要同时选择多个或者大量的对象，再使用点选的方法不仅费时费力，而且容易出错。此时，宜使用 AutoCAD 提供的窗口、窗交、栏选等选择方法。

> 💡 **技能点拨**
> 按 Shift 键并再次单击已经选中的对象，可以将这些对象从当前选择集中删除。按 Esc 键，可以取消选择对当前全部选定对象的选择。

045 窗口选取

窗口选择是一种通过定义矩形窗口选择对象的一种方法。利用该方法选择对象时，从左往右拉出矩形窗口，框住需要选择的对象，此时绘图区将出现一个实线的矩形方框，选框内颜色为蓝色，如图 3-10 所示；释放鼠标后，被方框完全包围的对象将被选中，如图 3-11 所示，虚线显示部分为被选中的部分，按 Delete 键删除选择对象，结果如图 3-12 所示。

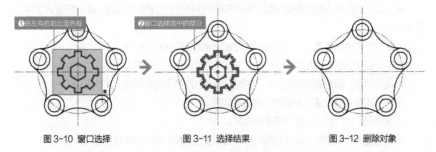

图 3-10 窗口选择　　　　图 3-11 选择结果　　　　图 3-12 删除对象

046 交叉窗口选取

窗交选择对象的选择方向正好与窗口选择相反，它是按住鼠标左键向左上方或左下方拖动，框住需要选择的对象，框选时绘图区将出现一个虚线的矩形方框，选框内颜色为绿色，如图 3-13 所示，释放鼠标后，与方框相交和被方框完全包围的对象都将被选中，如图 3-14 所示，虚线显示部分为被选中的部分，删除选中对象，如图 3-15 所示。

图 3-13 窗交选择　　　　　　图 3-14 选择结果　　　　　　图 3-15 删除对象

047 不规则窗口选取

1. 栏选

栏选图形是指在选择图形时拖曳出任意折线，如图 3-16 所示，凡是与折线相交的图形对象均被选中，如图 3-17 所示，虚线显示部分为被选中的部分，删除选中对象，如图 3-18 所示。

光标空置时，在绘图区空白处单击，然后在命令行中输入 F 并按 Enter 键，即可调用栏选命令，再根据命令行提示分别指定各栏选点即可。

图 3-16 栏选　　　　　　图 3-17 选择结果　　　　　　图 3-18 删除对象

2. 圈围

圈围是一种多边形窗口选择方式，与窗口选择对象的方法类似，不同的是圈围方法可以构造任意形状的多边形，如图 3-19 所示，被多边形选择框完全包围的对象才能被选中，如图 3-20 所示，虚线显示部分为被选中的部分，删除选中对象，如图 3-21 所示。

光标空置时，在绘图区空白处单击，然后在命令行中输入 WP 并按 Enter 键，即可调用圈围命令，指定端点即可。

图 3-19 圈围选择　　　　　　图 3-20 选择结果　　　　　　图 3-21 删除对象

3. 圈交

圈交是一种多边形窗交选择方式,与窗交选择对象的方法类似,不同的是圈交方法可以构造任意形状的多边形,它可以绘制任意闭合但不能与选择框自身相交或相切的多边形,如图 3-22 所示,选择完毕后可以选择多边形中与它相交的所有对象,如图 3-23 所示,虚线显示部分为被选中的部分,删除选中对象,如图 3-24 所示。

光标空置时,在绘图区空白处单击,然后在命令行中输入 CP 并按 Enter 键,即可调用圈围命令,指定端点即可。

圈交对象范围确定后,按 Enter 键或空格键确认选择。

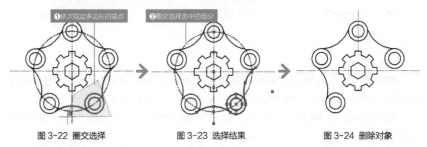

图 3-22 圈交选择　　　　　图 3-23 选择结果　　　　　图 3-24 删除对象

4. 套索选择

套索选择是 AutoCAD 2016 新增的选择方式,是框选命令的一种延伸,使用方法跟以前版本的【框选】命令类似。只是当拖动鼠标围绕对象拖动时,将生成不规则的套索选区,使用起来更加人性化。根据拖动方向的不同,套索选择分为窗口套索和窗交套索两种。

- 顺时针方向拖动为窗口套索选择,如图 3-25 所示。
- 逆时针拖动则为窗交套索选择,如图 3-26 所示。

图 3-25 窗口套索选择效果　　　　　图 3-26 窗交套索选择效果

048 快速选择

快速选择可以根据对象的图层、线型、颜色、图案填充等特性选择对象,从而可以准确、快速地从复杂的图形中选择满足某种特性的图形对象。

选择【工具】|【快速选择】命令,弹出【快速选择】对话框,如图 3-27 所示。用户可以根据要求设置选择范围,单击【确定】按钮,完成选择操作。

如要选择图 3-28 中的圆弧,除了手动选择的方法外,就可以利用快速选择工具来进行选取。选择【工具】|【快速选择】命令,弹出【快速选择】对话框,在【对象类型】下拉列表框中选择【圆弧】选项,单击【确定】按钮,选择结果如图 3-29 所示。

图 3-27 【快速选择】对话框　　　图 3-28 示例图形　　图 3-29 快速选择后的结果

3.3 辅助绘图工具

本节将介绍 AutoCAD 辅助工具的设置。通过对辅助功能进行适当的设置，可以提高用户制图的工作效率和绘图的准确性。在实际绘图中，用鼠标定位虽然方便快捷，但精度不够，因此为了解决快速准确定位问题，AutoCAD 提供了一些绘图辅助工具，如动态输入、栅格、栅格捕捉、正交和极轴追踪等。

049 正交（快捷键 F8，按钮 ）

在绘图过程中，使用【正交】功能便可以将十字光标限制在水平或者垂直轴向上，同时也限制在当前的栅格旋转角度内。使用【正交】功能就如同使用了丁字尺绘图，可以保证绘制的直线完全呈水平或垂直状态，方便绘制水平或垂直直线。

打开或关闭【正交】功能的方法如下。

- 快捷键：按 F8 键可以切换正交开、关模式。
- 状态栏：单击【正交】按钮 ，若亮显则为开启，如图 3-30 所示。

因为【正交】功能限制了直线的方向，所以绘制水平或垂直直线时，指定方向后直接输入长度即可，不必再输入完整的坐标值。开启正交后光标状态如图 3-31 所示，关闭正交后光标状态如图 3-32 所示。

图 3-30 状态栏中开启　　　图 3-31 开启【正交】效果　图 3-32 关闭
　　【正交】功能　　　　　　　　　　　　　　　　　【正交】效果

050 极轴追踪（快捷键 F10，按钮 ）

【极轴追踪】功能实际上是极坐标的一个应用。使用极轴追踪绘制直线时，捕捉到一定的极轴方向即确定了极角，然后输入直线的长度即确定了极半径，因此和正交绘制直线一样，极轴追踪绘制直线一般使用长度输入确定直线的第二点，代替坐标输入。【极轴追踪】功能可以用来绘制带角度的直线，如图 3-33 所示。

一般来说，极轴可以绘制任意角度的直线，包括水平的 0°、180° 与垂直的 90°、270° 等，因此某些情况下可以代替【正交】功能使用。【极轴追踪】绘制的图形如图 3-34 所示。

【极轴追踪】功能的开、关切换有以下两种方法。

● 快捷键：按 F10 键切换开、关状态。

● 状态栏：单击状态栏上的【极轴追踪】按钮 ⓒ，若亮显则为开启，如图 3-35 所示。

图 3-33 开启【极轴追踪】
效果

图 3-34 【极轴追踪】模式绘制的直线

右键单击状态栏上的【极轴追踪】按钮 ⓒ，弹出追踪角度列表，如图 3-35 所示，其中的数值便为启用【极轴追踪】时的捕捉角度。然后在弹出的快捷菜单中选择【正在追踪设置】选项，则打开【草图设置】对话框，在【极轴追踪】选项卡中可设置极轴追踪的开关和其他角度值的增量角等，如图 3-36 所示。

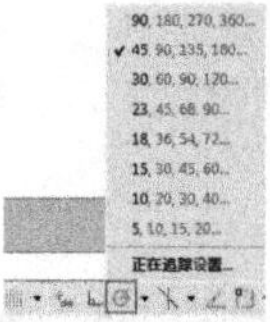

图 3-35 选择【正
在追踪设置】命令

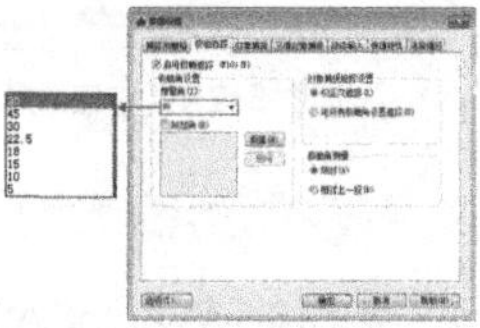

图 3-36 【极轴追踪】选项卡

051 对象捕捉（快捷键 F3，按钮 ▢）

通过【对象捕捉】功能可以精确定位现有图形对象的特征点，如圆心、中点、端点、节点、象限点等，从而为精确绘制图形提供了有利条件。

如果命令行并没有提示输入点位置，则【对象捕捉】功能是不会生效的。因此，【对象捕捉】实际上是通过捕捉特征点的位置，来代替命令行输入特征点的坐标。

开启和关闭【对象捕捉】功能的方法如下。

● 菜单栏：选择【工具】|【草图设置】命令，弹出【草图设置】对话框。选择【对象捕捉】选项卡，选中或取消选中【启用对象捕捉】复选框，也可以打开或关闭对象捕捉，但这种操作太烦琐，实际中一般不使用。

● 快捷键：按 F3 键可以切换开、关状态。

● 状态栏：单击状态栏上的【对象捕捉】按钮 ▢，若亮显则为开启，如图 3-37 所示。

图 3-37 状态栏中开启【对象捕捉】功能

● 命令行：输入 OSNAP，打开【草图设置】对话框，单击【对象捕捉】选项卡，勾选【启用对象捕捉】复选框。

在设置对象捕捉点之前，需要确定哪些特性点是需要的，哪些是不需要的。这样不仅仅可以提高效率，也可以避免捕捉失误。使用任何一种开启【对象捕捉】的方法之后，系统弹出【草图设置】对话框，在【对象捕捉模式】选项区域中勾选用户需要的特征点，单击【确定】按钮，退出对话框即可，如图 3-38 所示。

启用【对象捕捉】功能之后，在绘图过程中，当十字光标靠近这些被启用的捕捉特殊点后，将自动对其进行捕

图 3-38 【草图设置】对话框

捉，效果如图 3-39 所示。这里需要注意的是，在【对象捕捉】选项卡中，各捕捉特殊点前面的形状符号，如 ▢、×、〇 等，便是在绘图区捕捉时显示的对应形状。

图 3-39 各捕捉效果

052 对象捕捉追踪（快捷键 F11，按钮 ∠）

在绘图过程中，除了需要掌握对象捕捉的应用外，也需要掌握对象追踪的相关知识和应用的方法，从而能提高绘图的效率。

【对象捕捉追踪】功能的开、关切换有以下两种方法。

● 快捷键：F11 快捷键，切换开、关状态。

● 状态栏：单击状态栏上的【对象捕捉追踪】按钮 ∠。

启用【对象捕捉追踪】后，在绘图的过程中需要指定点时，光标可以沿基于其他对象捕捉点的对齐路径进行追踪，图 3-40 所示为中点捕捉追踪效果，图 3-41 所示为交点捕捉追踪效果。

已获取的点将显示一个小加号（＋），一次最多可以获得 7 个追踪点。获取点之后，当在绘图路径上移动光标时，将显示相对于获取点的水平、垂直或指定角度的对齐路径。

图 3-40 中点捕捉追踪

例如，在图 3-42 所示的示意图中，启用了【端点】对象捕捉，单击直线的起点 1 处开始绘制直线，将光标移动到另一条直线的端点 2 处获取该点，然后沿水平对齐路径移动光标，定位要绘制的直线的端点 3。

图 3-41 交点捕捉追踪　　　　　　图 3-42 对象捕捉追踪示意图

> **技能点拨**
>
> 由于对象捕捉追踪的使用是基于对象捕捉进行操作的，因此，要使用对象捕捉追踪功能，必须先开启一个或多个对象捕捉功能。

053 临时捕捉（快捷键 Ctrl+ 鼠标右键）

除了前面介绍对象捕捉之外，AutoCAD 还提供了临时捕捉功能，同样可以捕捉如圆心、中点、端点、节点、象限点等特征点。与对象捕捉不同的是临时捕捉属于"临时"调用，无法一直生效，但在绘图过程中可随时调用。

临时捕捉是一种一次性的捕捉模式，这种捕捉模式不是自动的，当用户需要临时捕捉某个特征点时，需要在捕捉之前手工设置需要捕捉的特征点，然后进行对象捕捉。这种捕捉不能反复使用，再次使用捕捉需重新选择捕捉类型。

执行临时捕捉有以下两种方法。

● 右键快捷菜单： 在命令行提示输入点的坐标时，如果要使用临时捕捉模式，可按住 Shift 键然后单击鼠标右键，系统弹出快捷菜单，可以在其中选择需要的捕捉类型。

● 命令行： 可以直接在命令行中输入执行捕捉对象的快捷指令来选择捕捉模式。例如，在绘图过程中，输入并执行 MID 快捷命令将临时捕捉图形的中点。AutoCAD 常用对象捕捉模式及快捷命令如下表所示。

表 常用对象捕捉模式及其指令

捕捉模式	快捷命令	捕捉模式	快捷命令	捕捉模式	快捷命令
临时追踪点	TT	节点	NOD	切点	TAN
自	FROM	象限点	QUA	最近点	NEA
两点之间的中点	MTP	交点	INT	外观交点	APP
端点	ENDP	延长线	EXT	平行	PAR
中点	MID	插入点	INS	无	NON
圆心	CEN	垂足	PER	对象捕捉设置	OSNAP

054 显示栅格（快捷键 F7，按钮▦）

【栅格】相当于手工制图中使用的坐标纸，它按照相等的间距在屏幕上设置栅格点（或线）。使用者可以通过栅格点数目来确定距离，从而达到精确绘图的目的。【栅格】不是图形的一部分，只供用户视觉参考，打印时不会被输出。

控制【栅格】显示的方法如下。

● 快捷键：按 F7 键可以切换开、关状态。

● 状态栏：单击状态栏上的【显示图形栅格】按钮▦，若亮显则为开启。

055 栅格捕捉（快捷键 F9，按钮▦）

【捕捉】功能可以控制光标移动的距离。它经常和【栅格】功能联用，当捕捉功能打开时，光标便能停留在栅格点上，这样就只能绘制出栅格间距整数倍的距离。

控制【捕捉】功能的方法如下。

● 快捷键：按 F9 键可以切换开、关状态。

● 状态栏：单击状态栏上的【捕捉模式】按钮▦▾，若亮显则为开启。

也可以在【草图设置】对话框中的【捕捉和栅格】选项卡中控制捕捉的开关状态及其相关属性。

1. 设置栅格捕捉间距

在【捕捉间距】下的【捕捉 X 轴间距】和【捕捉 Y 轴间距】文本框中可输入光标移动的间距。通常情况下，【捕捉间距】应等于【栅格间距】，这样在启动【栅格捕捉】功能后，就能将光标限制在栅格点上，如图 3-43 所示；如果【捕捉间距】不等于【栅格间距】，则会出现捕捉不到栅格点的情况，如图 3-44 所示。

在正常工作中，【捕捉间距】不需要和【栅格间距】相同。例如，可以设定较宽的【栅格间距】用作参照，但使用较小的【捕捉间距】以保证定位点时的精确性。

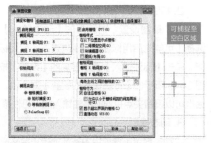

图 3-43 【捕捉间距】与【栅格间距】相等时的效果　　图 3-44 【捕捉间距】与【栅格间距】不相等时的效果

2. 设置捕捉类型

捕捉有两种捕捉类型：栅格捕捉和极轴捕捉，根据绘图需要来设置捕捉类型。

056 动态输入（快捷键 F12，按钮 ┱）

在绘图的时候，有时可在光标处显示命令提示或尺寸输入框，这类设置即称作【动态输入】。在 AutoCAD 中，【动态输入】有 2 种显示状态，即指针输入和标注输入状态，如图 3-45 所示。

【动态输入】功能的开、关切换有以下 2 种方法。

- **快捷键**：按 F12 键切换开、关状态。
- **状态栏**：单击状态栏上的【动态输入】按钮 ┱，若亮显则为开启，如图 3-46 所示。

右键单击状态栏上的【动态输入】按钮 ┱，选择弹出【动态输入设置】选项，打开【草图设置】对话框中的【动态输入】选项卡，该选项卡可以控制在启用【动态输入】时每个部件所显示的内容。选项卡中包含 3 个组件，即指针输入、标注输入和动态显示，如图 3-47 所示，分别介绍如下。

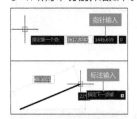

图 3-45 不同状态的【动态输入】　图 3-46 状态栏中开启【动态输入】功能　图 3-47 【动态输入】选项卡

1. 指针输入

单击【指针输入】选项区的【设置】按钮，打开【指针输入设置】对话框，如图 3-48 所示。可以在其中设置指针的格式和可见性。在工具提示框中，十字光标所在位置的坐标值将显示在光标旁边。命令提示用户输入点时，可以在工具提示框（而非命令行）中输入坐标值。

图 3-48 【指针输入设置】对话框

2. 标注输入

在【草图设置】对话框的【动态输入】选项卡，选择【可能时启用标注输入】复选框，启用标注输入功能。单击【标注输入】选项区域的【设置】按钮，打开图 3-49 所示的【标注输入的设置】对话框。利用该对话框可以设置夹点拉伸时标注输入的可见性等。

3. 动态提示

【动态显示】选项组中各选项按钮含义说明如下。

● 【在十字光标附近显示命令提示和命令输入】复选框：勾选该复选框，可在光标附近显示命令提示。

● 【随命令提示显示更多提示】复选框：勾选该复选框，显示使用 Shift 键和 Ctrl 键进行夹点操作的提示。

● 【绘图工具提示外观】按钮：单击该按钮，弹出图 3-50 所示的【工具提示外观】对话框，从中进行颜色、大小、透明度和应用场合的设置。

图 3-49 【标注输入的设置】对话框

图 3-50 【工具提示外观】对话框

---

057 如何更改十字光标和自动捕捉标记大小

打开【选项】对话框即可更改十字光标大小（如图 3-51 所示）以及自动捕捉标记大小（如图 3-52 所示）。

启用【选项】对话框的方法有以下几种。

● 单击菜单栏中【工具】下拉列表中的【选项】按钮。

● 在绘图区右键单击【选项】按钮。

● 命令行：OPTIONS。

图 3-51 更改十字光标大小

图 3-52 更改自动捕捉标记大小

图形绘制类命令 第 **4** 章

本章主要介绍在 AutoCAD 中最基本的点和二维图形的绘图命令，包括点、直线、圆、圆弧、构造线、多段线、多线、矩形和多边形。通过本章的学习，读者将掌握 AutoCAD 图形绘制的基本命令。

4.1 绘制点

在 AutoCAD 中，点对象除了可以作为图形的一部分外，通常也可以作为绘制其他图形时的控制点和参考点，其主要包括多点、定数等分点、定距等分点。

058 设置点样式（命令 DDPTYPE；按钮 ⊿点样式... ）

点是没有长度和大小的图形对象，在 AutoCAD 中，系统默认情况下绘制的点显示为一个小圆点，在屏幕中很难看清，因此就可以使用【点样式】来为点设置显示样式，使其清晰可见。

1. 启用方法

- 面板：单击【实用工具】面板中的【点样式】按钮 ⊿点样式... ，如图 4-1 所示。
- 菜单栏：选择【格式】|【点样式】命令。
- 命令行：DDPTYPE。

2. 操作过程

执行该命令后，将弹出图 4-2 所示的【点样式】对话框，选择其中的图形就可以设置点的显示样式和大小。

3. 结束方法

单击对话框中的【确定】按钮或【关闭】图标 ✕ 。

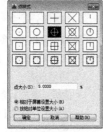

图 4-1 【实用工具】面板中的【点样式】按钮

图 4-2 【点样式】对话框

> 🧑 **技能点拨**
>
> 在设置【点样式】对话框时，可以选择显示点的比例。如果选择"相对于屏幕设置大小"，是指点按照屏幕尺寸百分比来设置，改变显示比例时，点的显示大小不会改变；如果选择"按绝对单位设置大小"，是指点按照实际单位来设置，当显示比例改变后，点的显示大小也随之改变。

059 绘制单点（命令 POINT；快捷命令 PO）

绘制单点就是执行一次命令只能指定一个点，在 AutoCAD 2016 中已经不太常用。

1. 启用方法

- 菜单栏：选择【绘图】|【点】|【单点】命令。
- 命令行：PONIT 或 PO。

2. 操作过程

设置好点样式之后，选择【绘图】|【点】|【单点】命令，根据命令行提示，在绘图区任意位置单击，即完成单点的绘制，结果如图 4-3 所示。

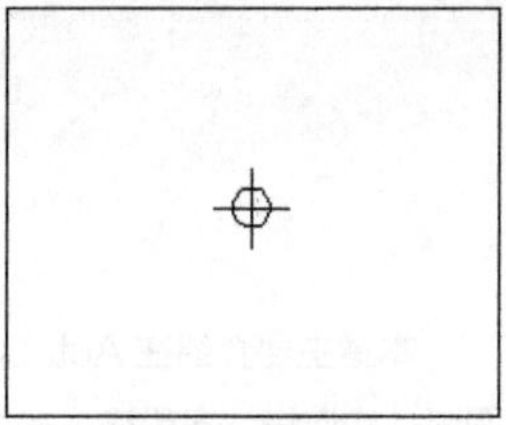

3. 结束方法

创建一点后自动结束命令。

图 4-3 绘制单点效果

060 绘制多点（按钮 ）

绘制多点就是指执行一次命令后可以连续指定多个点，适用于在现有图形的基础之上进行描点。

1. 启用方法

- 面板：单击【绘图】面板中的【多点】按钮 。
- 菜单栏：选择【绘图】|【点】|【多点】命令。

2. 操作过程

设置好点样式之后，单击【绘图】面板中的【多点】按钮 ，根据操作提示，在绘图区任意 6 个位置单击，效果如图 4-4 所示。

3. 结束方法

只能按 Esc 键结束命令。

图 4-4 绘制多点效果

061 定数等分（命令 DIVIDE；快捷命令 DIV；按钮 ）

定数等分是将对象按指定的数量分为等长的多段，并在等分位置生成点。适用于等分长度值较复杂的图形，如圆弧。

1. 启用方法

- 面板：单击【绘图】面板中的【定数等分】按钮 。
- 菜单栏：选择【绘图】|【点】|【定数等分】命令。
- 命令行：DIVIDE 或 DIV。

2. 操作过程

启用【定数等分】命令后，选择要等分的图形对象（可以是直线、圆、圆弧、多段线和样条曲线等图形）。

根据操作提示，输入线段数目，如 6（只能是 2~32767 的整数），等分效果如图 4-5 所示。

3. 结束方法

单击空格键或 Enter 键进行确定；或单击鼠标右键，在弹出的快捷菜单中选择【确定】选项。

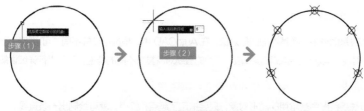

图 4-5 创建定数等分

062 定距等分（命令 MEASURE；快捷命令 ME；按钮 ）

定距等分是将对象分为长度为定值的多段，并在等分位置生成点。适用于等分长度值接近整数的图形，如直线。

1. 启用方法

- 面板：单击【绘图】面板中的【定距等分】按钮 。
- 菜单栏：选择【绘图】|【点】|【定距等分】命令。
- 命令行：MEASURE 或 ME。

2. 操作过程

启用【定距等分】命令后，选择要等分的图形对象（可以是直线、圆、圆弧、多段线和样条曲线等图形）。

根据操作提示，输入等分的距离，如 11，等分效果如图 4-6 所示。

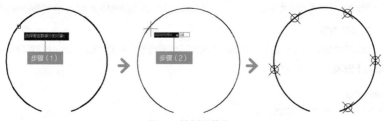

图 4-6 创建定距等分

3. 结束方法

单击空格键或 Enter 键进行确定；或单击鼠标右键，在弹出的快捷菜单中选择【确定】选项。

> ### 技能点拨
>
> 【定距等分】在进行步骤（1）选择对象时，光标靠近对象的哪一端，就从哪一端开始计数。图 4-7 中选择的是直线的左侧，因此从最左端开始计数，于是在右侧产生剩余线段 5；反之，图 4-8 中选择的是直线的右侧，因此从右侧开始计数，于是在左侧产生剩余线段 5。
>
>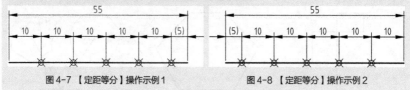
>
> 图 4-7 【定距等分】操作示例 1　　　　图 4-8 【定距等分】操作示例 2

4.2 绘制简单直线类图形

直线是图形中一类基本的图形对象，在 AutoCAD 中，根据用途的不同，可以将线分类为直线、射线、构造线、多线和多线段。不同的直线对象具有不同的特性，下面进行详细讲解。

063 直线（命令 LINE；快捷命令 L；按钮 ✏）

直线是绘图中最常用的图形对象，只要指定了起点和终点，就可绘制出一条直线。

1. 启用方法

● 面板：单击【绘图】面板中的【直线】按钮 ✏。

● 菜单栏：选择【绘图】|【直线】命令。

● 命令行：LINE 或 L。

2. 操作过程

启用【直线】命令后，用户可以通过输入坐标值来决定线段的起点和终点，也可以直接指定两个点来绘制一条直线。如果需要连续绘制线段，那上一段直线的终点可直接作为下一段直线的起点，如此循环直到用户结束命令，如图 4-9 所示。命令行如下所示。

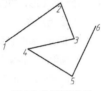

图4-9 绘制直线效果

```
命令：_line            // 执行【直线】命令
指定第一个点：          // 输入直线段的起点1，用鼠标指定点或在命令行中输入点的坐标
指定下一点或［放弃(U)］：  // 输入直线段的端点2。也可以用鼠标指定一定角度后，直接输入直线的长度
指定下一点或［放弃(U)］：  // 输入下一直线段的端点3。输入"U"表示放弃之前的输入
指定下一点或［闭合(C)/放弃(U)］：    //输入下一直线段的端点4，输入"C"使图形闭合，或按Enter键结束命令
```

3. 结束方法

单击空格键、Enter 键或 Esc 键结束绘制；或单击鼠标右键，在弹出的快捷菜单中选择【确定】选项。

👤 **技能点拨**

直线（Line）命令的操作技巧总结如下。

1.绘制水平、垂直直线。可单击【状态栏】中【正交】按钮 ，根据正交方向提示，直接输入下一点的距离即可，如图4-10所示。不需要输入@符号，使用临时正交模式也可按住Shift键不动，在此模式下不能输入命令或数值，可捕捉对象。

2.绘制斜线。可单击【状态栏】中【极轴】按钮 ，在【极轴】按钮上单击右键，在弹出的快捷菜单中可以选择所需的角度选项，也可以选择【正在追踪设置】选项，则系统会弹出【草图设置】对话框，在【增量角】文本输入框中可设置斜线的捕捉角度，此时，图形即进入了自动捕捉所需角度的状态，其可大大提高制图时averages直线长度的效率，效果如图4-11所示。

3.捕捉对象。可按Shift键+鼠标右键，在弹出的快捷菜单中选择捕捉选项，然后将光标移动至合适位置，程序会自动进行某些点的捕捉，如端点、中点、圆切点等，【捕捉对象】功能的应用可以极大提高制图速度，如图4-12所示。

图 4-10 正交绘制水平、垂直直线　　　　图 4-11 极轴绘制斜线　　　　图 4-12 启用捕捉绘制直线

064 射线（命令 RAY；按钮🔲）

射线是指向一个方向无限延伸，且只有起点没有终点的直线。射线主要用于创建参考辅助线。

1. 启用方法

● 面板：单击【绘图】面板中的【射线】按钮🔲。

● 菜单栏：选择【绘图】|【射线】命令。

● 命令行：RAY。

2. 操作过程

启用【射线】命令后，就可以在绘图区指定起点和通过点来创建射线。如不退出的话，就可以连续指定多个通过点，从而绘制以起点为公共点的射线，如图 4-13 所示。命令行如下所示。

```
命令：_ray                  // 执行【射线】命令
指定起点：                   // 输入射线的起点 1，可以用鼠标指定点或在命令行中输入点的坐标
指定通过点：                  // 输入通过点坐标或用鼠标在绘图区域指定通过点 2、3、4、5 等
指定通过点（或结束）：           // 继续绘制射线或者按 Enter 键结束命令
```

3. 结束方法

单击空格键、Enter 键或 Esc 键结束绘制；或单击鼠标右键，在弹出的快捷菜单中选择【确定】选项。

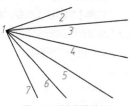

图 4-13 绘制射线效果

4.3 绘制构造线（命令 XLINE；快捷命令 XL；按钮🔲）

构造线是一条没有起点和终点，无限延伸的直线，常用作绘制图形过程中的辅助线。用户可根据需要绘制水平、垂直和指定角度的构造线。

065 绘制水平构造线（命令 XL；按钮🔲）

水平构造线可用作制图的辅助线。

1. 启用方法

● 面板：单击【绘图】面板中的【构造线】按钮🔲。

● 菜单栏：选择【绘图】|【构造线】|【水平】命令。

● 命令行：XLINE → H 或 XL → H。

2. 操作过程

启用【构造线】命令，输入扩展命令 H（水平）并按 Enter 键，然后在绘图区指定通过点（也可连续指定多个通过点，绘制多条水平构造线）即可，如图 4-14 所示。命令行如下所示。

```
命令：_xline                                    // 执行【构造线】命令
指定点或 [水平 (H) / 垂直 (V) / 角度 (A) / 二等分 (B) / 偏移 (O)]：h↙ // 输入 h
指定通过点：                          // 指定通过点，绘制水平或垂直构造线
```

3. 结束方法

单击空格键、Enter 键或 Esc 键结束绘制；或单击鼠标右键，在弹出的快捷菜单中选择【确定】选项。

图 4-14 绘制水平构造线

066 绘制垂直构造线（命令 XL；按钮 ）

垂直构造线可用作制图的辅助线。

1. 启用方法

- 面板：单击【绘图】面板中的【构造线】按钮 。
- 菜单栏：选择【绘图】|【构造线】|【垂直】命令。
- 命令行：XLINE → V 或 XL → V。

2. 操作过程

启用【构造线】命令，输入扩展命令 V（垂直）并按 Enter 键；然后在绘图区指定通过点（也可连续指定多个通过点，绘制多条垂直构造线），完成后按 Enter 键，如图 4-15 所示。命令行如下所示。

```
命令：_xline                                    // 执行【构造线】命令
指定点或 [水平 (H) / 垂直 (V) / 角度 (A) / 二等分 (B) / 偏移 (O)]：v↙ // 输入 v
指定通过点：                          // 指定通过点，绘制水平或垂直构造线
```

3. 结束方法

单击空格键、Enter 键或 Esc 键结束绘制；或单击鼠标右键，在弹出的快捷菜单中选择【确定】选项。

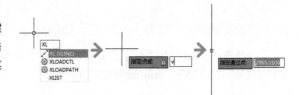

图 4-15 绘制垂直构造线

067 绘制指定角度的构造线（命令 XL；按钮 ）

绘制任意角度的构造线作为辅助线以方便制图。

1. 启用方法

- 面板：单击【绘图】面板中的【构造线】按钮 。
- 菜单栏：选择【绘图】|【构造线】|【角度】命令。
- 命令行：XLINE → A 或 XL → A。

2. 操作过程

启用【构造线】命令，输入扩展命令 A（角度）并按 Enter 键；输入角度值（如 30）并按 Enter 键，如图 4-16 所示。命令行如下所示。

```
命令：_xline                                       // 执行【构造线】命令
指定点或 [水平 (H) / 垂直 (V) / 角度 (A) / 二等分 (B) / 偏移 (O)]：a ✓  // 输入 a，选择【角度】选项
输入构造线的角度 (O) 或 [参照 (R)]：30 ✓           // 输入构造线的角度
指定通过点：                                        // 指定通过点完成创建
```

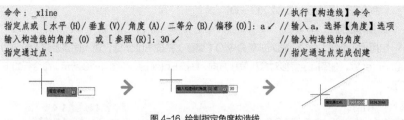

图 4-16 绘制指定角度构造线

3. 结束方法

单击空格键、Enter 键或 Esc 键结束绘制；或单击鼠标右键，在弹出的快捷菜单中选择【确定】选项。

068 二等分绘制构造线（命令 XL；按钮🗹）

二等分构造线可用作平分角度，它经过选定角的顶点，并且将两条相交直线之间的夹角平分。

1. 启用方法

● 面板：单击【绘图】面板中的【构造线】按钮🗹。
● 菜单栏：选择【绘图】|【构造线】|【二等分】命令。
● 命令行：XLINE → B 或 XL → B。

2. 操作过程

启用【构造线】命令，输入扩展命令 B（二等分）并按 Enter 键，然后依次指定角的顶点、起点以及端点，完成后按 Enter 键，如图 4-17 所示。命令行如下所示。

```
命令：_xline                                       // 执行【构造线】命令
指定点或 [水平 (H) / 垂直 (V) / 角度 (A) / 二等分 (B) / 偏移 (O)]：b ✓  // 输入 b，选择【二等分】选项
指定角的顶点：                                      // 选择顶点
指定角的起点：                                      // 选择起点
指定角的端点：                                      // 选择端点
```

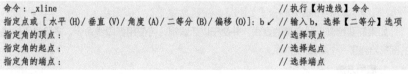
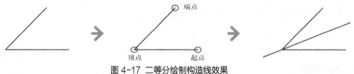

图 4-17 二等分绘制构造线效果

3. 结束方法

单击空格键、Enter 键或 Esc 键结束绘制；或单击鼠标右键，在弹出的快捷菜单中选择【确定】选项。

069 偏移绘制构造线（命令 XL；按钮🗹）

制图过程中有时需要多条平行辅助线，偏移绘制构造线命令能快速绘制多条辅助线。

1. 启用方法

● 面板：单击【绘图】面板中的【构造线】按钮🗹。
● 菜单栏：选择【绘图】|【构造线】|【偏移】命令。

● 命令行：XLINE → O 或 XL → O。

2. 操作过程

启用【构造线】命令，输入扩展命令 O（偏移）并按 Enter 键，输入偏移距离（如 50）并按 Enter 键，选择指定偏移对象和偏移方向，并按 Enter 键，如图 4-18 所示。命令行如下所示。

```
命令：_xline                                      // 执行【构造线】命令
指定点或 [水平 (H)/垂直 (V)/角度 (A)/二等分 (B)/偏移 (O)]：o✓   // 输入 0，选择【偏移】选项
指定偏移距离或 [通过 (T)]<10.0000>：50      ✓       // 输入偏移距离
选择直线对象：                                     // 选择偏移的对象
指定向哪侧偏移：                                   // 指定偏移的方向
```

图 4-18 偏移绘制构造线

3. 结束方法

单击空格键、Enter 键或 Esc 键结束绘制；或单击鼠标右键，在弹出的快捷菜单中选择【确定】选项。

4.4 绘制多段线（命令 PLINE；快捷命令 PL；按钮 ⤵）

多段线是可以相互连接的序列线段。创建的对象可以是直线段、弧线段或两者的组合线段，也可以具有不同的线宽，多段线是一种非常有用的线段对象。

070 直线绘制多段线（命令 PLINE；快捷命令 PL；按钮 ⤵）

如果需要绘制一段连续的直线，并便于以后编辑，可使用多段线命令。多段线所构成的图形始终是一个单独的整体。

1. 启用方法

● 面板：单击【绘图】面板中的【多段线】按钮 ⤵。
● 菜单栏：选择【绘图】|【多段线】命令。
● 命令行：PLINE 或 PL。

2. 操作过程

启用【多段线】命令后，用户可以通过输入坐标值来决定多段线的起点，然后指定任意位置或输入坐标值指定位置来绘制多段线。多段线下一段的起点也就是上一段的终点，如此循环直到用户结束命令，如图 4-19 所示，依次指定 1、2、3、4 这几点来绘制多段线。命令行如下所示。

```
命令：_pline           // 执行【多段线】命令
指定起点：             // 在绘图区中任意指定一点为起点 1，有临时的加号标记显示
当前线宽为 0.0000       // 显示当前线宽
指定下一个点或 [圆弧 (A)/半宽 (H)/长度 (L)/放弃 (U)/宽度 (W)]：// 指定多段线的端点 2
指定下一点或 [圆弧 (A)/闭合 (C)/半宽 (H)/长度 (L)/放弃 (U)/宽度 (W)]：// 指定下一段多段线的端点 3
指定下一点或 [圆弧 (A)/闭合 (C)/半宽 (H)/长度 (L)/放弃 (U)/宽度 (W)]：// 指定下一端点 4 或按 Enter 键结束
```

3. 结束方法

单击空格键、Enter 或 Esc 键结束绘制；或单击鼠标右键，在弹出的快捷菜单中选择【确定】选项。

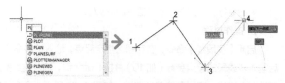

图 4-19 直线绘制多线段

071 绘制带有圆弧的多段线（命令 PLINE；快捷命令 PL；按钮 ）

使用多段线命令除了可以绘制直线段外，还可以绘制带有圆弧与直线段的多段线，这样可以省去直线与圆弧绘制命令之间的切换操作。

1. 启用方法

● 面板：单击【绘图】面板中的【多段线】按钮 。

● 菜单栏：选择【绘图】|【多段线】命令。

● 命令行：PLINE → A 或 PL → A。

2. 操作过程

启用【多段线】命令，在绘图区指定起点，绘制一段线段，输入扩展命令 A（圆弧）并按 Enter 键，绘制圆弧，然后执行扩展命令 L（直线）并按 Enter 键，最后捕捉多段线端点，绘制封闭多段线，如图 4-20 所示。命令行如下所示。

```
命令：_pline                              // 执行【多段线】命令
指定起点：                                // 在绘图区中任意指定一点为起点
当前线宽为 0.0000                          // 显示当前线宽
指定下一个点或［圆弧 (A)/半径 (H)/长度 (L)/放弃 (U)/宽度 (W)］：a↙    //选择"圆弧"子选项
指定圆弧的端点（按住 Ctrl 键以切换方向）或    // 指定圆弧的一个端点
［角度 (A)/圆心 (CE)/方向 (D)/半宽 (H)/直线 (L)/半径 (R)/第二个点 (S)/放弃 (U)/宽度 (W)］：1↙
                                          // 指选择"直线"子选项
指定下一点或［圆弧 (A)/闭合 (C)/半宽 (H)/长度 (L)/放弃 (U)/宽度 (W)］：    // 捕捉端点
指定下一点或［圆弧 (A)/闭合 (C)/半宽 (H)/长度 (L)/放弃 (U)/宽度 (W)］：    //按Enter键结束命令
```

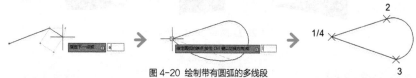

图 4-20 绘制带有圆弧的多线段

3. 结束方法

单击空格键、Enter 键或 Esc 键结束绘制；或单击鼠标右键，在弹出的快捷菜单中选择【确定】选项。

072 绘制带宽度的多段线（命令 PLINE；快捷命令 PL；按钮 ）

在绘制多段线时，除了可以使用 AutoCAD 默认线宽进行绘制外，还可以根据需要绘制指定线宽的多段线。

1. 启用方法

● 面板：单击【绘图】面板中的【多段线】按钮 。

- 菜单栏：选择【绘图】|【多段线】命令。
- 命令行：PLINE → W 或 PL → W。

2. 操作过程

启用【多段线】命令，在绘图区指定起点，输入扩展命令 W（线宽）并按 Enter 键，然后输入多线段的起点参数（如 10）并按 Enter 键，输入端点宽度（如 10）并按 Enter 键，最后绘制多段线，完成后按 Enter 键，如图 4-21 所示。命令行如下所示。

```
命令：_pline                                              // 执行【多段线】命令
指定起点：                                                // 在绘图区中任意指定一点为起点
当前线宽为 0.0000                                         // 显示当前线宽
指定下一个点或 [圆弧 (A)/半宽 (H)/长度 (L)/放弃 (U)/宽度 (W)]：w↙        // 选择"宽度"子选项
指定起点宽度 <0.0000>：10 ↙                               // 输入起点宽度为 10
指定端点宽度 <10.0000>：10 ↙                              // 输入端点宽度为 10
指定下一点或 [圆弧 (A)/闭合 (C)/半宽 (H)/长度 (L)/放弃 (U)/宽度 (W)]：     // 指定下一点位置
指定下一点或 [圆弧 (A)/闭合 (C)/半宽 (H)/长度 (L)/放弃 (U)/宽度 (W)]：↙    // 按 Enter 键结束命令
```

图 4-21 绘制带宽度的多线段

3. 结束方法

单击空格键、Enter 键或 Esc 键结束绘制；或单击鼠标右键，在弹出的快捷菜单中选择【确定】选项。

> **技能点拨**
>
> 如果用户需要绘制特殊线型的图形，如三角形、梯形，可以使用带有宽度的多段线工具，只需在设置线段的宽度时，将起点、端点的宽度设置为不同，效果如图 4-22 所示。
>
>
>
> 图 4-22 起点和端点宽度不同的线型

4.5 绘制多线

多线是一种由多条平行线组合而成的对象。用户在绘制前可根据自己的绘图需要设置多线样式。

073 设置多线样式（命令 MLSTYLE）

在使用多线之前，用户可以新建多线或设置多线的数量、颜色和间距等。

1. 启用方法

- 菜单栏：单击【格式】面板中的【多线样式】按钮。
- 命令行：MLSTYLE。

2. 操作过程

启用【多线样式】命令，打开【多线样式】对话框，单击【新建】按钮，打开【创建新的多线样式】对话框，输入新样式名称（如"平开窗"），单击【继续】按钮，如图4-23 所示；在打开的【新建多线样式平开窗】对话框中，单击【添加】按钮，在图元列表中显示添加选项，如图 4-24 所示；依次选择图元列表框的选项，然后在【偏移】文本框中输入参数（如80）设置偏移的距离参数，在【颜色】下拉列表中设置线形的颜色（如"绿色"）；完成设置后单击【确定】按钮，如图4-25 所示。

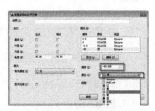

图 4-23 多线样式对话框　　图 4-24 新建多线样式平开窗对话框1　　图 4-25 新建多线样式平开窗对话框2

3. 结束方法

单击对话框中的【确定】按钮或【关闭】图标 ✕ 。

074 绘制多线（命令 MLINE；快捷命令 ML）

在室内设计图纸中，常使用多线命令来绘制墙体和窗线。多线的绘制方法和直线的绘制方法相似，区别在于多线只能绘制由直线段组成的平行线，而不能绘制弧形的平行线。绘制的每一条多线都是一个整体，不能对其进行偏移、倒角、延伸和剪切等编辑操作。

1. 启用方法

● 菜单栏: 选择【绘图】|【多线】命令。

● 命令行: MLINE 或 ML。

2. 操作过程

绘制室内设计图纸中常用的 240 墙线的具体操作步骤如下。

启用【多线】命令后，输入扩展命令 S（比例）并按 Enter 键，输入多线比例 240 并按Enter 键，输入扩展命令 J（对正）并按 Enter 键，选择对正类型"无"（命令 Z），最后在绘图区指定起点和通过点绘制多线图形，如图 4-26 所示。命令行如下所示。

```
命令：_mline                              // 执行【多线】命令
当前设置：对正 = 上，比例 = 20.00，样式 = STANDARD   // 显示当前的多线设置
指定起点或 [对正 (J)/比例 (S)/样式 (ST)]：s ✓        // 选择"比例"子选项
输入多线比例 <20.00>：240 ✓                // 输入多线比例 240
当前设置：对正 = 上，比例 = 240.00，样式 = STANDARD  // 显示当前的多线设置
指定起点或 [对正 (J)/比例 (S)/样式 (ST)]：J ✓        // 选择"对正"子选项
输入对正类型 [上 (T)/无 (Z)/下 (B)] <上>：Z ✓        // 再选择"无"子选项，确定对正方式
当前设置：对正 = 无，比例 = 240.00，样式 = STANDARD
指定起点或 [对正 (J)/比例 (S)/样式 (ST)]：         // 指定起点
指定下一点或 [放弃 (U)]：                   // 指定下一点
指定下一点或 [闭合 (C)/放弃 (U)]：           // 指定下一段多线的端点或按 Enter 键结束
```

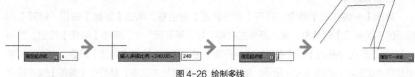

图 4-26 绘制多线

3. 结束方法

单击空格键、Enter 键或 Esc 键结束绘制；或单击鼠标右键，在弹出的快捷菜单中选择【确定】选项。

4.6 绘制圆类图形（命令 CIRCLE；快捷命令 C；按钮 ⊙ ）

圆也是绘图中最常用的图形对象，在 AutoCAD 中共有 6 种方式来绘制圆，分别介绍下。

075 用"圆心、半径（R）"绘制圆（按钮 ⊙ ）

1. 启用方法

● 面板：单击【绘图】面板【圆】下拉列表中的【圆心、半径】按钮 [圆心,半径] 。
● 菜单栏：选择【绘图】|【圆】|【圆心、半径（R）】命令。
● 命令行：CIRCLE 或 C。

2. 操作过程

如果用户已知圆心的位置与圆的半径大小，就可以通过该方法来绘制圆。此方式为软件默认的绘圆方式，绘制步骤如下。

01 指定圆心。启用该命令后，通过输入坐标值或捕捉点的方式来指定圆心。

02 输入半径值。指定圆心后输入要绘制圆的半径值（如 10），即可创建圆，效果如图 4-27 所示。命令行如下所示。

```
命令：_circle                                        // 执行【圆】命令
指定圆的圆心或 [三点(3P)/ 两点(2P)/ 切点、切点、半径(T)]：// 输入坐标或用鼠标单击确定圆心
指定圆的半径或 [直径(D)]：10 ✓ // 输入半径值，也可以输入相对于圆心的相对坐标，确定圆周上一点
```

图 4-27 用"圆心、半径"方式绘制圆

3. 结束方法

单击空格键或 Enter 键进行确定；或单击鼠标右键，在弹出的快捷菜单中选择【确定】选项。

076 用"圆心、直径（D）"绘制圆（按钮 ⊘ ）

1. 启用方法

● 面板：单击【绘图】面板【圆】下拉列表中的【圆心、直径】按钮 [圆心,直径] 。
● 菜单栏：选择【绘图】|【圆】|【圆心、直径（D）】命令。

● 命令行：CIRCLE 或 C。

2. 操作过程

如果用户已知圆心的位置与圆的直径大小，就可以通过该方法来绘制圆。绘制步骤如下。

[01] 指定圆心。启用该命令后，通过输入坐标值或捕捉点的方式来指定圆心。

[02] 输入直径值。指定圆心后输入要绘制圆的直径值，即可创建圆，效果如图 4-28 所示。
命令行如下所示。

```
命令：_circle                                          // 执行【圆】命令
指定圆的圆心或 [ 三点 (3P)/ 两点 (2P)/ 切点、切点、半径 (T)]：// 输入坐标或用鼠标单击确定圆心
指定圆的半径或 [ 直径 (D)]<10.0000>：d ✓              // 选择"直径"子选项
指定圆的直径 <200.00>：20 ✓                           // 输入直径值
```

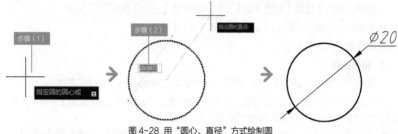

图 4-28 用"圆心、直径"方式绘制圆

3. 结束方法

单击空格键或 Enter 键进行确定；或单击鼠标右键，在弹出的快捷菜单中选择【确定】
选项。

077 用"两点（2P）"绘制圆（按钮◯）

1. 启用方法

● 面板：单击【绘图】面板【圆】下拉列表中的【两点】按钮◯两点。

● 菜单栏：选择【绘图】|【圆】|【两点（2）】命令。

● 命令行：CIRCLE 或 C。

2. 操作过程

如果用户已知圆直径上的两个端点，就可以通过该方法来绘制圆。绘制步骤如下。

[01] 指定圆直径的第一个端点。启用该命令后，通过输入坐标值或捕捉点的方式来指定圆上的第
一个点。

[02] 指定圆直径的第二个端点。再通过相同方式来指定圆上的第二个点，该两点的连线长度即为
圆的直径，连线中点即为圆心，从而创建圆，效果如图 4-29 所示。
命令行如下所示。

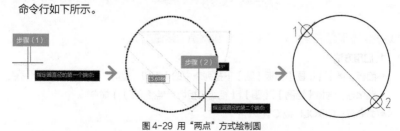

图 4-29 用"两点"方式绘制圆

```
命令：_circle                                    // 执行【圆】命令
指定圆的圆心或 [三点 (3P)/两点 (2P)/切点、切点、半径 (T)]：2p    // 选择"两点"子选项
指定圆直径的第一个端点：        // 输入坐标或单击确定直径第一个端点 1
指定圆直径的第二个端点：        // 单击确定直径第二个端点 2，或输入相对于第一个端点的相对坐标
```

3. 结束方法

单击空格键或 Enter 键进行确定；或单击鼠标右键，在弹出的快捷菜单中选择【确定】选项。

078 用"三点（3P）"绘制圆（按钮◎）

1. 启用方法

● 面板：单击【绘图】面板【圆】下拉列表中的【三点】按钮◎ 三点。

● 菜单栏：选择【绘图】|【圆】|【三点（3）】命令。

● 命令行：CIRCLE 或 C。

2. 操作过程

如果用户已知圆上的任意三点，就可以通过该方法来绘制圆。绘制步骤如下。

01 指定圆上的第一个点。启用该命令后，通过输入坐标值或捕捉点的方式来指定圆上的第一个点。

02 指定圆上的第二个点。通过相同方式指定圆上的第二个点。

03 指定圆上的第三个点。通过指定的三个点即可创建唯一满足条件的圆，效果如图 4-30 所示。命令行如下所示。

```
命令：_circle                                    // 执行【圆】命令
指定圆的圆心或 [三点 (3P)/两点 (2P)/切点、切点、半径 (T)]：3p    // 选择"三点"子选项
指定圆上的第一个点：          // 单击确定第 1 点
指定圆上的第二个点：          // 单击确定第 2 点
指定圆上的第三个点：          // 单击确定第 3 点
```

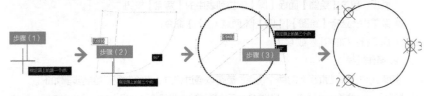

图 4-30 用"三点"方式绘制圆

3. 结束方法

单击空格键或 Enter 键进行确定；或单击鼠标右键，在弹出的快捷菜单中选择【确定】选项。

079 用"相切、相切、半径（T）"绘制圆（按钮◎）

1. 启用方法

● 面板：单击【绘图】面板【圆】下拉列表中的【相切、相切、半径】按钮◎ 相切、相切、半径。

● 菜单栏：选择【绘图】|【圆】|【相切、相切、半径（T）】命令。

● 命令行：CIRCLE 或 C。

2. 操作过程

如果用户已知圆的两个相切对象和圆的半径，就可以通过该方法来绘制圆。绘制步骤如下。

01 指定圆的第一个切点。在第一个相切对象上任意指定一点。

02 指定圆的第二个切点。在第二个相切对象上任意指定一点。

03 输入半径值。输入半径值后即可创建圆，效果如图 4-31 所示。

命令行如下所示。

```
命令：_circle                                          // 执行【圆】命令
指定圆的圆心或 [三点 (3P)/两点 (2P)/切点、切点、半径 (T)]：T   // 选择"切点、切点、半径"选项
指定对象与圆的第一个切点：                               // 单击直线 OA 上任意一点
指定对象与圆的第二个切点：                               // 单击直线 OB 上任意一点
指定圆的半径：10                                        // 输入半径值
```

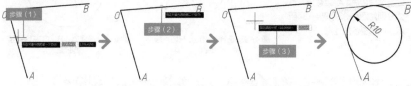

图 4-31 用"相切、相切、半径"方式绘制圆

3. 结束方法

单击空格键或 Enter 键进行确定；或单击鼠标右键，在弹出的快捷菜单中选择【确定】选项。

080 用"相切、相切、相切（A）"绘制圆（按钮◯）

1. 启用方法

● 面板：单击【绘图】面板【圆】下拉列表中的【相切、相切、相切】按钮◯。
● 菜单栏：选择【绘图】|【圆】|【相切、相切、相切（A）】命令。
● 命令行：CIRCLE 或 C。

2. 操作过程

如果用户已知圆的三个相切对象，就可以通过该方法来绘制圆。绘制步骤如下。

01 指定圆的第一个切点。在第一个相切对象上任意指定一点。

02 指定圆的第二个切点。在第二个相切对象上任意指定一点。

03 指定圆的第三个切点。在第三个相切对象上任意指定一点，即可创建圆，效果如图 4-32 所示。

命令行如下所示。

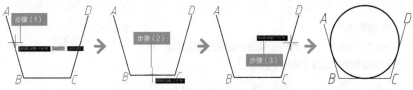

图 4-32 用"相切、相切、相切"方式绘制圆

```
命令：_circle                                          // 执行【圆】命令
指定圆的圆心或 [三点 (3P)/两点 (2P)/切点、切点、半径 (T)]：3p   // 单击面板中的【相切、相切、
```

相切】按钮⬭

指定圆上的第一个点：_tan 到	// 单击直线 AB 上任意一点
指定圆上的第二个点：_tan	// 单击直线 BC 上任意一点
指定圆上的第三个点：_tan 到	// 单击直线 CD 上任意一点

3. 结束方法

单击空格键或 Enter 键进行确定；或单击鼠标右键，在弹出的快捷菜单中选择【确定】选项。

技能点拨

在使用"相切、相切、相切"方法绘制圆时，要注意在某些特殊情形下可能存在多个解，这与选择切点的位置有关，具体分别如图4-33和图4-34所示，读者要多加注意。

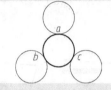

图 4-33 选择 a、b、c 三切点绘制的圆

图 4-34 选择 A、B、C 三切点绘制的圆

4.7 绘制圆弧类图形（命令 ARC；快捷命令 A；按钮⬭）

圆弧的应用非常广泛，在 AutoCAD 中共有 11 种方式来绘制圆弧，分别介绍如下。

081 用"三点（P）"绘制圆弧（按钮⬭）

1. 启用方法

● 面板：单击【绘图】面板【圆弧】下拉列表中的【三点】按钮⬭。
● 菜单栏：选择【绘图】|【圆弧】|【三点（P）】命令。
● 命令行：ARC→P 或 A→P。

2. 操作过程

如果用户已知圆弧的三个端点，那么可以通过起点、方向、中点、包角、弦长等参数进行绘制。此方式为软件默认的绘制圆弧方式，先指定圆弧起点 1，再指定通过点 2，最后指定端点 3，完成后按 Enter 键。效果如图 4-35 所示。

命令行如下所示。

命令：_arc	// 执行【圆弧】命令
指定圆弧的起点或［圆心 (C)］：	// 指定圆弧的起点 1
指定圆弧的第二个点或［圆心 (C)/端点 (E)］：	// 指定点 2
指定圆弧的端点：	// 指定点 3

图 4-35 用"三点（P）"方式绘制圆弧

3. 结束方法

单击空格键或 Enter 键进行确定；或单击鼠标右键，在弹出的快捷菜单中选择【确定】选项。

082 用"起点、圆心、端点（S）"绘制圆弧（按钮⬭）

1. 启用方法

● 面板：单击【绘图】面板【圆弧】下拉列表中的【起点、圆心、端点】按钮⬭。

- 菜单栏: 选择【绘图】|【圆弧】|【起点、圆心、端点（S）】命令。
- 命令行: ARC → S 或 A → S。

2. 操作过程

如果用户已知圆弧的起点、圆心和端点，就可以通过该方法来绘制圆弧。绘制步骤如下。

`01` 指定起点1。启用该命令后，通过输入坐标值或捕捉点的方式来指定圆弧起点。

`02` 指定圆心2。可确定圆弧的半径和位置。

`03` 指定端点3。最终如图4-36所示。

命令行如下所示。

```
命令：_arc                                            // 执行【圆弧】命令
指定圆弧的起点或 [ 圆心 (C)]：                        // 指定圆弧的起点 1
指定圆弧的第二个点或 [ 圆心 (C)/ 端点 (E)]：_c         // 系统自动选择
指定圆弧的圆心：                                      // 指定圆弧的圆心 2
指定圆弧的端点（按住 Ctrl 键以切换方向）或 [ 角度 (A)/ 弦长 (L)]：// 指定圆弧的端点 3
```

3. 结束方法

单击空格键或 Enter 键进行确定；或单击鼠标右键，在弹出的快捷菜单中选择【确定】选项。

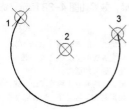

图 4-36 用“起点、圆心、端点”方式绘制圆弧

083 用“起点、圆心、角度（T）”绘制圆弧（按钮 ）

1. 启用方法

- 面板: 单击【绘图】面板【圆弧】下拉列表中的【起点、圆心、角度】按钮 。
- 菜单栏: 选择【绘图】|【圆弧】|【起点、圆心、角度（T）】命令。
- 命令行: ARC → T 或 A → T。

2. 操作过程

如果用户已知圆弧的起点、圆心和角度，就可以通过该方法来绘制圆弧。绘制步骤如下。

`01` 指定起点。启用该命令后，通过输入坐标值或捕捉点的方式来指定圆弧起点1。

`02` 指定圆心。接着根据命令提示指定圆弧圆心2，即可确定圆弧的半径和位置。

`03` 指定角度。最后指定角度（如90），可得到最终圆弧，如图4-37所示。

命令行如下所示。

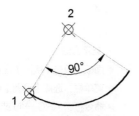

图 4-37 “起点、圆心、角度”方式绘制圆弧

```
命令：_arc                                            // 执行【圆弧】命令
指定圆弧的起点或 [ 圆心 (C)]：                        // 指定圆弧的起点 1
指定圆弧的第二个点或 [ 圆心 (C)/ 端点 (E)]：_c         // 系统自动选择
指定圆弧的圆心：                                      // 指定圆弧的圆心 2
指定圆弧的端点（按住 Ctrl 键以切换方向）或 [ 角度 (A)/ 弦长 (L)]：_a // 系统自动选择
指定夹角（按住 Ctrl 键以切换方向）：90                // 输入圆弧夹角角度
```

3. 结束方法

单击空格键或 Enter 键进行确定；或单击鼠标右键，在弹出的快捷菜单中选择【确定】选项。

084 用 "起点、圆心、长度（A）" 绘制圆弧（按钮 ）

1. 启用方法

- 面板：单击【绘图】面板【圆弧】下拉列表中的【起点、圆心、长度】按钮 。
- 菜单栏：选择【绘图】|【圆弧】|【起点、圆心、长度（A）】命令。
- 命令行：ARC → A 或 A → A。

2. 操作过程

如果用户已知圆弧的起点、圆心和弧长，就可以通过该方法来绘制圆弧。依次指定起点 1 和圆心 2，可通过输入坐标值或捕捉点的方式来指定；输入长度值（如 50）并按 Enter 键，效果如图 4-38 所示。命令行如下所示。

```
命令：_arc                                        // 执行【圆弧】命令
指定圆弧的起点或［圆心 (C)］:                        // 指定圆弧的起点 1
指定圆弧的第二个点或［圆心 (C)/ 端点 (E)］:_c         // 系统自动选择
指定圆弧的圆心：                                    // 指定圆弧的圆心 2
定圆弧的端点（按住 Ctrl 键以切换方向）或［角度 (A)/ 弦长 (L)］:_l    // 系统自动选择
指定弦长（按住 Ctrl 键以切换方向）:50                // 输入弦长
```

3. 结束方法

单击空格键或 Enter 键进行确定；或单击鼠标右键，在弹出的快捷菜单中选择【确定】选项。

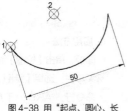

图 4-38 用 "起点、圆心、长度" 方式绘制圆弧

085 用 "起点、端点、角度（N）" 绘制圆弧（按钮 ）

1. 启用方法

- 面板：单击【绘图】面板【圆弧】下拉列表中的【起点、端点、角度】按钮 。
- 菜单栏：选择【绘图】|【圆弧】|【起点、端点、角度（N）】命令。
- 命令行：ARC → N 或 A → N。

2. 操作过程

如果用户已知圆弧的起点、端点以及夹角度数，就可以通过该方法来绘制圆弧。绘制步骤如下。

01 指定圆弧的起点 1。可通过输入坐标值来确定。

02 指定圆弧的端点 2。同样可通过输入坐标值来确定。

03 输入夹角度数（如 90）并按 Enter 键，如图 4-39 所示。命令行如下所示。

图 4-39 用 "起点、端点、角度" 方式绘制圆弧

```
命令：_arc                                           // 执行【圆弧】命令
指定圆弧的起点或［圆心 (C)］：                        // 指定圆弧的起点 1
指定圆弧的第二个点或［圆心 (C) / 端点 (E)］：_e        // 系统自动选择
指定圆弧的端点：                                      // 指定圆弧的端点 2
指定圆弧的中心点（按住 Ctrl 键以切换方向）或［角度 (A) / 方向 (D) / 半径 (R)］：_a // 系统自动选择
指定夹角（按住 Ctrl 键以切换方向）：90                 // 输入圆弧夹角角度
```

3. 结束方法

单击空格键或 Enter 键进行确定；或单击鼠标右键，在弹出的快捷菜单中选择【确定】选项。

086 用"起点、端点、方向（D）"绘制圆弧（按钮 ）

1. 启用方法

● 面板：单击【绘图】面板【圆弧】下拉列表中的【起点、端点、方向】按钮。

● 菜单栏：选择【绘图】|【圆弧】|【起点、端点、方向（D）】命令。

● 命令行：ARC → D 或 A → D。

2. 操作过程

如果用户已知圆弧的起点、端点和方向，就可以通过该方法来绘制圆弧。绘制步骤如下。

01 指定圆弧的起点 1。可通过输入坐标值来确定。

02 指定圆弧的端点 2。同样可通过输入坐标值来确定。

03 指定圆弧的方向 3，如图 4-40 所示。

命令行如下所示。

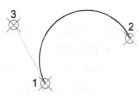

图 4-40 用"起点、端点、方向"方式绘制圆弧

```
命令：_arc                                           // 执行【圆弧】命令
指定圆弧的起点或［圆心 (C)］：                        // 指定圆弧的起点 1
指定圆弧的第二个点或［圆心 (C) / 端点 (E)］：_e        // 系统自动选择
指定圆弧的端点：                                      // 指定圆弧的端点 2
指定圆弧的中心点（按住 Ctrl 键以切换方向）或［角度 (A) / 方向 (D) / 半径 (R)］：_d// 系统自动选择
指定圆弧起点的相切方向（按住 Ctrl 键以切换方向）：     // 指定点 3 确定方向
```

3. 结束方法

单击空格键或 Enter 键进行确定；或单击鼠标右键，在弹出的快捷菜单中选择【确定】选项。

087 用"起点、端点、半径（R）"绘制圆弧（按钮 ）

1. 启用方法

● 面板：单击【绘图】面板【圆弧】下拉列表中的【起点、端点、半径】按钮。

● 菜单栏：选择【绘图】|【圆弧】|【起点、端点、半径（R）】命令。

● 命令行：ARC → R 或 A → R。

2. 操作过程

如果用户已知圆弧的起点、端点和半径，就可以通过该方法来绘制圆弧。绘制步骤如下。

01 指定圆弧的起点 1。可通过输入坐标值来确定。

02 指定圆弧的端点 2。同样可通过输入坐标值来确定。

03 指定圆弧的半径（如 30），如图 4-41 所示。

命令行如下所示。

```
命令：_arc                                              // 执行【圆弧】命令
指定圆弧的起点或［圆心 (C)］：                            // 指定圆弧的起点 1
指定圆弧的第二个点或［圆心 (C) / 端点 (E)］：_e            // 系统自动选择
指定圆弧的端点：                                         // 指定圆弧的端点 2
指定圆弧的中心点（按住 Ctrl 键以切换方向）或［角度 (A) / 方向 (D) / 半径 (R)］：_r// 系统自动选择
指定圆弧的半径（按住 Ctrl 键以切换方向）：30 ✓           // 输入圆弧的半径
```

3. 结束方法

单击空格键或 Enter 键进行确定；或单击鼠标右键，在弹出的快捷菜单中选择【确定】选项。

图 4-41 用"起点、端点、半径"方式绘制圆弧

088 用"圆心、起点、端点（C）"绘制圆弧（按钮 ⌒）

1. 启用方法

● 面板：单击【绘图】面板【圆弧】下拉列表中的【圆心、起点、端点】按钮 。

● 菜单栏：选择【绘图】|【圆弧】|【圆心、起点、端点（C）】命令。

● 命令行：ARC → C 或 A → C。

2. 操作过程

如果用户已知圆弧的圆心、起点和端点，就可以通过该方法来绘制圆弧。执行该命令后，依次指定圆弧的圆心 1、起点 2 和端点 3（可通过输入坐标值来确定），完成后按 Enter 键，效果如图 4-42 所示。命令行如下所示。

```
命令：_arc                                              // 执行【圆弧】命令
指定圆弧的起点或［圆心 (C)］：_c                          // 系统自动选择
指定圆弧的圆心：                                         // 指定圆弧的圆心 1
指定圆弧的起点：                                         // 指定圆弧的起点 2
指定圆弧的端点（按住 Ctrl 键以切换方向）或［角度 (A) / 弦长 (L)］：// 指定圆弧的端点 3
```

3. 结束方法

单击空格键或 Enter 键进行确定；或单击鼠标右键，在弹出的快捷菜单中选择【确定】选项。

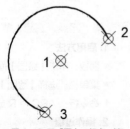

图 4-42 用"圆心、起点、端点"方式绘制圆弧

089 用"圆心、起点、角度（E）"绘制圆弧（按钮 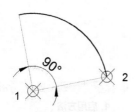）

1. 启用方法

- 面板：单击【绘图】面板【圆弧】下拉列表中的【圆心、起点、角度】按钮 。
- 菜单栏：选择【绘图】|【圆弧】|【圆心、起点、角度（E）】命令。
- 命令行：ARC→E 或 A→E。

2. 操作过程

如果用户已知圆弧的圆心、起点和角度，就可以通过该
方法来绘制圆弧。绘制步骤如下。

01 指定圆弧的圆心 1。可通过输入坐标值来确定。

02 指定圆弧的起点 2。同样可通过输入坐标值来确定。

03 指定圆弧夹角的度数（如 90），完成后按 Enter 键。
效果如图 4-43 所示，命令行如下所示。

图 4-43 用"圆心、起点、角度"方式绘制圆弧

```
命令：_arc                                              // 执行【圆弧】命令
指定圆弧的起点或［圆心 (C)］：_c                         // 系统自动选择
指定圆弧的圆心：                                         // 指定圆弧的圆心 1
指定圆弧的起点：                                         // 指定圆弧的起点 2
指定圆弧的端点（按住 Ctrl 键以切换方向）或［角度 (A)/ 弦长 (L)］：_a   // 系统自动选择
指定夹角（按住 Ctrl 键以切换方向）：90 ✓                 // 输入圆弧的夹角角度
```

3. 结束方法

单击空格键或 Enter 键进行确定；或单击鼠标右键，在弹出的快捷菜单中选择【确定】
选项。

090 用"圆心、起点、长度（L）"绘制圆弧（按钮 ）

1. 启用方法

- 面板：单击【绘图】面板【圆弧】下拉列表中的【圆心、起点、长度】按钮 。
- 菜单栏：选择【绘图】|【圆弧】|【圆心、起点、长度（L）】命令。
- 命令行：ARC→L 或 A→L。

2. 操作过程

如果用户已知圆弧的圆心、起点和长度，就可以通过该方法来绘制圆弧。绘制步骤如下。

01 指定圆弧的圆心 1。可通过输入坐标值来确定。

02 指定圆弧的起点 2。同样可通过输入坐标值来确定。

03 指定圆弧的长度（如 40），完成后按 Enter 键，如图 4-44 所示。
命令行如下所示。

```
命令：_arc                                              // 执行【圆弧】命令
指定圆弧的起点或［圆心 (C)］：_c                         // 系统自动选择
指定圆弧的圆心：                                         // 指定圆弧的圆心 1
指定圆弧的起点：                                         // 指定圆弧的起点 2
指定圆弧的端点（按住 Ctrl 键以切换方向）或［角度 (A)/ 弦长 (L)］：_l   // 系统自动选择
指定弦长（按住 Ctrl 键以切换方向）：40 ✓                 // 输入弦长
```

3. 结束方法

单击空格键或 Enter 键进行确定；或单击鼠标右键，在弹出的快捷菜单中选择【确定】选项。

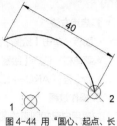

图 4-44 用"圆心、起点、长度"方式绘制圆

091 用"连续（O）"绘制圆弧（按钮 ）

1. 启用方法

- 面板：单击【绘图】面板【圆弧】下拉列表中的【连续】按钮 。
- 菜单栏：选择【绘图】|【圆弧】|【连续（O）】命令。
- 命令行：ARC→O 或 A→O。

2. 操作过程

连续绘制圆弧是指系统将自动以刚才绘制的对象的终点作为起点来连续绘制圆弧。在菜单栏中，执行【绘图】|【圆弧】|【连续】命令，即可以上段圆弧的端点为起点连续绘制圆弧对象。

3. 结束方法

单击空格键或 Enter 键进行确定；或单击鼠标右键，在弹出的快捷菜单中选择【确定】选项。

4.8 绘制矩形（命令 RECTANG；快捷命令 REC；按钮 ）

在 AutoCAD 中，除了绘制任意矩形外，还可通过扩展命令绘制特殊矩形，包括指定大小的矩形、指定面积的矩形等。

092 绘制任意大小的矩形（按钮 ）

如果用户对矩形的大小、形状没有任何要求，可通过两个对角点绘制任意大小的矩形。

1. 启用方法

- 面板：单击【绘图】面板中的【矩形】按钮 。
- 菜单栏：选择【绘图】|【矩形】命令。
- 命令行：RECTANG 或 REC。

2. 操作过程

在菜单栏中，执行【绘图】|【矩形】命令（或在命令行输入 REC 并按 Enter 键），然后在绘图区依次指定起点和对角点并按 Enter 键，完成任意矩形的绘制。命令行如下所示。

```
命令：_rectang                                              // 执行【矩形】命令
指定第一个角点或 [ 倒角 (C)/ 标高 (E)/ 圆角 (F)/ 厚度 (T)/ 宽度 (W)]：  // 指定矩形的第一个角点
指定另一个角点或 [ 面积 (A)/ 尺寸 (D)/ 旋转 (R)]：                     // 指定矩形的对角点
```

3. 结束方法

单击空格键或 Enter 键进行确定；或单击鼠标右键，在弹出的快捷菜单中选择【确定】选项。

093 绘制指定大小的矩形（按钮▢）

1. 启用方法

- 面板：单击【绘图】面板中的【矩形】按钮▢ ▦。
- 菜单栏：选择【绘图】|【矩形】|【尺寸（D）】命令。
- 命令行：RECTANG→D 或 REC→D。

2. 操作过程

在菜单栏中，执行【绘图】|【矩形】命令（或在命令行输入 REC 并按 Enter 键），在绘图区指定起点，输入扩展命令 D（尺寸）并按 Enter 键，然后输入矩形的长度参数（如 80）并按 Enter 键，输入矩形的宽度参数（如 60）并按 Enter 键，最后指定对角点的位置，完成矩形的绘制，如图 4-45 所示。命令行如下所示。

```
命令：_rectang                                    //执行【矩形】命令
指定第一个角点或 [倒角(C)/标高(E)/圆角(F)/厚度(T)/宽度(W)]：   //指定矩形的第一个角点
指定另一个角点或 [面积(A)/尺寸(D)/旋转(R)]:d ✓         //选择"尺寸"子选项
指定矩形的长度 <10.0000>：80 ✓                      //输入矩形的长度80
指定矩形的宽度 <10.0000>：60 ✓                      //输入矩形的宽度60
指定另一个角点或 [面积(A)/尺寸(D)/旋转(R)]：          //指定另一个角点
```

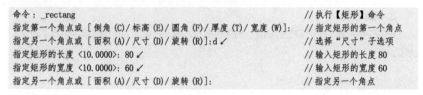

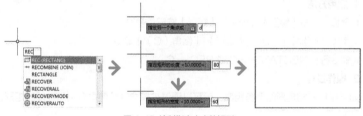

图 4-45 绘制指定大小的矩形

3. 结束方法

单击空格键或 Enter 键进行确定；或单击鼠标右键，在弹出的快捷菜单中选择【确定】选项。

094 绘制指定面积的矩形（按钮▢）

1. 启用方法

- 面板：单击【绘图】面板中的【矩形】按钮▢ ▦。
- 菜单栏：选择【绘图】|【矩形】|【面积（A）】命令。
- 命令行：RECTANG→A 或 REC→A。

2. 操作过程

在菜单栏中，执行【绘图】|【矩形】命令（或在命令行输入 REC 并按 Enter 键），在绘图区指定起点，输入扩展命令 A（面积）并按 Enter 键，然后输入矩形面积（如 100）

并按 Enter 键；选择计算矩形标注的依据，选择【长度】选项，输入矩形长度参数（如 20）并按 Enter 键，如图 4-46 所示。命令行如下所示。

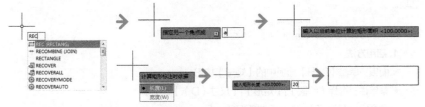

图 4-46 绘制指定面积的矩形

```
命令：_rectang                                       // 执行【矩形】命令
指定第一个角点或 [ 倒角 (C)/ 标高 (E)/ 圆角 (F)/ 厚度 (T)/ 宽度 (W)]：    // 指定矩形的第一个角点
指定另一个角点或 [ 面积 (A)/ 尺寸 (D)/ 旋转 (R)]：a✓                      // 选择"面积"子选项
输入以当前单位计算的矩形面积 <100.0000>：100 ✓                          // 输入矩形的面积 100
计算矩形标注时依据 [ 长度 (L)/ 宽度 (W)] < 长度 >：1 ✓                    // 选择"长度"子选项
输入矩形长度 <80.0000>：20 ✓                                           // 输入矩形的长度 20
```

3. 结束方法

单击空格键或 Enter 键进行确定；或单击鼠标右键，在弹出的快捷菜单中选择【确定】选项。

095 绘制倒角矩形（按钮 ▢ ）

1. 启用方法

● 面板：单击【绘图】面板中的【矩形】按钮 ▢ 矩形 。

● 菜单栏：选择【绘图】|【矩形】|【倒角（C）】命令。

● 命令行：RECTANG → C 或 REC → C。

2. 操作过程

如果用户已知矩形的倒角距离，就可以通过扩展命令绘制具有倒角性质的矩形。绘制步骤如下。

在菜单栏中，执行【绘图】|【矩形】命令（或在命令行输入 REC 并按 Enter 键），输入扩展命令 C（倒角）并按 Enter 键，然后输入矩形的第一个倒角距离（如 50）并按 Enter 键，输入矩形的第二个倒角距离（如 50）并按 Enter 键；在绘图区指定矩形的起点，然后拖动鼠标指定矩形的对角点（或输入相对坐标）来确定矩形的长宽，如图 4-47 所示。命令行如下所示。

```
命令：_rectang                                       // 执行【矩形】命令
指定第一个角点或 [ 倒角 (C)/ 标高 (E)/ 圆角 (F)/ 厚度 (T)/ 宽度 (W)]：C✓  // 选择【倒角】选项
指定矩形的第一个倒角距离 <0.0000>：50 ✓                                 // 输入第一个倒角距离
指定矩形的第二个倒角距离 <50.0000>：50 ✓                                // 输入第二个倒角距离
指定第一个角点或 [ 倒角 (C)/ 标高 (E)/ 圆角 (F)/ 厚度 (T)/ 宽度 (W)]：     // 指定第一个角点
指定另一个角点或 [ 面积 (A)/ 尺寸 (D)/ 旋转 (R)]：                        // 指定第二个角点
```

3. 结束方法

单击空格键或 Enter 键进行确定；或单击鼠标右键，在弹出的快捷菜单中选择【确定】选项。

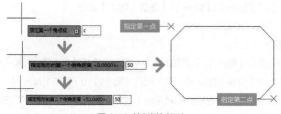

图 4-47 绘制倒角矩形

096 绘制圆角矩形（按钮 ▢ ）

1. 启用方法

- 面板：单击【绘图】面板中的【矩形】按钮 ▢ 。
- 菜单栏：选择【绘图】|【矩形】|【圆角（F）】命令。
- 命令行：RECTANG → F 或 REC → F。

2. 操作过程

绘制具有圆角性质的矩形，可以使图形显得圆滑。绘制步骤如下。

在菜单栏中，执行【绘图】|【矩形】命令（或在命令行输入 REC 并按 Enter 键），输入扩展命令 F（圆角）并按 Enter 键，然后输入矩形圆角半径（如 50）并按 Enter 键；在绘图区指定矩形的起点，然后拖动鼠标指定矩形的对角点（或输入相对坐标）来确定矩形的长和宽，如图 4-48 所示。命令行如下所示。

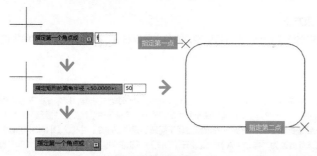

图 4-48 绘制圆角矩形

```
命令：_rectang                                              //执行【矩形】命令
指定第一个角点或 [倒角(C)/标高(E)/圆角(F)/厚度(T)/宽度(W)]：F✓      //选择【圆角】选项
指定矩形的圆角半径 <50.0000>：50✓                             //输入圆角半径值
指定第一个角点或 [倒角(C)/标高(E)/圆角(F)/厚度(T)/宽度(W)]：        //指定第一个角点
指定另一个角点或 [面积(A)/尺寸(D)/旋转(R)]：                     //指定第二个角点
```

3. 结束方法

单击空格键或 Enter 键进行确定；或单击鼠标右键，在弹出的快捷菜单中选择【确定】选项。

097 绘制宽度矩形（按钮▭）

1. 启用方法

- 面板：单击【绘图】面板中的【矩形】按钮▭。
- 菜单栏：选择【绘图】|【矩形】|【宽度（W）】命令。
- 命令行：RECTANG→W 或 REC→W。

2. 操作过程

在菜单栏中，执行【绘图】|【矩形】命令（或在命令行输入 REC 并按 Enter 键），输入扩展命令 W（宽度）并按 Enter 键，输入矩形线宽（如 10）并按 Enter 键；在绘图区指定矩形的起点，然后拖动鼠标指定矩形的对角点（或输入相对坐标）来确定矩形的长和宽，如图 4-49 所示。命令行如下所示。

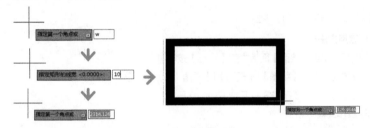

图 4-49 绘制宽度矩形

```
命令：_rectang                                                    // 执行【矩形】命令
指定第一个角点或 [倒角(C)/标高(E)/圆角(F)/厚度(T)/宽度(W)]：W ✓    // 选择【宽度】选项
指定矩形的线宽 <0.0000>：10 ✓                                      // 输入线宽值
指定第一个角点或 [倒角(C)/标高(E)/圆角(F)/厚度(T)/宽度(W)]：          // 指定第一个角点
指定另一个角点或 [面积(A)/尺寸(D)/旋转(R)]：                         // 指定第二个角点
```

3. 结束方法

单击空格键或 Enter 键进行确定；或单击鼠标右键，在弹出的快捷菜单中选择【确定】选项。

技能点拨

用AutoCAD绘制矩形、圆时，通常会在鼠标光标处显示一动态虚线框，用来在视觉上帮助设计者判断图形绘制的大小，十分方便。而有时由于新手的误操作，会使得该虚线框无法显示，如图4-50所示。这是由于系统变量DRAGMODE的设置出现了问题。只需在命令行中输入DRAGMODE，然后根据提示，将选项修改为"自动（A）"或"开（ON）"即可（推荐设置为自动）。即可让虚线框显示恢复正常，如图4-51所示。

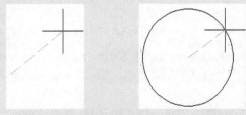

图4-50 绘图时不显示动态虚线框　　图4-51 正常状态下绘图显示动态虚线框

4.9 绘制正多边形（命令 POLYGON；快捷命令 POL；按钮◻）

由 3 条（含）以上的长度相等的线段所组成的闭合图形为正多边形。多边形的边数范围在 3~1024，在默认的情况下边数为 4。

098 绘制内接多边形（命令 POLYGON；快捷命令 POL；按钮◻）

内接多边形是指多边形的各个顶点外接一个半径与多边形半径相等的圆。

1. 启用方法

● 面板：单击【绘图】面板中的【多边形】按钮◻。

● 菜单栏：选择【绘图】|【多边形】命令。

● 命令行：POLYGON 或 POL。

2. 操作过程

启用【多边形】命令后，输入多边形的侧面数（如 6）并按 Enter 键，然后在绘图区指定多边形的中心点，选择【内接于圆】选项，最后输入内接圆的半径（如 30）并按 Enter 键，即可得到所需要的多边形，如图 4-52 所示。命令行如下所示。

命令：_POLYGON	// 执行【多边形】命令
输入侧面数〈4〉:6 ✔	// 指定多边形的边数 6（默认状态为四边形）
指定正多边形的中心点或［边(E)］:	// 指定正多边形的中心点（或者确定正多边
形的一条边来绘制正多边形，由边数和边长确定）	
输入选项［内接于圆(I)/外切于圆(C)〕〈I〉:	// 选择正多边形的创建方式
指定圆的半径：30 ✔	// 指定创建正多边形时的内接于圆的半径

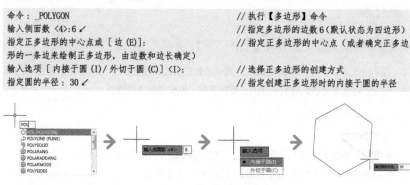

图 4-52 绘制内接多边形

3. 结束方法

单击空格键、Enter 键或 Esc 键结束绘制；或单击鼠标右键，在弹出的快捷菜单中选择【确定】选项。

099 绘制外切多边形（命令 POLYGON；快捷命令 POL；按钮◻）

外切多边形是指多边形的各边与同一个圆外切的外边形。

1. 启用方法

● 面板：单击【绘图】面板中的【多边形】按钮◻。

● 菜单栏：选择【绘图】|【多边形】命令。

● 命令行：POLYGON 或 POL。

2. 操作过程

启用【多边形】命令后，输入多边形的侧面数（如 6）并按 Enter 键，然后在绘图区指定多边形的中心点，选择【外切于圆】选项，最后输入外切圆的半径（如 30）并按 Enter

键，即可得到所需要的多边形，如图 4-53 所示。命令行如下所示。

命令：_POLYGON	// 执行【多边形】命令
输入侧面数 〈4〉:6	// 指定多边形的边数 6（默认状态为四边形）
指定正多边形的中心点或 [边 (E)]:	// 指定多边形的中心点（或者确定正多边
形的一条边来绘制正多边形，由边数和边长确定）	
输入选项 [内接于圆 (I)/ 外切于圆 (C)] 〈I〉:c ✓	// 选择"外切于圆"子选项
指定圆的半径：30 ✓	// 指定创建正多边形时外切于圆的半径

图 4-53 绘制外切多边形

3. 结束方法

单击空格键、Enter 键或 Esc 键结束绘制；或单击鼠标右键，在弹出的快捷菜单中选择【确定】选项。

4.10 绘制椭圆（命令 ELLIPSE；快捷命令 EL；按钮⊙ ）

在 AutoCAD 中绘制椭圆是由定义其两条轴的长度来决定的。当两条轴的长度不相等时，形成的对象为椭圆；当两条轴的长度相等时，形成的对象为圆形。

100 通过圆心绘制椭圆（按钮⊙ ）

1. 启用方法

● 面板：单击【绘图】面板【椭圆】下拉列表中的【圆心】按钮 ⊙圆心 。

● 菜单栏：选择【绘图】|【椭圆】|【圆心（C）】命令。

● 命令行：ELLIPSE → C 或 EL → C。

2. 操作过程

通过椭圆的中心点，指定椭圆轴的端点，然后再指定另一条半轴长度绘制椭圆。绘制步骤如下。

01 启用【椭圆】命令后，输入扩展命令 C（圆心）并按 Enter 键。

02 指定椭圆的圆心 1。可通过输入坐标值来确定。

03 依次指定椭圆的轴端点 2 和椭圆的另一条半轴端点 3，同样可通过输入坐标值来确定，如图 4-54 所示。

命令行如下所示。

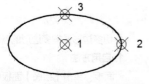

图 4-54 "圆心（C）"方式绘制椭圆

命令：_ellipse	// 执行【椭圆】命令
指定椭圆的轴端点或 [圆弧 (A)/ 中心点 (C)]: _c	// 系统自动选择绘制对象为椭圆
指定椭圆的中心点：	// 在绘图区中指定椭圆的中心点 1
指定轴的端点：	// 在绘图区中指定端点 2
指定另一条半轴长度或 [旋转 (R)]:	// 在绘图区中指定另一端点 3（或输入数值）

3. 结束方法

单击空格键或 Enter 键进行确定；或单击鼠标右键，在弹出的快捷菜单中选择【确定】
选项。

101 通过轴、端点绘制椭圆（按钮 ⊙ ）

1. 启用方法

- 面板：单击【绘图】面板【椭圆】下拉列表中的【轴、端点】按钮 ◯ 轴、端点 。
- 菜单栏：选择【绘图】|【椭圆】|【轴、端点（E）】命令。
- 命令行：ELLIPSE → E 或 EL → E。

2. 操作过程

通过椭圆的轴端点，指定轴的另一个端点，然后指定另一条半轴的长度绘制椭圆。绘
制步骤如下。

01 启用【椭圆】命令后，输入扩展命令 E（轴、端点）并按 Enter 键。

02 依次指定椭圆弧的轴端点 1、轴端点 2。可通过输入坐标值来确定。

03 指定椭圆的另一条半轴端点 3，同样可通过输入坐标值来确定，如图 4-55 所示。

命令行如下所示。

```
命令：_ellipse                              // 执行【椭圆】命令
指定椭圆的轴端点或 [ 圆弧 (A)/ 中心点 (C)]：     // 指定点 1
指定轴的另一个端点：                          // 指定点 2
指定另一条半轴长度或 [ 旋转 (R)]：             // 指定点 3
```

3. 结束方法

单击空格键或 Enter 键进行确定；或单击鼠标右键，在
弹出的快捷菜单中选择【确定】选项。

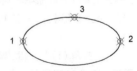

图 4-55 "轴、端点"方式绘制
椭圆

102 绘制椭圆弧（按钮 ⊙ ）

椭圆弧是椭圆的一部分，通过指定椭圆轴两端点，然后指定另一半轴长度绘制一个椭
圆，接着指定起点角度和端点角度绘制椭圆弧。

1. 启用方法

- 面板：单击【绘图】面板【椭圆】下拉列表中的【椭圆弧】按钮 ◯ 椭圆弧 。
- 菜单栏：选择【绘图】|【椭圆】|【圆弧（A）】命令。
- 命令行：ELLIPSE → A 或 EL → A。

2. 操作过程

01 启用【椭圆】命令后，输入扩展命令 A（圆弧）并按 Enter 键。

02 依次指定椭圆弧的两个轴端点和另一条半轴端点（可通过输入坐标值来指定）绘制出完整的
椭圆。

03 依次指定椭圆弧起点和端点的角度并按 Enter 键，如图 4-56 所示。

命令行如下所示。

图 4-56 绘制椭圆弧

```
命令：_ellipse                                // 执行【椭圆弧】命令
指定椭圆的轴端点或 [圆弧(A)/中心点(C)]：_a    // 系统自动选择绘制对象为椭圆弧
指定椭圆弧的轴端点或 [中心点(C)]：            // 在绘图区指定椭圆一轴的端点
指定轴的另一个端点：                          // 在绘图区指定该轴的另一端点
指定另一条半轴长度或 [旋转(R)]：              // 在绘图区中指定一点（或输入数值）
指定起点角度或 [参数(P)]：150✓               // 在绘图区中输入椭圆弧的起始角度（或直接指定一点）
指定端点角度或 [参数(P)/夹角(I)]：300✓        // 在绘图区中输入椭圆弧的终止角度（或直接指定一点）
```

3. 结束方法

单击空格键或 Enter 键进行确定；或单击鼠标右键，在弹出的快捷菜单中选择【确定】选项。

4. 选项说明

● "角度（A）"：输入起点与端点角度来确定椭圆弧，角度以椭圆轴中较长的一条来为基准进行确定。

● "参数（P）"：用参数化矢量方程式（$p(n)=c+a\times\cos(n)+b\times\sin(n)$，其中 n 是用户输入的参数;c 是椭圆弧的半焦距;a 和 b 分别是椭圆长轴与短轴的半轴长。）定义椭圆弧的端点角度。使用【起点参数】选项可以从角度模式切换到参数模式。模式用于控制计算椭圆的方法。

● "夹角（I）"：指定椭圆弧的起点角度后，可选择该选项，然后输入夹角角度来确定圆弧，如图 4-57 所示。值得注意的是，89.4°到90.6°之间的夹角值无效，因为此时椭圆将显示为一条直线，如图 4-58 所示。这些角度值的倍数将每隔90°产生一次镜像效果。

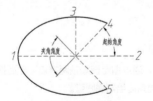

图 4-57 "夹角（I）"绘制椭圆弧

图 4-58 89.4°到90.6°之间的夹角不显示椭圆弧

4.11 绘制曲线

绘制曲线对象包括样条曲线、修订云线两种方式，其中样条曲线因控制点不同，又分为"样条曲线拟合点"和"样条曲线控制点"两种样式。

103 拟合点绘制样条曲线（命令 SPLINE；快捷命令 SPL；按钮 ）

使用拟合点绘制的样条曲线，一般用于绘制光滑的曲线图案，样条曲线是由起点、终点、控制点以及偏差来控制的。

1. 启用方法

- 面板：单击【绘图】面板【样条曲线拟合】按钮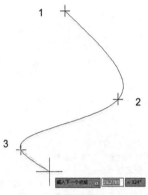。
- 菜单栏：选择【绘图】|【样条曲线】|【拟合点（F）】命令。
- 命令行：SPLINE→F 或 SPL→F。

2. 操作过程

`01` 启用【样条曲线】命令后，输入扩展命令 F（拟合点）并按 Enter 键。

`02` 指定起点 1、拖动鼠标指定下一点 2、接着拖动鼠标指定下一点 3（可通过输入坐标值来指定点的位置），按空格键或者 Enter 键确定，完成样条曲线的绘制，如图 4-59 所示。

命令行如下所示。

图 4-59 拟合点绘制样条曲线

```
命令：_SPLINE                                      // 执行【样条曲线拟合】命令
当前设置：方式 = 拟合    节点 = 弦                  // 显示当前样条曲线的设置
指定第一个点或 [ 方式 (M)/ 节点 (K)/ 对象 (O)]：_M   // 系统自动选择
输入样条曲线创建方式 [ 拟合 (F)/ 控制点 (CV) ]＜拟合＞：_FIT  // 系统自动选择"拟合"方式
当前设置：方式 = 拟合    节点 = 弦                  // 显示当前方式下的样条曲线设置
指定第一个点或 [ 方式 (M)/ 节点 (K)/ 对象 (O)]：     // 指定样条曲线起点或选择创建方式
输入下一个点或 [ 起点切向 (T)/ 公差 (L)]：          // 指定样条曲线上的第 2 点
输入下一个点或 [ 端点相切 (T)/ 公差 (L)/ 放弃 (U)/ 闭合 (C)]：  // 指定样条曲线上的第 3 点
```

3. 结束方法

单击空格键或 Enter 键进行确定；或单击鼠标右键，在弹出的快捷菜单中选择【确定】选项。

---

104 控制点绘制样条曲线（命令 SPLINE；快捷命令 SPL；按钮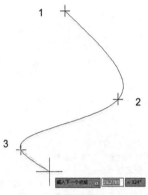）

使用控制点绘制的样条曲线，一般用于绘制更为精准圆滑的曲线图案，通过控制点可以调整更为细致的偏差。

1. 启用方法

- 面板：单击【绘图】面板【样条曲线控制点】按钮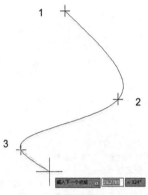。
- 菜单栏：选择【绘图】|【样条曲线】|【控制点（C）】命令。
- 命令行：SPLINE→C 或 SPL→C。

2. 操作过程

`01` 启用【样条曲线】命令后，输入扩展命令 C（控制点）并按 Enter 键。

`02` 指定起点 1、拖动鼠标指定下一点 2、接着拖动鼠标指定下一点 3（可通过输入坐标值来指定点的位置），按空格键或者 Enter 键确定，完成样条曲线的绘制，如图 4-60 所示。

命令行如下所示。

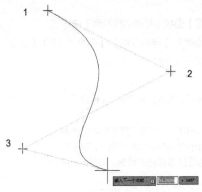

图 4-60 控制点绘制样条曲线

命令：_SPLINE	// 执行【样条曲线控制点】命令
当前设置：方式 = 控制点　　阶数 =3	// 显示当前样条曲线的设置
指定第一个点或 [方式 (M) / 阶数 (D) / 对象 (O)]：_M	// 系统自动选择
输入样条曲线创建方式 [拟合 (F) / 控制点 (CV)] < 拟合 >：_CV	// 系统自动选择"控制点"方式
当前设置：方式 = 控制点　　阶数 =3	// 显示当前方式下的样条曲线设置
指定第一个点或 [方式 (M) / 阶数 (D) / 对象 (O)]：	// 指定样条曲线起点或选择创建方式
输入下一个点：	// 指定样条曲线上的第 2 点
输入下一个点或 [闭合 (C) / 放弃 (U)]：	// 指定样条曲线上的第 3 点

3. 结束方法

单击空格键或 Enter 键进行确定；或单击鼠标右键，在弹出的快捷菜单中选择【确定】选项。

> 🔲 **技能点拨**
>
> 不论用户是使用哪种方式绘制的样条曲线，选择对象后，用户都可通过三角形控制点在显示控制顶点和显示拟合点之间进行切换，如图4-61所示。
>
>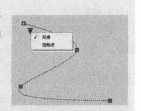
>
> 图 4-61 控制点和拟合点之间的切换

105 绘制修订云线（命令 REVCLOUD；快捷命令 REVC；按钮🔲）

修订云线一般用于圈阅或绘制类似云状、树状等图形。修订云线包括多个控制点和最大弧长、最小弧长。其中分矩形修订云线、多边形修订云线以及徒手画修订云线 3 种，以下演示徒手画修订云线步骤。

1. 启用方法

- 面板：单击【绘图】面板【修订云线】按钮🔲。
- 菜单栏：选择【绘图】|【修订云线】命令。

● 命令行：REVCLOUD 或 REVC。

2. 操作过程

01 启用【修订云线】命令后，在绘图区任意位置指定起点，移动鼠标便可绘制云状图形。

02 继续移动鼠标（鼠标移动范围较大则弧度较大，反之较小），当光标移动到起点时，该修订云线自动闭合并结束命令，如图 4-62 所示。

03 如果不需要闭合样条曲线，那么按空格键确定。

04 绘制完成后系统会弹出提示信息"反转方向 [是（Y）/ 否（N）]< 否 >:"选择"是"选项，可将该云线反向显示，如图 4-63 所示。

命令行如下所示。

```
命令：_revcloud                                          // 执行【修订云线】命令
最小弧长：3   最大弧长：5   样式：普通   类型：多边形   // 显示当前修订云线的设置
指定起点或 [ 弧长 (A)/ 对象 (O)/ 矩形 (R)/ 多边形 (P)/ 徒手画 (F)/ 样式 (S)/ 修改 (M)] < 对象 >: _F
                                                        // 选择修订云线的创建方法或修改设置
```

图 4-62 绘制闭合修订云线

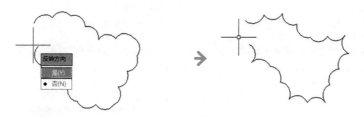

图 4-63 修订云线反向显示

3. 结束方法

单击空格键或 Enter 键进行确定；或单击鼠标右键，在弹出的快捷菜单中选择【确定】选项。

第 5 章

图形编辑类命令

本章主要介绍在 AutoCAD 中的图形编辑类命令，用户可选择对象进行复制、阵列等操作，也可对图形进行位置、形状、大小、角度等调整，使图形更加符合自己的需要。

5.1 移动、旋转、缩放和镜像

在 AutoCAD 的绘图过程中，可以将绘制的图形进行位置、方向、大小等关系的调整，还可以使用删除工具删掉多余的对象，使图形更加美观。

106 移动（命令 MOVE；快捷命令 M；按钮 ✥ ）

1. 启用方法

- 面板：单击【修改】面板中的【移动】按钮 ✥ 。
- 菜单栏：选择【修改】|【移动】命令。
- 命令行：MOVE 或 M。

2. 操作过程

在菜单栏中，执行【修改】|【移动】命令，选择需要移动的对象，并指定移动基点，然后移动鼠标将其移至指定位置，如图 5-1 所示。命令行如下所示。

```
命令：_move                              // 执行【移动】命令
选择对象：找到 1 个                        // 选择要移动的对象
指定基点或［位移 (D)］〈位移〉：             // 选取移动的参考点
指定第二个点或〈使用第一个点作为位移〉：      // 选取目标点，放置图形
```

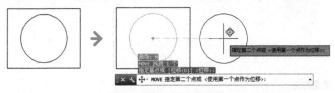

图 5-1 对指定对象进行移动操作

3. 结束方法

单击空格键或 Enter 键进行确定；或单击鼠标右键，在弹出的快捷菜单中选择【确定】选项。

107 旋转（命令 ROTATE；快捷命令 RO；按钮 ⟳ ）

1. 启用方法

- 面板：单击【修改】面板中的【旋转】按钮 ⟳ 。
- 菜单栏：选择【修改】|【旋转】命令。
- 命令行：ROTATE 或 RO。

2. 操作过程

旋转对象是以某一点为旋转基点，将选定的图形对象旋转一定的角度。具体操作步骤如下。

01 启用【旋转】命令后，选择需要旋转的对象并为其指定旋转基点。

02 输入旋转角度（如 180）并按 Enter 键，如图 5-2 所示。

命令行如下所示。

图 5-2 对指定对象进行旋转操作

命令：ROTATE	// 执行【旋转】命令
UCS 当前的正角方向：ANGDIR= 逆时针 ANGBASE=0	// 当前的角度测量方式和基准
选择对象：找到 1 个	// 选择要旋转的对象
指定基点：	// 指定旋转的基点
指定旋转角度，或 [复制 (C)/ 参照 (R)] <0>：180 ✓	// 输入旋转的角度

3. 结束方法

单击空格键或 Enter 键进行确定；或单击鼠标右键，在弹出的快捷菜单中选择【确定】选项。

108 缩放（命令 SCALE；快捷命令 SC；按钮 ▣ ）

1. 启用方法

- 面板：单击【修改】面板中的【缩放】按钮 ▣ 。
- 菜单栏：选择【修改】|【缩放】命令。
- 命令行：SCALE 或 SC。

2. 操作过程

缩放图形时，指定的比例因子大于 1 是放大图形，反之则缩小。具体操作步骤如下。

01 启用【缩放】命令后，选择需要缩放的对象并指定对象的缩放基点。

02 输入缩放比例因子（如 0.5）并按 Enter 键，如图 5-3 所示。

命令行如下所示。

命令：_scale	// 执行【缩放】命令
选择对象：找到 1 个	// 选择要缩放的对象
指定基点：	// 选取缩放的基点
指定比例因子或 [复制 (C)/ 参照 (R)]：0.5 ✓	// 输入比例因子

3. 结束方法

单击空格键或 Enter 键进行确定；
或单击鼠标右键，在弹出的快捷菜单中
选择【确定】选项。

4. 选项说明

【缩放】命令与【旋转】差不多，

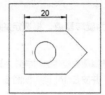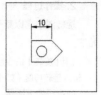

图 5-3 缩放效果

除了默认的操作之外，同样有"复制（C）"和"参照（R）"两个子选项，介绍如下。

- 默认缩放：指定基点后直接输入比例因子进行缩放，不保留对象的原始副本。
- "复制（C）"：在命令行输入 c，选择该选项进行缩放后可以在缩放时保留源图形。
- "参照（R）"：如果选择该选项，则命令行会提示用户需要输入"参照长度"和"新长度"数值，由系统自动计算出两长度之间的比例数值，从而定义出图形的缩放因子，对图形进行缩放操作。

109 镜像（命令 MIRROR；快捷命令 MI；按钮⚠）

1. 启用方法

- 面板：单击【修改】面板中的【镜像】按钮⚠。
- 菜单栏：选择【修改】|【镜像】命令。
- 命令行：MIRROR 或 MI。

2. 操作过程

01 启用【镜像】命令后，选择要镜像的对象，并按空格键或者 Enter 键确定。

02 依次指定镜像线的第 1 点和第 2 点，然后系统提示"要删除源对象吗？"，默认为"否"选项，镜像复制对象不需要删除源对象，直接按空格键或者 Enter 键即可，完成镜像复制操作，如图 5-4 所示。

命令行如下所示。

```
命令：_MIRROR                          // 调用【镜像】命令
选择对象：指定对角点：找到 7 个         // 选择镜像对象
指定镜像线的第一点：                    // 指定镜像线第 1 点
指定镜像线的第二点：                    // 指定镜像线第 2 点
要删除源对象吗？[是 (Y)/ 否 (N)] <N>： // 选择是否删除源对象，或按 Enter 键结束命令
```

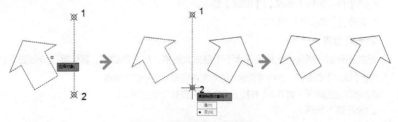

图 5-4 对指定对象进行镜像操作

3. 结束方法

单击空格键或 Enter 键进行确定；或单击鼠标右键，在弹出的快捷菜单中选择【确定】选项。

5.2 复制、偏移和阵列对象

在绘图过程中，为了提高绘图效率和精准性，常用复制、偏移、阵列等操作命令对图形对象进行不用方式的复制。

110 复制（命令 COPY；快捷命令 CO；按钮 ）

1. 启用方法

- 面板：单击【修改】面板中的【复制】按钮。
- 菜单栏：选择【修改】|【复制】命令。
- 命令行：COPY 或 CO。

2. 操作过程

01 启用【复制】命令后，选择需要复制的对象并捕捉一个点作为复制基点。

02 移动光标，输入移动的距离参数（如 25）（或者直接用鼠标指定移动位置）。

03 按 F8 键启用正交功能，可在水平或垂直方向上复制，指定复制的目标位置，效果如图 5-5 所示。命令行如下所示。

```
命令：_copy                                           // 执行【复制】命令
选择对象：找到 1 个                                    // 选择要复制的图形
指定基点或 [位移 (D)/ 模式 (O)]〈位移〉:25 ✓          // 输入移动的距离参数 25
指定第二个点或 [阵列 (A)]〈使用第一个点作为位移〉:      // 指定放置点
指定第二个点或 [阵列 (A)/ 退出 (E)/ 放弃 (U)]〈退出〉: ✓  // 单击 Enter 键完成操作
```

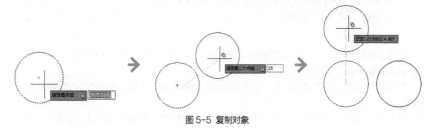

图 5-5 复制对象

3. 结束方法

单击空格键、Enter 键或 Esc 键结束绘制；或单击鼠标右键，在弹出的快捷菜单中选择【确定】选项。

111 偏移（命令 OFFSET；快捷命令 O；按钮 ）

1. 启用方法

- 面板：单击【修改】面板中的【偏移】按钮。
- 菜单栏：选择【修改】|【偏移】命令。
- 命令行：OFFSET 或 O。

2. 操作过程

01 启用【偏移】命令后，输入指定偏移距离并按空格键或者 Enter 键。

02 选择需要偏移的对象，移动光标确定偏移的位置，效果如图 5-6 所示。命令行如下所示。

```
命令：_OFFSET                                    // 调用【偏移】命令
指定偏移距离或［通过 (T)/删除 (E)/图层 (L)］〈通过〉：// 输入偏移距离
选择要偏移的对象，或［退出 (E)/放弃 (U)］〈退出〉：   // 选择偏移对象
指定通过点或［退出 (E)/多个 (M)/放弃 (U)］〈退出〉：   // 输入偏移距离或指定目标点
```

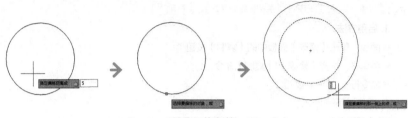

图 5-6　偏移对象

3. 结束方法

单击空格键、Enter 键或 Esc 键结束绘制；或单击鼠标右键，在弹出的快捷菜单中选择
【确定】选项。

112 矩形阵列（命令 ARRAY；快捷命令 AR；按钮▦）

1. 启用方法

- 面板：单击【修改】面板中的【矩形阵列】按钮▦。
- 菜单栏：选择【修改】|【阵列】|【矩形阵列】命令。
- 命令行：ARRAY 或 AR。

2. 操作过程

01 启用【矩形阵列】命令后，选择需要的阵列对象，并按空格键或者 Enter 键确定。

02 输入扩展命令 S（间距）设置所需要的间距。

03 依次输入列与行的间距数值（如 15）（图形是边长为 15 的正方形）并按空格键或者 Enter 键
确定。

04 输入扩展命令 R，输入行数的参数（如 5）并按 Enter 键，最后所得图形及绘制步骤如图 5-7 所
示。命令行如下所示。

```
命令：_arrayrect                                 // 调用【矩形阵列】命令
选择对象：找到 1 个                                 // 选择要阵列的对象
类型 = 矩形　关联 = 是                              // 显示当前的阵列设置
选择夹点以编辑阵列或［关联 (AS)/基点 (B)/计数 (COU)/间距 (S)/列数 (COL)/行数 (R)/层数 (L)/退出
(X)]：                                          // 设置阵列参数，按 Enter 键退出
```

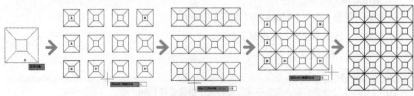

图 5-7　矩形阵列

3. 结束方法

单击空格键、Enter 键或 Esc 键结束绘制；或单击鼠标右键，在弹出的快捷菜单中选择【确定】选项。

4. 选项说明

● "关联（AS）"：指定阵列中的对象是关联的还是独立的。选择"是"，则单个阵列对象中的所有阵列项目皆关联，类似于块，更改源对象则所有项目都会更改；选择"否"，则创建的阵列项目均作为独立对象，更改一个项目不影响其他项目。【阵列创建】选项卡中的【关联】按钮亮显则为"是"，反之为"否"。

● "基点（B）"：定义阵列基点和基点夹点的位置，默认为质心。该选项只有在启用"关联"时才有效。

● "计数（COU）"：可指定行数和列数，并使用户在移动光标时可以动态观察阵列结果。

● "间距（S）"：指定行间距和列间距，并使用户在移动光标时可以动态观察结果。

● "列数（COL）"：依次编辑列数和列间距。

● "行数（R）"：依次指定阵列中的行数、行间距以及行之间的增量标高。

● "层数（L）"：指定三维阵列的层数和层间距，二维情况下无须设置。

🔖 **技能点拨**

在矩形阵列的过程中，如果希望阵列的图形往相反的方向复制时，在列数或行数前面加 "－" 符号即可，也可以向反方向拖动夹点。

---

113 环形阵列（命令 ARRAY；快捷命令 AR；按钮🔲）

1. 启用方法

● 面板：单击【修改】面板中的【环形阵列】按钮🔲。

● 菜单栏：选择【修改】|【阵列】|【环形阵列】命令。

● 命令行：ARRAY 或 AR。

2. 操作过程

01 启用【环形阵列】命令后，选择对象并按空格键或者 Enter 键确定。

02 指定阵列的中心点（如圆心），直线扩展命令 I（项目）。

03 重新定义项目参数，输入项目参数（如 8）并按 Enter 键。按空格键完成环形阵列操作，如图 5-8 所示。

命令行如下所示。

```
命令：_arraypolar                           // 调用【环形阵列】命令
选择对象：找到 1 个                          // 选择阵列对象
类型 = 极轴   关联 = 是                       // 显示当前的阵列设置
指定阵列的中心点或 [基点 (B)/旋转轴 (A)]：    // 指定阵列中心点
选择夹点以编辑阵列或 [关联(AS)/基点 (B)/项目 (I)/项目间角度 (A)/填充角度 (F)/行 (ROW)/层 (L)/旋转
项目 (ROT)/退出 (X)] 〈退出〉：               // 设置阵列参数并按 Enter 键退出
```

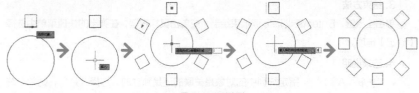

图 5-8 环形阵列

3. 结束方法

单击空格键、Enter 键或 Esc 键结束绘制；或单击鼠标右键，在弹出的快捷菜单中选择【确定】选项。

4. 选项说明

- "基点（B）"：指定阵列的基点，默认为质心。
- "项目（I）"：使用值或表达式指定阵列中的项目数，默认为 360° 填充下的项目数。
- "项目间角度（A）"：使用值表示项目之间的角度。
- "填充角度（F）"：使用值或表达式指定阵列中第一个和最后一个项目之间的角度，即环形阵列的总角度。
- "行（ROW）"：指定阵列中的行数、它们之间的距离以及行之间的增量标高。
- "层（L）"：指定三维阵列的层数和层间距，二维情况下无须设置。
- "旋转项目（ROT）"：控制在阵列项时是否旋转项，效果对比如图 5-9 所示。

【阵列创建】选项卡中的【旋转项目】按钮亮显则开启，反之关闭。

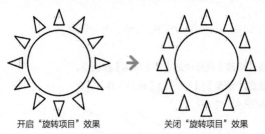

开启"旋转项目"效果　　　　　关闭"旋转项目"效果

图 5-9 旋转项目效果

114 路径阵列（命令 ARRAY；快捷命令 AR；按钮）

1. 启用方法

- 面板：单击【修改】面板中的【路径阵列】按钮。
- 菜单栏：选择【修改】|【阵列】|【路径阵列】命令。
- 命令行：ARRAY 或 AR。

2. 操作过程

01 启用【路径阵列】命令后，选择阵列的路径对象。

02 输入扩展命令 I（项目）并按 Enter 键。

03 输入项目间距参数（如 10）并按 Enter 键，完成路径阵列的操作，如图 5-10 所示。
命令行如下所示。

```
命令：_arraypath                          // 调用【路径阵列】命令
选择对象：找到 1 个                        // 选择要阵列的对象
类型 = 路径   关联 = 是                    // 显示当前的阵列设置
选择路径曲线：                            // 选取阵列路径
选择夹点以编辑阵列或［关联(AS)/方法(M)/基点(B)/切向(T)/项目(I)/行(R)/层(L)/对齐项目(A)/Z 方
向(Z)/退出(X)］＜退出＞：                  // 设置阵列参数，按 Enter 键退出
```

3. 结束方法

单击空格键、Enter 键或 Esc 键结束绘制；或单击鼠标右键，在弹出的快捷菜单中选择【确定】选项。

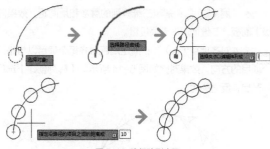

图 5-10 路径阵列步骤

4. 选项说明

- "关联（AS）"：与【矩形阵列】中的【关联】选项相同。
- "方法（M）"：控制如何沿路径分布项目，有"定数等分（D）"和"定距等分（M）"两种方式。阵列方法较灵活，对象不限于块，可以是任意图形。
- "基点（B）"：定义阵列的基点。路径阵列中的项目相对于基点放置，选择不同的基点，进行路径阵列的效果也不同，如图 5-11 所示。

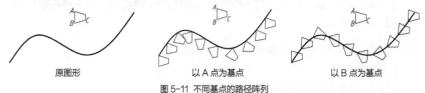

原图形　　　　　　　以 A 点为基点　　　　　　　以 B 点为基点

图 5-11 不同基点的路径阵列

- "切向（T）"：指定阵列中的项目如何相对于路径的起始方向对齐，不同基点、切向的阵列效果如图 5-12 所示。

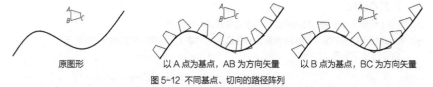

原图形　　　以 A 点为基点，AB 为方向矢量　　　以 B 点为基点，BC 为方向矢量

图 5-12 不同基点、切向的路径阵列

- "项目（I）"：根据"方法"设置，指定项目数（方法为定数等分）或项目之间的距离（方法为定距等分）。
- "行（R）"：指定阵列中的行数、它们之间的距离以及行之间的增量标高，如图 5-13 所示。

图 5-13 路径阵列的"行"效果

● "层（L）"：指定三维阵列的层数和层间距，效果同【阵列创建】选项卡中的【层级】面板，二维情况下无须设置。

● "对齐项目（A）"：指定是否对齐每个项目以与路径的方向相切，对齐相对于第一个项目的方向，效果对比如图 5-14 所示。【阵列创建】选项卡中的【对齐项目】按钮亮显则开启，反之关闭。

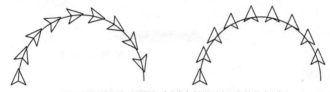

图 5-14 开启对齐项目效果（左）与关闭对齐项目效果（右）

● Z 方向：控制是否保持项目的原始 z 方向或沿三维路径自然倾斜项目。

5.3 修改对象

在 AutoCAD 的绘图过程中，用户可以将绘制的图形进行修剪、延伸、拉伸等操作，使图形满足自己的需要。

115 修剪（命令 TRIM；快捷命令 TR；按钮 ）

1. 启用方法

● 面板：单击【修改】面板中的【修剪】按钮 。

● 菜单栏：选择【修改】|【修剪】命令。

● 命令行：TRIM 或 TR。

2. 操作过程

01 启用【修剪】命令后，选择修剪的边界对象并按 Enter 键。

02 依次选择要修剪对象（即删除修剪边界外选中的对象），操作过程如图 5-15 所示。命令行如下所示。

```
命令：_trim                                      // 调用【修剪】命令
选择对象或〈全部选择〉：                          // 鼠标选择要作为边界的对象
选择对象：                                        // 可以继续选择对象或按 Enter 键结束选择
选择要修剪的对象，或按住 Shift 键选择要延伸的对象，或 [ 栏选 (F)/ 窗交 (C)/ 投影 (P)/ 边 (E)/ 放弃
(U)]：                                           // 选择要修剪的对象
```

3. 结束方法

单击空格键或 Enter 键进行确定；或单击鼠标右键，在弹出的快捷菜单中选择【确定】选项。

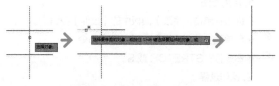

图 5-15 对指定对象进行修剪操作

116 延伸（命令 EXTEND；快捷命令 EX；按钮 ─／ ）

1. 启用方法

● 面板：单击【修改】面板中的【延伸】按钮 ─／ 。

● 菜单栏：选择【修改】|【延伸】命令。

● 命令行：EXTEND 或 EX。

2. 操作过程

01 启用【延伸】命令后，选择需要延伸到的边界并按 Enter 键。

02 依次选择需要延伸的对象，操作过程如图 5-16 所示。

命令行如下所示。

```
命令：_extend                                    // 调用【延伸】命令
选择对象或〈全部选择〉：找到一个                   // 鼠标选择要延伸到的对象
选择对象：                                        // 可以继续选择对象或按 Enter 键结束选择
选择要延伸的对象，或按住 Shift 键选择要修剪的对象，或［栏选 (F) / 窗交 (C) / 投影 (P) / 边 (E) / 放弃
(U)］：                                          // 选择要延伸的对象
```

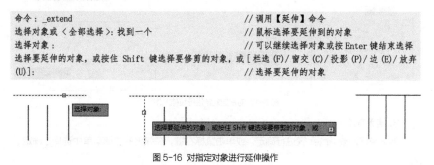

图 5-16 对指定对象进行延伸操作

3. 结束方法

单击空格键或 Enter 键进行确定；或单击鼠标右键，在弹出的快捷菜单中选择【确定】选项。

> 🔥 技能点拨
>
> 如果将封闭的线段作为延伸边界，那么可以窗交选择所有对象，同时延伸对象；也可以在选择边界后，单击需要延伸的那一侧来延伸该边的对象，然后依次选其他对象的那一侧。

117 拉伸（命令 STRETCH；快捷命令 S；按钮 ▢ ）

拉伸对象是按指定的方向和角度拉长或缩短实体，也可以调整对象大小，使其在一个方向上按比例增大或缩小；还可以通过移动端点、顶点或控制点来拉伸某些对象。使用拉伸工具改变对象的形状时，只能以窗口的方式选择实体，与窗口相交的实体将被执行拉伸操作，窗口内的实体将随之移动。如果以窗口框选方式，那就只能执行移动操作。

1. 启用方法

- 面板：单击【修改】面板中的【拉伸】按钮 🔲 。
- 菜单栏：选择【修改】|【拉伸】命令。
- 命令行：STRETCH 或 S。

2. 操作过程

⚊01⚊ 启用【拉伸】命令后，选择需要拉伸的对象并按 Enter 键。

⚊02⚊ 指定拉伸基点。

⚊03⚊ 移动光标，在目标位置即可拉伸对象（或输入距离参数来执行拉伸操作），操作过程如图 5-17 所示。命令行如下所示。

```
命令：_stretch                              // 执行【拉伸】命令
以交叉窗口或交叉多边形选择要拉伸的对象 ...
选择对象：指定对角点：找到 1 个
选择对象：                                   // 以窗交、圈围等方式选择拉伸对象
指定基点或 [位移 (D)] <位移>：                  // 指定拉伸基点
指定第二个点或 <使用第一个点作为位移>：            // 指定拉伸终点
```

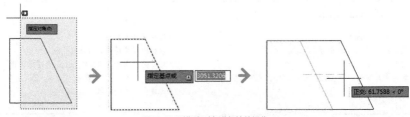

图 5-17 对指定对象进行拉伸操作

3. 结束方法

单击空格键或 Enter 键进行确定；或单击鼠标右键，在弹出的快捷菜单中选择【确定】选项。

118 拉长（命令 LENGTHEN；快捷命令 LEN；按钮 🖊 ）

拉长操作不但可以用于改变直线、多段线的长度，还可以改变圆弧的长度和角度。

1. 启用方法

- 面板：单击【修改】面板中的【拉长】按钮 🖊 。
- 菜单栏：选择【修改】|【拉长】命令。
- 命令行：LENGTHEN 或 LEN。

2. 操作过程

⚊01⚊ 启用【拉长】命令后，输入扩展命令 DY（动态）并按 Enter 键。

⚊02⚊ 选择需要拉长的对象（如圆弧）并移动光标，即可看到对象（如圆弧）的线段随着光标的方向延伸或者修剪。

⚊03⚊ 在合适的位置指定延伸的线段，即可拉长对象，操作步骤如图 5-18 所示。命令行如下所示。

```
命令：_lengthen                                              // 执行【拉长】命令
选择要测量的对象或 [增量(DE)/百分比(P)/总计(T)/动态(DY)]：DY  // 输入 DY，选择【动态】选项
选择要修改的对象或 [放弃(U)]：                                // 选择要拉长的对象
指定新端点：                                                 // 指定新的端点
选择要修改的对象或 [放弃(U)]：✓                              // 按 Enter 键完成操作
```

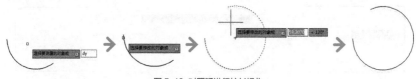

图 5-18 对圆弧进行拉长操作

3. 结束方法

单击空格键或 Enter 键进行确定；或单击鼠标右键，在弹出的快捷菜单中选择【确定】选项。

4. 选项说明

● "增量（DE）"：表示以增量方式修改对象的长度。可以直接输入长度增量来拉长直线或者圆弧，长度增量为正时拉长对象，为负时缩短对象；也可以输入 A，通过指定圆弧的长度和角增量来修改圆弧的长度。

● "百分数（P）"：通过输入百分比来改变对象的长度或圆心角大小，百分比的数值以原长度为参照。若输入 50，则表示将图形缩短至原长度的 50%。

● "总计（T）"：将对象从离选择点最近的端点拉长到指定值，该指定值为拉长后的总长度，因此该方法特别适合于对一些尺寸为非整数的线段（或圆弧）进行操作。

● "动态（DY）"：用动态模式拖动对象的一个端点来改变对象的长度或角度。

119 倒圆角（命令 FILLET；快捷命令 F；按钮◯）

1. 启用方法

● 面板：单击【修改】面板中的【圆角】按钮◯。

● 菜单栏：选择【修改】|【圆角】命令。

● 命令行：FILLET 或 F。

2. 操作过程

01 启用【圆角】命令后，输入扩展命令 R（半径）并按 Enter 键。

02 设置半径参数（如 15）并按 Enter 键。

03 为了能连续进行圆角操作，可继续执行扩展命令 M（多个）并按 Enter 键。

04 选择需要进行圆角处理的两条边进行圆角处理。

操作过程如图 5-19 所示。命令行如下所示。

```
命令：_fillet                                                        // 执行【圆角】命令
当前设置：模式 = 修剪，半径 = 0.0000                                  // 当前圆角设置
选择第一个对象或 [放弃(U)/多段线(P)/半径(R)/修剪(T)/多个(M)]：r✓    // 选择"半径"子选项
指定圆角半径 <0.0000>：15 ✓                                          // 输入圆角半径 15
选择第一个对象或 [放弃(U)/多段线(P)/半径(R)/修剪(T)/多个(M)]：        // 选择要倒圆的第一个对象
选择第二个对象，或按住 Shift 键选择对象以应用角点或 [半径(R)]：       // 选择要倒圆的第二个对象
```

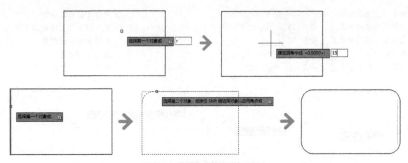

图 5-19 对指定对象进行圆角操作

3. 结束方法

单击空格键或 Enter 键进行确定；或单击鼠标右键，在弹出的快捷菜单中选择【确定】选项。

4. 选项说明

- "放弃（U）"：放弃上一次的圆角操作。
- "多段线（P）"：选择该项将对多段线中每个顶点处的相交直线进行圆角，并且圆角后的圆弧线段将成为多段线的新线段（除非"修剪（T）"选项设置为"不修剪"）。
- "半径（R）"：选择该项，可以设置圆角的半径，更改此值不会影响现有圆角。0半径值可用于创建锐角，还原已倒圆的对象，或为两条直线、射线、构造线、二维多段线创建半径为 0 的圆角，延伸或修剪对象以使其相交。
- "修剪（T）"：选择该项，设置是否修剪对象。
- "多个（M）"：选择该选项，可以在依次调用命令的情况下对多个对象进行圆角。

120 倒角（命令 CHAMFER；快捷命令 CHA；按钮▱）

1. 启用方法

- 面板：单击【修改】面板中的【倒角】按钮▱。
- 菜单栏：选择【修改】|【倒角】命令。
- 命令行：CHAMFER 或 CHA。

2. 操作过程

01 启用【倒角】命令后，输入扩展命令 D（距离）并按 Enter 键。

02 设置第一个倒角距离参数（如 30）并按 Enter 键；设置第二个倒角距离参数（如 15）并按 Enter 键。

03 指定倒角的第一条直线和第二条直线，完成倒角操作。

操作过程如图 5-20 所示，命令行如下所示。

```
命令: _chamfer                                      // 调用【倒角】命令
（"修剪"模式）当前倒角距离 1 = 0.0000, 距离 2 = 0.0000      // 当前倒角设置
选择第一条直线或［放弃(U)/多段线(P)/距离(D)/角度(A)/修剪(T)/方式(E)/多个(M)］: d✓
                                                   // 选择倒角的方式"距离"，或选择第一条倒角边
指定 第一个 倒角距离 <0.0000>: 30 ✓                  // 输入第一个倒角距离 30
指定 第二个 倒角距离 <30.0000>: 15 ✓                 // 输入第二个倒角距离 30
```

选择第一条直线或［放弃 (U)/ 多段线 (P)/ 距离 (D)/ 角度 (A)/ 修剪 (T)/ 方式 (E)/ 多个 (M)]：
　　　　　　　　　　　　　　　　　// 选择第一条倒角边
选择第二条直线，或按住 Shift 键选择直线以应用角点或［距离 (D)/ 角度 (A)/ 方法 (M)]：
　　　　　　　　　　　　　　　　　// 选择第二条倒角边

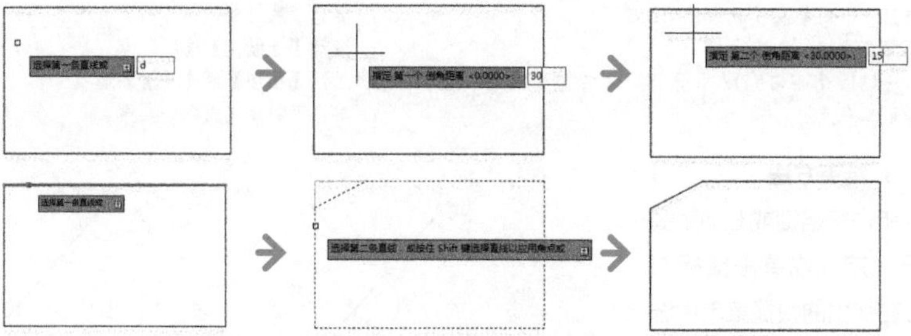

图 5-20 对指定对象进行倒角操作

3. 结束方法

单击空格键或 Enter 键进行确定；或单击鼠标右键，在弹出的快捷菜单中选择【确定】选项。

4. 选项说明

● "放弃（U）"：放弃上一次的倒角操作。

● "多段线（P）"：对整个多段线每个顶点处的相交直线进行倒角，并且倒角后的线段将成为多段线的新线段。如果多段线包含的线段过短以至于无法容纳倒角距离，则不对这些线段倒角。

● "距离（D）"：通过设置两个倒角边的倒角距离来进行倒角操作，第二个距离默认与第一个距离相同。如果将两个距离均设定为零，CHAMFER 将延伸或修剪两条直线，以使它们终止于同一点，同半径为 0 的倒圆角。

● "角度（A）"：用第一条线的倒角距离和第二条线的角度设定倒角距离。

● "修剪（T）"：设定是否对倒角进行修剪。

● "方式（E）"：选择倒角方式，与选择【距离 (D)】或【角度 (A)】的作用相同。

● "多个（M）"：选择该项，可以对多组对象进行倒角。

121 光顺曲线（命令 BLEND；按钮 ）

光顺曲线是指在两条开放曲线的端点之间创建相切或者平滑的样条曲线。有效对象包括直线、圆弧、椭圆弧、螺旋、开放的多段线和开放的样条曲线。

1. 启用方法

● 面板：单击【修改】面板中的【光顺曲线】按钮 。

● 菜单栏：选择【修改】|【光顺曲线】命令。

● 命令行：BLEND

2. 操作过程

执行【光顺曲线】命令后，一次选择两条线段，即可创建光滑的样条曲线。前后对比效果如图 5-21 所示。生成的样条曲线的形状取决于指定的连续性，选定对象的长度保持不变。命令行如下所示。

```
命令：_BLEND                                    // 调用【光顺曲线】命令
连续性 = 相切
选择第一个对象或［连续性 (CON)］：              // 要光顺的对象
选择第二个点：CON                              // 激活【连续性】选项
输入连续性［相切 (T)/ 平滑 (S)］〈相切〉：       // 激活【相切】或【平滑】选项
选择第二个点：                                 // 单击第二点完成命令操作
```

3. 结束方法

单击空格键或 Enter 键进行确定；或单击鼠标右键，在弹出的快捷菜单中选择【确定】选项。

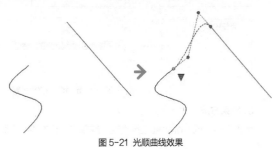

图 5-21 光顺曲线效果

122 分解（命令 EXPLODE；快捷命令 X；按钮 ）

分解对象是指可以将多个组合实体分解为单独的图元对象。例如，将矩形分解成为单独的多条线段；将图块分解成为单个独立的对象等。

1. 启用方法

- 面板：单击【修改】面板中的【分解】按钮 。
- 菜单栏：选择【修改】|【分解】命令。
- 命令行：EXPLODE 或 X。

2. 操作过程

执行【分解】命令后，然后选择需要分解的对象，然后按空格键或者 Enter 键确定，即可将选择的对象分解成为单独的对象，如图 5-22 所示。

3. 结束方法

单击空格键或 Enter 键进行确定；或单击鼠标右键，在弹出的快捷菜单中选择【确定】选项。

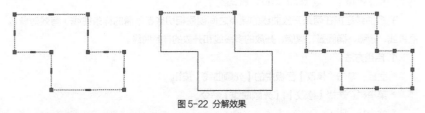

图 5-22 分解效果

123 打断对象（命令 BREAK；快捷命令 BR；按钮 ）

打断对象用于将对象从某两点处断开，而两点间的独立线段会被删除。打断后的对象仍是个独立对象。

1. 启用方法

- 面板：单击【修改】面板中的【打断】按钮。
- 菜单栏：选择【修改】|【打断】命令。
- 命令行：BREAK 或 BR。

2. 操作过程

执行【打断】命令后，依次选择对象和指定打断的点，即可删除从选择的对象的那个点和指定打断点之间的线段。打断前后效果如图 5-23 所示。

执行打断命令后，系统提示选择打断的对象，此时选择对象时，鼠标指定的位置也就是指定了第一个打断点，可以执行扩展命令 F（第一个点）来选择第一个点，再指定第二个打断点。命令行如下所示。

```
命令：_break                              // 执行【打断】命令
选择对象：                                 // 选择要打断的图形
指定第二个打断点 或 [第一点 (F)]：f         // 选择【第一点】选项，指定打断的第一点
指定第一个打断点：                          // 选择 A 点
指定第二个打断点：                          // 选择 B 点
```

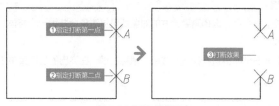

图 5-23 打断对象效果

3. 结束方法

单击空格键或 Enter 键进行确定；或单击鼠标右键，在弹出的快捷菜单中选择【确定】选项。

124 打断于点（按钮）

打断于点对象用于将对象从某一点处断开，从而将其分成两个独立的对象，线段之间没有空隙。可应用于将直线、弧、多段线、样条曲线等对象分成两个实体。

1. 启用方法

- 面板：单击【修改】面板中的【打断于点】按钮。

2. 操作过程

在"修改"面板中单击"打断于点"按钮，然后选择对象并指定打断点即可打断对象。打断前后效果如图 5-24 所示，命令行如下所示。

```
命令：_break                              // 执行【打断于点】命令
选择对象：                                 // 选择要打断的图形
指定第二个打断点 或 [第一点 (F)]：_f        // 系统自动选择【第一点】选项
指定第一个打断点：                          // 指定打断点
指定第二个打断点：@                         // 系统自动输入 @ 结束命令
```

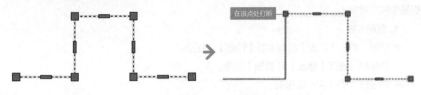

图 5-24 打断于点效果

3. 结束方法

单击空格键或 Enter 键进行确定；或单击鼠标右键，在弹出的快捷菜单中选择【确定】选项。

125 合并（命令 JOIN；快捷命令 J；按钮 ➡ ）

1. 启用方法

● 面板：单击【修改】面板中的【合并】按钮 ➡ 。

● 菜单栏：选择【修改】|【合并】命令。

● 命令行：JOIN 或 J。

2. 操作过程

执行【合并】命令后，选择需要合并的对象即可将对象合并为一个整体。

3. 结束方法

单击空格键或 Enter 键进行确定；或单击鼠标右键，在弹出的快捷菜单中选择【确定】选项。

126 删除（命令 ERASE；快捷命令 E；按钮 ✐ ）

1. 启用方法

● 面板：单击【修改】面板中的【删除】按钮 ✐ 。

● 菜单栏：选择【修改】|【删除】命令。

● 命令行：ERASE 或 E。

2. 操作过程

执行【删除】命令后，选择需要删除的对象并按空格键或者 Enter 键确定。也可以直接选择需要删除的对象并按 Delete 键。

3. 结束方法

单击空格键或 Enter 键进行确定；或单击鼠标右键，在弹出的快捷菜单中选择【确定】选项。

> 🛈 **技能点拨**
>
> 在绘图时如果意外删错了对象，可以使用UNDO【撤销】命令或OOPS【恢复删除】命令将其恢复。
> ● UNDO【撤销】：即放弃上一步操作，快捷键Ctrl+Z，对所有命令有效。
> ● OOPS【恢复删除】：OOPS可恢复由上一个ERASE【删除】命令删除的对象，该命令对ERASE有效。

5.4 图案填充

在 AutoCAD 中，常需要表示某一区域的用途或某一区域的材质，如建筑表面的装饰纹理、建筑结构的材质等，这就需要使用图案填充功能。

127 创建图案填充（命令 HATCH；快捷命令 H；按钮▨ ）

1. 启用方法

- 面板：单击【绘图】面板中的【图案填充】按钮▨。
- 菜单栏：选择【绘图】|【图案填充（H）】命令。
- 命令行：HATCH 或 H。

2. 操作过程

01 启用【图案填充】命令后，输入扩展命令 T（设置）并按 Enter 键，弹出【图案填充和渐变色】对话框。单击【展开】按钮，即可展开更多选项设置，如图 5-25 所示。

02 在对话框中选择图案样式、颜色，输入角度参数和比例参数。

03 在"边界"区域中，单击【添加拾取点】按钮或者【添加选择对象】按钮（拾取点为闭合区域内的一点，选择对象为闭合图形对象）。完成这个步骤后对话框会隐藏，在绘图区直接单击需要填充的区域或选择需要填充的对象即可。

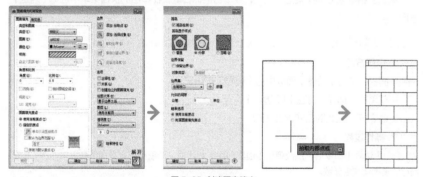

图 5-25 创建图案填充

3. 结束方法

单击空格键或 Enter 键进行确定；或单击鼠标右键，在弹出的快捷菜单中选择【确定】选项。

128 创建渐变色填充（命令 GRADIENT；按钮▨ ）

1. 启用方法

- 面板：单击【绘图】面板中的【渐变色】按钮▨。
- 菜单栏：选择【绘图】|【渐变色】命令。
- 命令行：GRADIENT。

2. 操作过程

01 启用【渐变填充】命令后，输入扩展命令 T（设置）并按 Enter 键，弹出【图案填充和渐变色】对话框。单击【展开】按钮可展开更多选项设置。

02 选中【单色】或者【双色】按钮，单击颜色条旁边的按钮▨，弹出【选择颜色】对话框。根据需要调整各类参数（如颜色、方向等），如图 5-26 所示。

03 在【边界】区域中，单击【添加拾取点】按钮或者【添加选择对象】按钮（拾取点为闭合区域内的一点，选择对象为闭合图形对象）。完成这步骤后对话框会隐藏，在绘图区直接单击需要填充的区域或选择需要进行渐变色填充的对象即可。

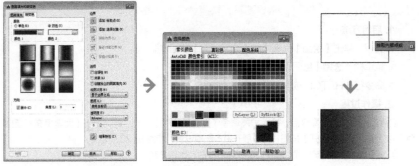

图 5-26 创建渐变色填充

3. 结束方法

单击空格键或 Enter 键进行确定；或单击鼠标右键，在弹出的快捷菜单中选择【确定】选项。

129 边界封闭图形（命令 BOUNDARY；快捷命令 BO；按钮▣）

1. 启用方法

- 面板：单击【绘图】面板中的【边界】按钮▣。
- 菜单栏：选择【绘图】|【边界】命令。
- 命令行：BOUNDARY 或 BO。

2. 操作过程

01 启用【边界】命令后，系统弹出【边界创建】对话框。对象类型有多段线和面域两种，根据自己的需要调整各参数。

02 按空格键、Enter 键或者单击对话框中【确定】按钮，对话框会暂时隐藏。

03 拾取封闭区域的内部点并按空格键或者 Enter 键完成边界操作，如图 5-27 所示（【概念】视觉模式下可见）。

图 5-27 边界封闭图形

3. 结束方法

单击空格键或 Enter 键进行确定；或单击鼠标右键，在弹出的快捷菜单中选择【确定】选项。

130 使用孤岛填充图案

1. 启用方法

- 面板：单击【绘图】面板中的【图案填充】按钮 。
- 菜单栏：选择【绘图】|【图案填充（H）】命令。
- 命令行：HATCH 或 H。

2. 操作过程

启用【图案填充】命令后，在弹出的【图案填充和渐变色】对话框中单击【展开】按钮，显示【孤岛】区域；在【孤岛】区域存在的情况下单击【边界】区域中【添加拾取点】按钮；对话框自动隐藏后在绘图区直接单击需要填充的区域即可，如图 5-28 所示。

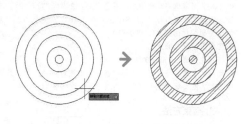

图 5-28 孤岛填充图案

3. 结束方法

单击空格键或 Enter 键进行确定；或单击鼠标右键，在弹出的快捷菜单中选择【确定】选项。

技能点拨

如果图形不封闭，就会出现这种情况，弹出【边界定义错误】对话框，如图5-29所示；而且在图纸中会用红色圆圈标示出没有封闭的区域，如图5-30所示。

这时可以在命令行中输入【Hpgaptol】，即可输入一个新的数值，用以指定图案填充时可忽略的最小间隙，小于输入数值的间隙都不会影响填充效果，结果如图5-31所示。

图 5-29 【边界定义错误】对话框　　图 5-30 红色圆圈圈出未封闭区域

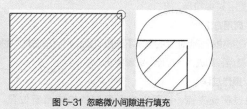

图 5-31 忽略微小间隙进行填充

---

131 怎样创建无边界填充图案

1. 启用方法

- 命令行：-HATCH 或 -H。

2. 操作过程

`01` 执行【-HATCH】或【-H】命令，输入扩展命令 P（特性）并按 Enter 键。

`02` 输入图案名称（如 AR-CONC）并按 Enter 键。

`03` 依次指定图案缩放比例和角度，输入扩展命令 W（绘图边界）并按 Enter 键。

`04` 选择不保留多段线边界并按 Enter 键，随即开始指定填充区域的边界点。

`05` 指定完所有点后按两次空格键或 Enter 键，系统提示指定内部点，点选绘图区的封闭区域按 Enter 键或空格键，如图 5-32 所示。

命令行如下所示。

```
命令：-HATCH                                          // 执行完整的【图案填充】命令
当前填充图案：SOLID                                    // 当前的填充图案
指定内部点或 [特性 (P)/选择对象 (S)/绘图边界 (W)/删除边界 (B)/高级 (A)/绘图次序 (DR)/原点 (O)/注释
性 (AN)/图案填充颜色 (CO)/图层 (LA)/透明度 (T)]：P      // 选择【特性】命令
输入图案名称或 [?/ 实体 (S)/用户定义 (U)/渐变色 (G)]：AR-CONC      // 输入混凝土填充的名称
指定图案缩放比例 <1.0000>:10                           // 输入填充的缩放比例
指定图案角度 <0>：45                                   // 输入填充的角度
当前填充图案： AR-CONC
指定内部点或 [特性 (P)/选择对象 (S)/绘图边界 (W)/删除边界 (B)/高级 (A)/绘图次序 (DR)/原点 (O)/注释
性 (AN)/图案填充颜色 (CO)/图层 (LA)/透明度 (T)]：W      // 选择【绘图编辑】命令，手动绘制边界
```

3. 结束方法

单击空格键或 Enter 键进行确定；或单击鼠标右键，在弹出的快捷菜单中选择确定】选项。

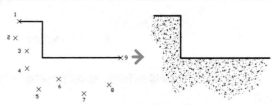

图 5-32 创建无边界填充图案

5.5 利用夹点、【特性】选项板编辑图形

所谓"夹点"，是指的是图形对象上的一些特征点，如端点、顶点、中点、中心点等，图形的位置和形状通常是由夹点的位置决定的。在 AutoCAD 中，夹点是一种集成的编辑模式，利用夹点可以编辑图形的大小、位置、方向以及对图形进行镜像复制操作等。

132 使用夹点拉伸对象

1. 启用方法

● 在不执行任何命令的情况下选择对象，然后单击其中的一个夹点，系统自动将其作为拉伸的基点，即进入"拉伸"编辑模式。

2. 操作过程

通过移动夹点，就可以将图形对象拉伸至新位置。夹点编辑中的【拉伸】与 STRETCH【拉伸】命令一致，效果如图 5-33 所示（对于某些夹点，拖动时只能移动而不能拉伸，如文字、块、直线中点、圆心、椭圆中心和点对象上的夹点）。

3. 结束方法

单击空格键或 Enter 键进行确定；或单击鼠标右键，在弹出的快捷菜单中选择【确定】选项。

（1）选择夹点　　　　（2）拖动夹点　　　　（3）拉伸结果

图 5-33 使用夹点拉伸对象

133 使用夹点移动对象

1. 启用方法

● 方法一：选中一个夹点，按一次 Enter 键，即进入【移动】模式。

● 方法二：在夹点编辑模式下确定基点后，输入扩展命令 M（移动）并按 Enter 键。

2. 操作过程

使用夹点移动对象，可以将对象从当前位置移动到新位置，与 MOVE【移动】命令操作相同，如图 5-34 所示。

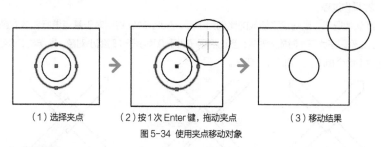

（1）选择夹点　　　（2）按 1 次 Enter 键，拖动夹点　　　（3）移动结果

图 5-34 使用夹点移动对象

3. 结束方法

单击空格键或 Enter 键进行确定；或单击鼠标右键，在弹出的快捷菜单中选择【确定】选项。

134 使用夹点旋转对象

1. 启用方法

● 方法一：选中一个夹点，按两次 Enter 键，即进入【旋转】模式。

● 方法二：在夹点编辑模式下确定基点后，输入扩展命令 RO（旋转）并按 Enter 键，选中的夹点即为基点。

2. 操作过程

默认情况下，输入旋转角度值或通过拖动方式确定旋转角度后，即可将对象绕基点旋转指定的角度。也可以选择【参照】选项，以参照方式旋转对象。操作方法与 ROTATE【旋转】命令相同，利用夹点旋转对象如图 5-35 所示。

3. 结束方法

单击空格键或 Enter 键进行确定；或单击鼠标右键，在弹出的快捷菜单中选择【确定】选项。

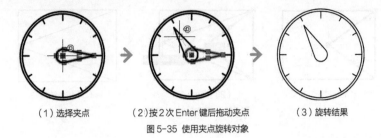

（1）选择夹点　　　　（2）按2次Enter键后拖动夹点　　　（3）旋转结果

图 5-35　使用夹点旋转对象

135 使用夹点缩放对象

1. 启用方法

● 方法一：选中一个夹点，按3次 Enter 键，即进入【缩放】模式。指定比例因子并按 Enter 键。

● 方法二：在夹点编辑模式下确定基点后，输入扩展命令 SC（缩放）并按 Enter 键，选中的夹点即为基点。

2. 操作过程

默认情况下，当确定了缩放的比例因子后，AutoCAD 将相对于基点进行缩放对象操作。当比例因子大于1时放大对象；当比例因子大于0而小于1时缩小对象，操作与 SCALE【缩放】命令相同，如图 5-36 所示。

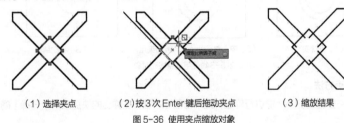

（1）选择夹点　　　　（2）按3次Enter键后拖动夹点　　　（3）缩放结果

图 5-36　使用夹点缩放对象

3. 结束方法

单击空格键或 Enter 键进行确定；或单击鼠标右键，在弹出的快捷菜单中选择【确定】选项。

136 使用夹点镜像对象

1. 启用方法

● 方法一：选中一个夹点，按4次 Enter 键，即进入【镜像】模式。

● 方法二：输入 MI 进入【镜像】模式，选中的夹点即为镜像线第一点。

2. 操作过程

指定镜像线上的第2点后，AutoCAD 将以基点作为镜像线上的第1点，将对象进行镜像操作并删除源对象。利用夹点镜像对象如图 5-37 所示。

3. 结束方法

单击空格键或 Enter 键进行确定；或单击鼠标右键，在弹出的快捷菜单中选择【确定】选项。

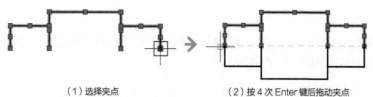

（1）选择夹点　　　　　　　　（2）按 4 次 Enter 键后拖动夹点

图 5-37 使用夹点镜像对象

137 使用夹点复制对象

1. 启用方法

● 命令行：MOVE → COPY 或 M → C。

2. 操作过程

选中夹点后在命令行输入 M（移动）并按 Enter 键，输入扩展命令 C（复制）并按 Enter 键，然后指定放置点即可（使用夹点复制功能，选定中心夹点进行拖动时需按住 Ctrl 键）。复制效果如图 5-38 所示。

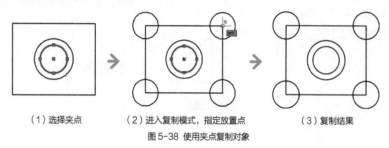

（1）选择夹点　　　（2）进入复制模式，指定放置点　　　（3）复制结果

图 5-38 使用夹点复制对象

3. 结束方法

单击空格键或 Enter 键进行确定；或单击鼠标右键，在弹出的快捷菜单中选择【确定】选项。

138 使用【特性】选项板编辑图形

1. 启用方法

● 菜单栏：选择【修改】|【特性】命令。

● 快捷键：Ctrl+1。

2. 操作过程

启用【特性】命令后，系统弹出特性修改的选项板，根据需要修改颜色、线型、线宽等参数即可，如图 5-39 所示。

3. 结束方法

单击空格键或 Enter 键进行确定；或单击鼠标右键，在弹出的快捷菜单中选择【确定】选项。

图 5-39 特性选项板

5.6 特殊图形的编辑

在 AutoCAD 的绘图过程中，除了使用各种编辑命令对图形进行修改之外，还可以使用特殊编辑命令对特定的图形进行编辑。

139 编辑多线对象（命令 MLEDIT）

编辑多线可以将多线对象进行角点闭合、十字闭合、T 字闭合、删除角点等，但不能控制多线的绘制样式。

1. 启用方法

- 菜单栏：选择【修改】|【对象】|【多线（M）】命令。
- 命令行：MLEDIT。

2. 操作过程

01 启用【编辑多线】命令后，弹出【多线编辑工具】对话框，选择多线编辑工具（如【十字合并】）。

02 依次选择第一个对象和第二个对象，按空格键或者 Enter 键确定即可将两条多线进行十字合并处理，如图 5-40 所示。

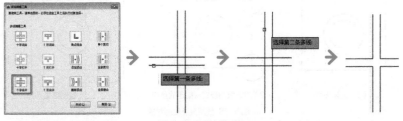

图 5-40 编辑多线对象

3. 结束方法

单击空格键、Enter 键或 Esc 键结束绘制；或单击鼠标右键，在弹出的快捷菜单中选择【确定】选项。

140 编辑多段线（命令 PEDIT；按钮🔲）

1. 启用方法

- 面板：单击【修改】面板中的【编辑多段线】按钮🔲。
- 菜单栏：选择【修改】|【对象】|【多段线（P）】命令。
- 命令行：PEDIT。

2. 操作过程

执行【编辑多段线】命令后，选择需要修改的多段线对象（或者直接双击多段线对象），弹出浮动的快捷菜单。选择相应的选项（如"闭合"），完成后按空格键确定，如图 5-41 所示。

3. 结束方法

单击空格键、Enter 键或 Esc 键结束绘制；或单击鼠标右键，在弹出的快捷菜单中选择【确定】选项。

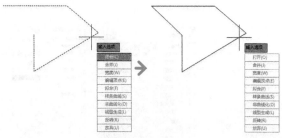

图 5-41 编辑多段线

141 编辑样条曲线（命令 SPLINEDIT；按钮 ▣ ）

1. 启用方法

- 面板：单击【修改】面板中的【编辑样条曲线】按钮 ▣ 。
- 菜单栏：选择【修改】|【对象】|【样条曲线（S）】命令。
- 命令行：SPLINEDIT。

2. 操作过程

执行【编辑样条曲线】命令后，选择需要修改的样条曲线对象（或者直接双击样条曲线对象），弹出浮动的快捷菜单。选择相应的选项（如【转换为多段线】），然后输入精度参数（如 0），即可将样条曲线转换为多段线，如图 5-42 所示。

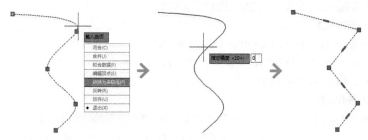

图 5-42 编辑样条曲线

3. 结束方法

单击空格键、Enter 键或 Esc 键结束绘制；或单击鼠标右键，在弹出的快捷菜单中选择【确定】选项。

142 编辑图案填充（命令 HATCHEDIT；按钮 ▣ ）

1. 启用方法

- 面板：单击【修改】面板中的【编辑图案填充】按钮 ▣ 。
- 菜单栏：选择【修改】|【对象】|【图案填充（H）】命令。
- 命令行：HATCHEDIT。

2. 操作过程

方法一：双击填充图案，即可打开简易的特性选项板，单击鼠标右键填充图案，在弹出的快捷菜单中，选择【特性】命令，可打开【特性】选项板，重新设置各选项，如图

5-43 所示。

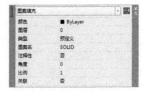

图 5-43 编辑图案填充对话框

方法二：启动【编辑图案填充】命令，选择需要修改的填充图案，即可打开【图案填充编辑】对话框。通过修改对话框中各选项的参数即可编辑图案。

3. 结束方法

单击空格键、Enter 键或 Esc 键结束绘制；或单击鼠标右键，在弹出的快捷菜单中选择【确定】选项。

143 编辑阵列（命令 ARRAYEDIT；按钮 ▧）

1. 启用方法

- 面板：单击【修改】面板中的【编辑阵列】按钮 ▧。
- 菜单栏：选择【修改】|【对象】|【阵列（A）】命令。
- 命令行：ARRAYEDIT。

2. 操作过程

执行【编辑阵列】命令后，选择阵列对象，即可弹出浮动的快捷菜单。选择相应的选项（如【项目】），然后输入项目参数（如 8）并按 Enter 键，如图 5-44 所示。

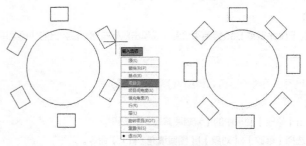

图 5-44 编辑阵列

3. 结束方法

单击空格键、Enter 键或 Esc 键结束绘制；或单击鼠标右键，在弹出的快捷菜单中选择【确定】选项。

图形标注类命令 第 **6** 章

标注不仅反映了图形的形状、大小、相对位置等信息，也是图纸施工的重要依据。本章主要介绍尺寸标注的设置、创建尺寸标注以及编辑标注等内容。

6.1 设置标注样式

设置尺寸标注样式就是设置标注的外观，如文字样式、箭头符号样式及大小、文字或线型的颜色等。可根据实际情况重新建立尺寸标注格式，并设置管理不同的标注样式。

144 新建标注样式

1. 启用方法

- 面板：单击【注释】面板中的【标注样式】按钮 。
- 菜单栏：选择【标注】|【标注样式（S）】命令。
- 命令行：DIMSTYLE 或 D。

2. 操作过程

执行【标注样式】命令后，系统弹出【标注样式管理器】对话框。默认情况下，系统提供的标注样式包括 ISO-25 和 Standard 两种。单击【新建】按钮即可打开【创建新标注样式】对话框，在对话框中设置新样式名称（如【尺寸标注】），单击【继续】按钮，如图6-1所示。

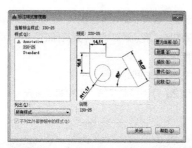

图 6-1 新建标注样式对话框

3. 结束方法

单击对话框的【关闭】图标 。

4. 选项说明

- 【置为当前】：将在左边【样式】列表框中选定的标注样式设定为当前标注样式。当前样式将应用于所创建的标注。
- 【新建】：单击该按钮，打开【创建新标注样式】对话框，输入名称后可打开【新建标注样式】对话框，从中可以定义新的标注样式。

- 【修改】：单击该按钮，打开【修改标注样式】对话框，从中可以修改现有的标注样式。该对话框各选项均与【新建标注样式】对话框一致。

- 【替代】：单击该按钮，打开【替代当前样式】对话框，从中可以设定标注样式的临时替代值。

- 【比较】：单击该按钮，可打开【比较标注样式】对话框。从中可以比较所选定的两个标注样式（选择相同的标注样式进行比较，则会列出该样式的所有特性）。

145 设置尺寸界限样式

尺寸界限是指用于表明标注的范围。在【新建标注样式】对话框中，单击【线】选项卡，如图 6-2 所示。在该选项卡中可以设置尺寸线和尺寸界限的颜色、线型、线宽，以及超出尺寸线的距离、起点偏移量的距离等内容。

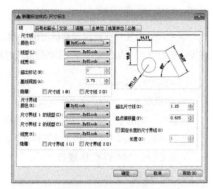

图 6-2 设置尺寸界限样式

【尺寸线】选项组

- 【颜色】：用于设置尺寸线的颜色，一般保持默认值"Byblock"（随块）即可。也可以使用变量 DIMCLRD 设置。

- 【线型】：用于设置尺寸线的线型，一般保持默认值"Byblock"（随块）即可。

- 【线宽】：用于设置尺寸线的线宽，一般保持默认值"Byblock"（随块）即可。也可以使用变量 DIMLWD 设置。

- 【超出标记】：用于设置尺寸线超出量。若尺寸线两端是箭头，则此框无效；若在对话框的【符号和箭头】选项卡中设置了箭头的形式是"倾斜"和"建筑标记"时，可以设置尺寸线超过尺寸界线外的距离，如图 6-3 所示。

- 【基线间距】：用于设置基线标注中尺寸线之间的间距。

- 【隐藏】：【尺寸线 1】和【尺寸线 2】分别控制了第一条和第二条尺寸线的可见性，如图 6-4 所示。

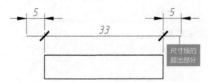

图 6-3 【超出标记】设置为 5 时的示例　　　图 6-4 【隐藏尺寸线 1】效果图

【尺寸界线】选项组

- 【颜色】：用于设置延伸线的颜色，一般保持默认值"Byblock"（随块）即可。也可以使用变量 DIMCLRD 设置。

- 【线型】：分别用于设置【尺寸界线 1】和【尺寸界线 2】的线型，一般保持默认值

"Byblock"（随块）即可。

- 【线宽】：用于设置延伸线的宽度，一般保持默认值"Byblock"（随块）即可。也可以使用变量 DIMLWD 设置。
- 【隐藏】：【尺寸界线1】和【尺寸界线2】分别控制了第一条和第二条尺寸界线的可见性。
- 【超出尺寸线】：控制尺寸界线超出尺寸线的距离，如图 6-5 所示。
- 【起点偏移量】：控制尺寸界线起点与标注对象端点的距离，如图 6-6 所示。

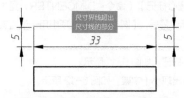

图6-5 【超出尺寸线】设置为 5 时的示例

图6-6 【起点偏移量】设置为 3 时的示例

> **技能点拨**
>
> 如果是在机械制图的标注中，为了区分尺寸标注和被标注对象，用户应使尺寸界线与标注对象不接触，因此尺寸界线的【起点偏移量】一般设置为2~3mm。

146 设置箭头符号样式

切换至【符号和箭头】选项卡，如图 6-7 所示，在改选项卡中可以设置符号和箭头的样式与大小以及圆心标记的大小、弧长符号、半径与线性折弯标注等。

■【箭头】选项组

- 【第一个】以及【第二个】：用于选择尺寸线两端的箭头样式。在建筑绘图中通常设为"建筑标注"或"倾斜"样式，如图 6-8 所示；机械制图中通常设为"箭头"样式，如图6-9 所示。
- 【引线】：用于设置快速引线标注（命令：LE）中的箭头样式，如图 6-10 所示。
- 【箭头大小】：用于设置箭头的大小。

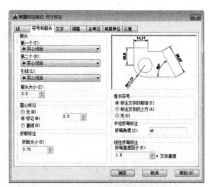

图 6-7 设置箭头符号样式

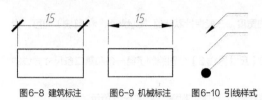

图6-8 建筑标注   图6-9 机械标注   图6-10 引线样式

⚙ **操作技巧**

AutoCAD中提供了19种箭头，如果选择了第一个箭头的样式，第二个箭头会自动选择和第一个箭头一样的样式。也可以在第二个箭头下拉列表中选择不同的样式。

■【圆心标记】选项组

圆心标记是一种特殊的标注类型，在使用【圆心标记】（命令：DIMCENTER，见本章第 7.3.15 小节）时，可以在圆弧中心生成一个标注符号，【圆心标记】选项组用于设置圆心标记的样式。各选项的含义如下。

● 【无】：使用【圆心标记】命令时，无圆心标记，如图 6-11 所示。

● 【标记】：创建圆心标记。在圆心位置将会出现小十字架，如图 6-12 所示。

● 【直线】：创建中心线。在使用【圆心标记】命令时，十字架线将会延伸到圆或圆弧外边，如图 6-13 所示。

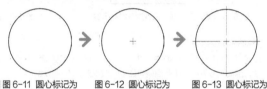

图 6-11 圆心标记为【无】   图 6-12 圆心标记为【标记】   图 6-13 圆心标记为【直线】

᯳ **技能点拨**

可以取消选中【调整】选项卡中的【在尺寸界线之间绘制尺寸线】复选框，这样就能在标注直径或半径尺寸时，同时创建圆心标记，如图 6-14 所示。

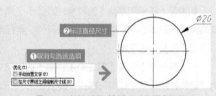

❷标注直径尺寸

❶取消勾选该选项

优化(T)
☐ 手动放置文字(P)
☑ 在尺寸界线之间绘制尺寸线(D)

图 6-14 标注时同时创建尺寸与圆心标记

■【折断标注】选项组

其中的【折断大小】文本框可以设置在执行 DIMBREAK【标注打断】命令时标注线的打断长度。

■【弧长符号】选项组

在该选项组中可以设置弧长符号的显示位置，包括【标注文字的前缀】、【标注文字的上方】和【无】3 种方式，如图 6-15 所示。

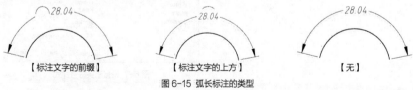

【标注文字的前缀】   【标注文字的上方】   【无】

图 6-15 弧长标注的类型

■【半径折弯标注】选项组

其中的【折弯角度】文本框可以确定折弯半径标注中，尺寸线的横向角度，其值不能大于 90°。

■【线性折弯标注】选项组

其中的【折弯高度因子】文本框可以设置折弯标注打断时折弯线的高度。

147 设置文字样式

文字是指标注中测量
的距离。切换至【文字】选
项卡，如图6-16所示，在
该选项卡中可以设置文字
外观、文字对齐的方式等
内容。

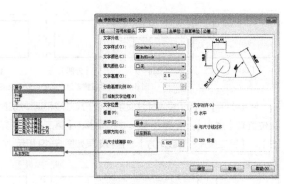

图 6-16 设置文字样式

■【文字外观】选项组

● 【文字样式】：用于选择标注的文字样式。也可以单击其后的 ⬚ 按钮，系统弹出
【文字样式】对话框，选择文字样式或新建文字样式。

● 【文字颜色】：用于设置文字的颜色，一般保持默认值"Byblock"（随块）即可。
也可以使用变量 DIMCLRT 设置。

● 【填充颜色】：用于设置标注文字的背景色。默认为"无"，如果图纸中尺寸标注很
多，就会出现图形轮廓线、中心线、尺寸线与标注文字相重叠的情况，这时若将【填充颜
色】设置为"背景"，即可有效改善图形，如图 6-17 所示。

图 6-17 【填充颜色】为"背景"效果

● 【文字高度】：设置文字的高度，也可以使用变量 DIMCTXT 设置。

● 【分数高度比例】：设置标注文字的分数相对于其他标注文字的比例，AutoCAD 将
该比例值与标注文字高度的乘积作为分数的高度。

● 【绘制文字边框】：设置是否给标注文字加边框。

■【文字位置】选项组

● 【垂直】：用于设置标注文字相对于尺寸线在垂直方向的位置。【垂直】下拉列表中
有【置中】、【上方】、【外部】和【JIS】等选项。选择【置中】选项可以把标注文字放

在尺寸线中间；选择【上】选项将把标注文字放在尺寸线的上方；选择【外部】选项可以把标注文字放在远离第一定义点的尺寸线一侧；选择【JIS】选项则按 JIS 规则（日本工业标准）放置标注文字。各种效果如图 6-18 所示。

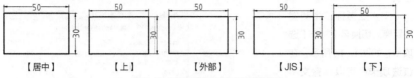

图 6-18 文字设置垂直方向的位置效果图

● 【水平】：用于设置标注文字相对于尺寸线和延伸线在水平方向的位置。其中水平放置位置有【居中】、【第一条尺寸界限】、【第二条尺寸界线】、【第一条尺寸界线上方】、【第二条尺寸界线上方】，各种效果如图 6-19 所示。

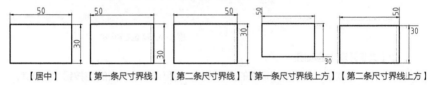

图 6-19 尺寸文字在水平方向上的相对位置

● 【从尺寸线偏移】：设置标注文字与尺寸线之间的距离，如图 6-20 所示。

■【文字对齐】选项组

在【文字对齐】选项组中，可以设置标注文字的对齐方式，如图 6-21 所示。各选项的含义如下。

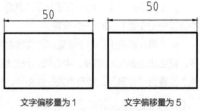

图 6-20 文字偏移量设置

● 【水平】单选按钮：无论尺寸线的方向如何，文字始终水平放置。

● 【与尺寸线对齐】单选按钮：文字的方向与尺寸线平行。

● 【ISO 标准】单选按钮：按照 ISO 标准对齐文字。当文字在尺寸界线内时，文字与尺寸线对齐；当文字在尺寸界线外时，文字水平排列。

图 6-21 尺寸文字对齐方式

148 设置文字与尺寸线的位置关系

切换至【调整】选项卡，在选项卡中可以设置尺寸的尺寸线与箭头的位置、尺寸线与文字的位置、标注特性比例以及优化等关系，如图 6-22 所示。

■【调整选项】选项组

在【调整选项】选项组中，可以设置当尺寸界线之间没有足够的空间同时放置标注文字和箭头时，应从尺寸界线之间移出的对象，如图 6-23 所示。各选项的含义如下。

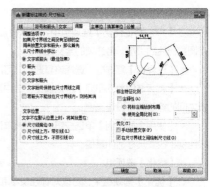

图 6-22 设置文字与尺寸线的位置关系

● 【文字或箭头（最佳效果）】单选按钮：表示由系统选择一种最佳方式来安排尺寸文字和尺寸箭头的位置。

● 【箭头】单选按钮：表示将尺寸箭头放在尺寸界线外侧。

● 【文字】单选按钮：表示将标注文字放在尺寸界线外侧。

● 【文字和箭头】单选按钮：表示将标注文字和尺寸线都放在尺寸界线外侧。

● 【文字始终保持在尺寸界线之间】单选按钮：表示标注文字始终放在尺寸界线之间。

● 【若箭头不能放在尺寸界线内，则将其消除】单选按钮：表示当尺寸界线之间不能放置箭头时，不显示标注箭头。

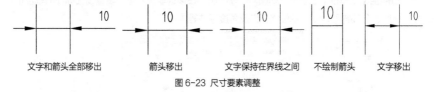

图 6-23 尺寸要素调整

■【文字位置】选项组

在【文字位置】选项组中，可以设置当标注文字不在默认位置时应放置的位置，如图 6-24 所示。各选项的含义如下。

● 【尺寸线旁边】单选按钮：表示当标注文字在尺寸界线外部时，将文字放置在尺寸线旁边。

● 【尺寸线上方，带引线】单选按钮：表示当标注文字在尺寸界线外部时，将文字放置在尺寸线上方并加一条引线相连。

● 【尺寸线上方，不带引线】单选按钮：表示当标注文字在尺寸界线外部时，将文字放置在尺寸线上方，不加引线。

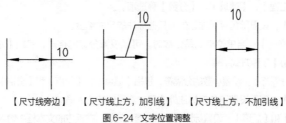

图 6-24 文字位置调整

■【标注特征比例】选项组

在【标注特征比例】选项组中，可以设置标注尺寸的特征比例以便通过设置全局比例来调整标注的大小。各选项的含义如下。

● 【注释性】复选框：选择该复选框，可以将标注定义成可注释性对象。

● 【将标注缩放到布局】单选按钮：选中该单选按钮，可以根据当前模型空间视口与图纸之间的缩放关系设置比例。

● 【使用全局比例】单选按钮：选择该单选按钮，可以对全部尺寸标注设置缩放比例，该比例不改变尺寸的测量值。

■【优化】选项组

在【优化】选项组中，可以对标注文字和尺寸线进行细微调整。该选项区域包括以下两个复选框。

● 【手动放置文字】：表示忽略所有水平对正设置，并将文字手动放置在"尺寸线位置"的相应位置。

● 【在尺寸界线之间绘制尺寸线】：表示在标注对象时，始终在尺寸界线间绘制尺寸线。

149 设置标注单位样式

切换至【主单位】选项卡，如图 6-25 所示，在该选项卡中可以设置线性标注的单位格式、精度、分隔符号、测量单位比例以及角度标注等内容。

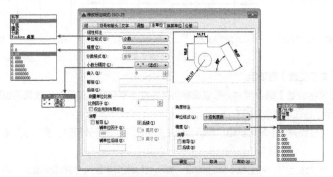

图 6-25 设置标注单位样式

■【线性标注】选项组

● 【单位格式】：设置除角度标注之外的其余各标注类型的尺寸单位，包括【科学】、【小数】、【工程】、【建筑】、【分数】等选项。

● 【精度】：设置除角度标注之外的其他标注的尺寸精度。

● 【分数格式】：当单位格式是分数时，可以设置分数的格式，包括【水平】、【对角】和【非堆叠】3 种方式。

● 【小数分隔符】：设置小数的分隔符，包括【逗点】、【句点】和【空格】3 种方式。

● 【舍入】：用于设置除角度标注外的尺寸测量值的舍入值。

● 【前缀】和【后缀】：设置标注文字的前缀和后缀，在相应的文本框中输入字符即可。

■【测量单位比例】选项组

使用【比例因子】文本框可以设置测量尺寸的缩放比例，AutoCAD 的实际标注值为测量值与该比例的积。选中【仅应用到布局标注】复选框，可以设置该比例关系仅适用于布局。

■【消零】选项组

该选项组中包括【前导】和【后续】两个复选框。设置是否消除角度尺寸的前导和后续零，如图 6-26 所示。

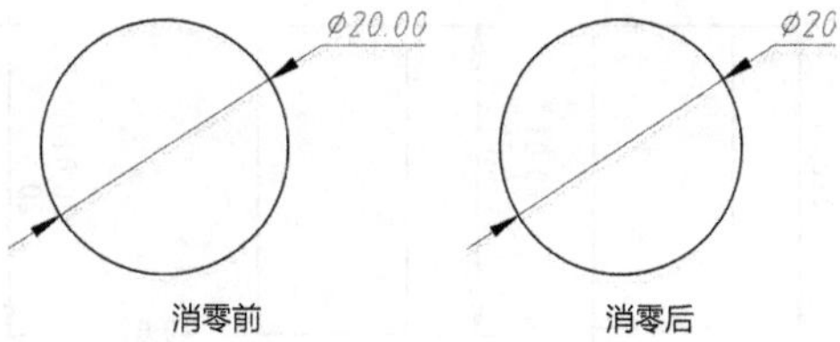

图 6-26 【后续】消零示例

■【角度标注】选项组

● 【单位格式】：在此下拉列表框中设置标注角度时的单位。

● 【精度】：在此下拉列表框中设置标注角度的尺寸精度。

150 设置换算单位样式

【换算单位】选项卡包括【换算单位】、【消零】和【位置】3 个选项组，如图 6-27 所示。

【换算单位】可以方便地改变标注的单位，通常我们用的就是公制单位与英制单位的互换。

选中【显示换算单位】复选框后，对话框的其他选项才可用，可以在【换算单位】选项组中设置换算单位的【单位格式】、【精度】、【换算单位倍数】、【舍入精度】、【前缀】及【后缀】等，方法与设置主单位的方法相同。

图 6-27 设置换算单位样式

151 设置公差样式

切换至【公差】选项卡，如图 6-28 所示，在该选项卡中可以设置公差格式、公差对齐、消零和换算单位公差等内容。

【公差】选项卡中常用功能含义如下。

● 【方式】：在此下拉列表框中有表示标注公差的几种方式，如图 6-29 所示。

● 【上偏差和下偏差】：设置尺寸上偏差值和下偏差值。

● 【高度比例】：确定公差文字的高度比例因子。确定后，AutoCAD 将该比例因

图 6-28 设置公差样式

子与尺寸文字高度之积作为公差文字的高度。

- 【垂直位置】：控制公差文字相对于尺寸文字的位置，包括【上】、【中】和【下】3 种方式。
- 【换算单位公差】：当标注换算单位时，可以设置换算单位精度和是否消零。

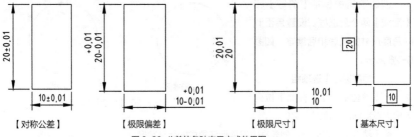

【对称公差】 　　　【极限偏差】 　　　【极限尺寸】 　　　【基本尺寸】

图 6-29 公差的各种表示方式效果图

152 设置多重引线标注样式

多重引线标注是尺寸标注的另一种形式，通常包含箭头、水平基线、引线或曲线和多行文字对象或块。多重引线常用于标注图形局部特殊标注的说明。

1. 启用方法

- 菜单栏：选择【格式】|【多重引线样式（I）】命令。
- 命令行：MLEADERSTYLE。

2. 操作过程

启用【多重引线样式】命令后，系统将弹出【多重引线样式管理器】对话框，如图 6-30 所示。

该对话框和【标注样式管理器】对话框功能类似，可以设置多重引线的格式和内容。单击【新建】按钮，系统弹出【创建新多重引线样式】对话框，如图 6-31 所示。然后在【新样式名】文本框中输入新样式的名称，单击【继续】按钮，即可打开【修改多重引线样式】对话框进行修改。

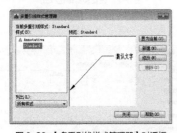

图 6-30 【多重引线样式管理器】对话框 　　　图 6-31 【创建新多重引线样式】对话框

3. 选项说明

在【修改多重引线样式】对话框中可以设置多重引线标注的各种特性，对话框中有【引线格式】、【引线结构】和【内容】这 3 个选项卡，如图 6-32 所示。每一个选项卡对应一种特性的设置，分别介绍如下。

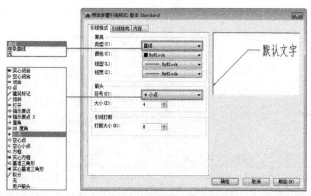

图 6-32 【修改多重引线样式】对话框

■【引线格式】选项卡

该选项卡如图 6-32 所示，可以设置引线的线型、颜色和类型，具体选项含义介绍如下。

● 【类型】：用于设置引线的类型，包含【直线】、【样条曲线】和【无】3 种。

● 【颜色】：用于设置引线的颜色，一般保持默认值"Byblock"（随块）即可。

● 【线型】：用于设置引线的线型，一般保持默认值"Byblock"（随块）即可。

● 【线宽】：用于设置引线的线宽，一般保持默认值"Byblock"（随块）即可。

● 【符号】：可以设置多重引线的箭头符号，共 19 种。

● 【大小】：用于设置箭头的大小。

● 【打断大小】：设置多重引线在用于 DIMBREAK【标注打断】命令时的打断大小。该值只有在对【多重引线】使用【标注打断】命令时才能观察到效果，值越大，则打断的距离越大。

■【引线结构】选项卡

该选项卡如图 6-33 所示，可以设置【多重引线】的折点数、引线角度以及基线长度等，各选项具体含义介绍如下。

● 【最大引线点数】：可以指定新引线的最大点数或线段数。

● 【第一段角度】：该选项可以约束新引线中的第一个点的角度，效果同前文介绍的"第一个角度（F）"命令行选项。

● 【第二段角度】：该选项可以约束新引线中的第二个点的角度，效果同前文介绍的"第二个角度（S）"命令行选项。

● 【自动包含基线】：确定【多重引线】命令中是否含有水平基线。

● 【设置基线距离】：确定【多重引线】中基线的固定长度。只有勾选【自动包含基线】复选框后才可使用。

■【内容】选项卡

【内容】选项卡如图 6-34 所示，在该选项卡中，可以对【多重引线】的注释内容进行设置，如文字样式、文字对齐等。

图 6-33 【引线结构】选项卡

图 6-34 【内容】选项卡

● 【多重引线类型】：该下拉列表中可以选择【多重引线】的内容类型，包含【多行文字】、【块】和【无】3 个选项。

● 【文字样式】：用于选择标注的文字样式。也可以单击其后的[...]按钮，系统弹出【文字样式】对话框，选择文字样式或新建文字样式。

● 【文字角度】：指定标注文字的旋转角度，有【保持水平】、【按插入】、【始终正向读取】3 个选项。【保持水平】为默认选项，无论引线如何变化，文字始终保持水平位置，如图 6-35 所示；【按插入】则根据引线方向自动调整文字角度，使文字对齐至引线，如图 6-36 所示；【始终正向读取】同样可以让文字对齐至引线，但对齐时会根据引线方向自动调整文字方向，使其一直保持从右往左的正向读取方向，如图 6-37 所示。

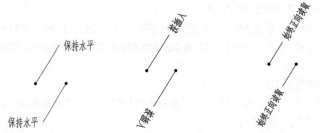

图 6-35 【保持水平】效果　　图 6-36 【按插入】效果　　图 6-37 【始终正向读取】效果

👤 **技能点拨**

【文字角度】只有在取消【自动包含基线】复选框后才会生效。

● 【文字颜色】：用于设置文字的颜色，一般保持默认值"Byblock"（随块）即可。

● 【文字高度】：设置文字的高度。

● 【始终左对正】：始终指定文字内容左对齐。

● 【文字加框】：为文字内容添加边框。边框始终从基线的末端开始，与文本之间的间距就相当于基线到文本的距离，因此通过修改【基线间隙】文本框中的值，就可以控制文字和边框之间的距离。

● 【引线连接-水平连接】：将引线插入文字内容的左侧或右侧，【水平连接】包括文字和引线之间的基线，如图6-38所示。

● 【引线连接-垂直连接】：将引线插入文字内容的顶部或底部，【垂直连接】不包括文字和引线之间的基线，如图6-39所示。

图 6-38 【水平连接】引线在文字内容左、右两侧　　　图 6-39 【垂直连接】引线在文字内容上、下两侧

👤 **技能点拨**

【垂直连接】选项下不含基线效果。

- 【连接位置】：该选项控制基线连接到文字的方式，根据【引线连接】的不同有不同的选项。如果选择的是【水平连接】，则【连接位置】有左、右之分，每个下拉列表都有9个位置可选，如图6-40所示；如果选择的是【垂直连接】，则【连接位置】有上、下之分，每个下拉列表只有两个位置可选，如图6-41所示。

- 【基线间隙】：该文本框中可以指定基线和文本内容之间的距离。

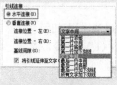

图 6-40 【水平连接】下的引线连接位置

图 6-41 【垂直连接】下的引线连接位置

👤 **技能点拨**

【水平连接】下有9种引线连接位置；【垂直连接】下有两种引线连接位置。通过指定合适的位置，可以创建出适用于不同行业的多重引线。

4. 结束方法

单击对话框中的【确定】按钮或【关闭】图标 ❌ 。

6.2 标注尺寸

标注有很多种类型，根据图形的不同，所使用的标注方式也有区别。标注尺寸能更有效地表达图纸的内容，应用十分广泛。

153 智能标注（命令 DIM；按钮 🔳 ）

【智能标注】命令为 AutoCAD 2016 的新增功能，可以根据选定的对象类型自动创建相应的标注，例如，选择一条线段，则创建线性标注；选择一段圆弧，则创建半径标注。可以看作是以前【快速标注】命令的加强版。

1. 启用方法

- 面板：单击【注释】面板中的【标注】按钮 🔳 。
- 命令行：DIM。

2. 操作过程

执行【智能标注】命令，将鼠标置于对应的图形对象上，就会自动创建出相应的标注，如图 6-42 所示。如果需要，可以根据命令行的选项对标注类型进行更改。

3. 结束方法

单击空格键、Enter 键
或 Esc 键结束绘制；或单击
鼠标右键，在弹出的快捷菜
单中选择【确定】选项。

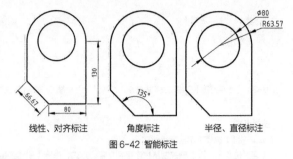

线性、对齐标注　　　角度标注　　　半径、直径标注

图 6-42 智能标注

154 线性标注（命令 DIMLINEAR；快捷命令 DLI；按钮 ⊢）

1. 启用方法

● 面板：单击【注释】面板中的【线性】按钮 ⊢。

● 菜单栏：选择【标注】|【线性（L）】命令。

● 命令行：DIMLINEAR 或 DLI。

2. 操作过程

启用【线性标注】命令后，选取尺寸界线第一定位
点、第二定位点，向上移动光标，在合适的位置单击确定标
志位置即可，如图 6-43 所示。命令行如下所示。

图 6-43 线性标注

```
命令：_dimlinear                        // 执行【线性标注】命令
指定第一个尺寸界线原点或〈选择对象〉：     // 指定测量的起点 1
指定第二条尺寸界线原点：                  // 指定测量的终点 2
指定尺寸线位置或                        // 放置标注尺寸，结束操作
[多行文字(M)/文字(T)/角度(A)/水平(H)/垂直(V)/旋转(R)]：
标注文字 = 25
```

3. 结束方法

单击空格键、回车键或 Esc 键结束绘制；或单击鼠标右键，在弹出的快捷菜单中选择
【确定】选项。

155 对齐标注（命令 DIMALIGNED；快捷命令 DAL；按钮 ⬎）

1. 启用方法

● 面板：单击【注释】面板中的【对齐】按钮 ⬎。

● 菜单栏：选择【标注】|【对齐（G）】命令。

● 命令行：DIMALIGNED 或 DAL。

2. 操作过程

启用【对齐标注】命令后，捕捉左侧斜线上的两个点，移动光标在合适的位置单击确
定标注位置，如图 6-44 所示。命令行如下所示。

```
命令：_dimaligned                              // 执行【对齐标注】命令
指定第一个尺寸界线原点或〈选择对象〉：          // 指定测量的起点 1
指定第二条尺寸界线原点：                        // 指定测量的终点 2
指定尺寸线位置或                               // 放置标注尺寸，结束操作
[多行文字 (M)/ 文字 (T)/ 角度 (A)]：
标注文字 = 30
```

3. 结束方法

单击空格键、Enter 键或 Esc 键结束绘制；或单击鼠标右键，在弹出的快捷菜单中选择【确定】选项。

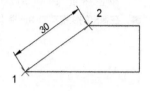

图 6-44 对齐标注

156 角度标注（命令 DIMANGULAR；快捷命令 DAN；按钮△）

1. 启用方法

● 面板：单击【注释】面板中的【角度】按钮△。

● 菜单栏：选择【标注】|【角度（A）】命令。

● 命令行：DIMANGULAR 或 DAN。

2. 操作过程

启用【角度标注】命令后，选择直线（或圆弧、圆）的第一条直线，再选择第二条直线；然后移动光标至合适的位置，单击确定标注位置即可，如图 6-45 所示。命令行如下所示。

```
命令：_dimangular                                     // 执行【角度标注】命令
选择圆弧、圆、直线或〈指定顶点〉：                      // 选择第一条直线
选择第二条直线：                                      // 选择第二条直线
指定标注弧线位置或 [多行文字(M)/文字(T)/角度(A)/象限点(Q)]：  // 在锐角内放置圆弧线,结束命令
标注文字 = 45
```

3. 结束方法

单击空格键、Enter 键或 Esc 键结束绘制；或单击鼠标右键，在弹出的快捷菜单中选择【确定】选项。

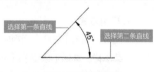

图 6-45 角度标注

157 弧长标注（命令 DIMARC；快捷命令 DAR；按钮ᗡ）

1. 启用方法

● 面板：单击【注释】面板中的【弧长】按钮ᗡ。

● 菜单栏：选择【标注】|【弧长（H）】命令。

● 命令行：DIMARC 或 DAR。

2. 操作过程

启用【弧长标注】命令后，选择标注对象，并移动光标在合适的位置，单击鼠标确定标注位置即可，如图 6-46 所示。命令行如下所示。

```
命令：_dimarc                                      // 执行【弧长标注】命令
选择弧线段或多段线圆弧段：                              // 单击选择要标注的圆弧
指定弧长标注位置或 [多行文字 (M)/文字 (T)/角度 (A)/部分 (P)/引线 (L)]：// 在合适的位置放置标注
标注文字 = 63.58
```

3. 结束方法

单击空格键、Enter 键或 Esc 键结束绘制；或单击鼠标右键，在弹出的快捷菜单中选择【确定】选项。

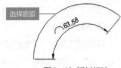

图6-46 弧长标注

158 半径标注（命令 DIMRADIUS；快捷命令 DRA；按钮⊘）

1. 启用方法

● 面板：单击【注释】面板中的【半径】按钮⊘。

● 菜单栏：选择【标注】|【半径（R）】命令。

● 命令行：DIMRADIUS 或 DRA。

2. 操作过程

启用【半径标注】命令后，选择标注对象，并移动光标在核实的位置单击确定标注位置，如图 6-47 所示。命令行如下所示。

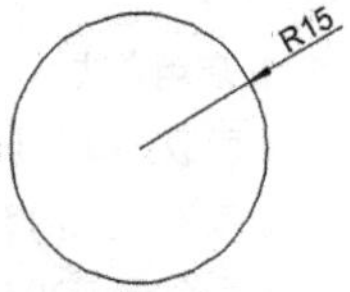

图6-47 半径标注

```
命令：_dimradius                                   // 执行【半径】标注命令
选择圆弧或圆：                                       // 单击选择圆
标注文字 = 15
指定尺寸线位置或 [多行文字 (M)/文字 (T)/角度 (A)]：    // 在圆弧内侧合适位置放置尺寸线，结束命令
```

3. 结束方法

单击空格键、Enter 键或 Esc 键结束绘制；或单击鼠标右键，在弹出的快捷菜单中选择【确定】选项。

159 直径标注（命令 DIMDIAMETER；快捷命令 DDI；按钮⊘）

1. 启用方法

● 面板：单击【注释】面板中的【直径】按钮⊘。

● 菜单栏：选择【标注】|【直径（D）】命令。

● 命令行：DIMDIAMETER 或 DDI。

2. 操作过程

启用【直径标注】命令后，选择标注对象，并移动光标在合适的位置单击确定标注位置，如图 6-48 所示。命令行如下所示。

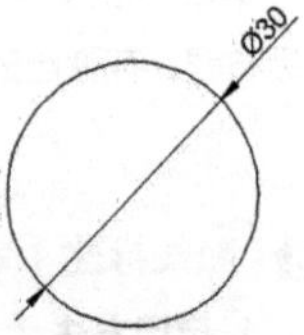

图6-48 直径标注

```
命令：_dimdiameter                                 // 执行【直径】标注命令
选择圆弧或圆：                                       // 单击选择圆
标注文字 = 30
指定尺寸线位置或 [多行文字 (M)/文字 (T)/角度 (A)]：    // 在合适位置放置尺寸线，结束命令
```

3. 结束方法

单击空格键、Enter 键或 Esc 键结束绘制；或单击鼠标右键，在弹出的快捷菜单中选择
【确定】选项。

160 坐标标注（命令 DIMORDINATE；快捷命令 DOR；按钮 ）

1. 启用方法

- 面板：单击【注释】面板中的【坐标】按钮 。
- 菜单栏：选择【标注】|【坐标（O）】命令。
- 命令行：DIMORDINATE 或 DOR。

2. 操作过程

启用【坐标标注】命令后，选择图形的坐标点，向右
移动鼠标即可标注出 X 轴距原点的坐标值，向上移动鼠标即
可标注出 Y 轴距原点的坐标值，效果如图 6-49 所示。命令
行如下所示。

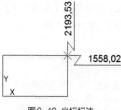

图6-49 坐标标注

```
命令：_dimordinate                                          // 执行【坐标标注】命令
指定点坐标：                                                 // 指定需要标注的点
指定引线端点或 [X 基准 (X)/Y 基准 (Y)/多行文字 (M)/文字 (T)/角度 (A)]：  // 在合适的位置放置标注
```

3. 结束方法

单击空格键、Enter 键或 Esc 键结束绘制；或单击鼠标右键，在弹出的快捷菜单中选择
【确定】选项。

161 折弯标注（命令 DIMJOGGED；按钮 ）

1. 启用方法

- 面板：单击【注释】面板中的【折弯】按钮 。
- 菜单栏：选择【标注】|【折弯（J）】命令。
- 命令行：DIMJOGGED。

2. 操作过程

启用【折弯标注】命令后，选择需要标注的圆弧对
象，按照系统提示指定圆弧中心位置，接着指定尺寸线位
置，最后指定折弯的位置，效果如图 6-50 所示。命令行如
下所示。

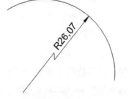

图6-50 折弯标注

```
命令：_dimjogged                                            // 执行【折弯】标注命令
选择圆弧或圆：                                               // 单击选择圆弧
指定图示中心位置：                                           // 指定一点
指定尺寸线位置或 [多行文字 (M)/文字 (T)/角度 (A)]：           // 指定尺寸线位置
指定折弯位置：                                               // 指定折弯位置，结束命令
```

3. 结束方法

单击空格键、Enter 键或 Esc 键结束绘制；或单击鼠标右键，在弹出的快捷菜单中选择
【确定】选项。

162 连续标注（命令 DIMCONTINUE；快捷命令 DCO；按钮⊩）

1. 启用方法

- 面板：单击【注释】面板中的【连续】按钮⊩。
- 菜单栏：选择【标注】|【连续（C）】命令。
- 命令行：DIMCONTINUE 或 DCO。

2. 操作过程

首先启用【线性标注】命令，标注一个基准定位标注，然后执行【连续标注】命令，指定下一个标注点即可，效果如图 6-51 所示。命令行如下所示。

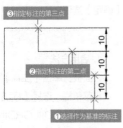

图 6-51 连续标注

```
命令：_dimcontinue                                        // 执行【连续标注】命令
选择连续标注：                                             // 选择作为基准的标注
指定第二个尺寸界线原点或［选择 (S) / 放弃 (U)］<选择>： // 指定标注的下一点，系统自动放置尺寸
标注文字 = 10
指定第二个尺寸界线原点或［选择 (S) / 放弃 (U)］<选择>： // 指定标注的下一点，系统自动放置尺寸
标注文字 = 10
指定第二个尺寸界线原点或［选择 (S) / 放弃 (U)］<选择>： // 指定标注的下一点，系统自动放置尺寸
标注文字 = 10
指定第二个尺寸界线原点或［选择 (S) / 放弃 (U)］<选择>： // 按 Enter 键完成标注
```

3. 结束方法

单击空格键、Enter 键或 Esc 键结束绘制；或单击鼠标右键，在弹出的快捷菜单中选择【确定】选项。

163 基线标注（命令 DIMBASELINE；快捷命令 DBA；按钮⊨）

1. 启用方法

- 面板：单击【注释】面板中的【基线】按钮⊨。
- 菜单栏：选择【标注】|【基线（B）】命令。
- 命令行：DIMBASELINE 或 DBA。

2. 操作过程

首先启用【线性标注】命令，标注一个基准定位标注，然后执行【基线标注】命令，指定下一个标注点即可，效果如图 6-52 所示。命令行如下所示。

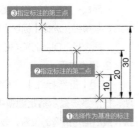

图 6-52 基线标注

```
命令：_dimbaseline                                        // 执行【基线标注】命令
选择基准标注：                                             // 选择作为基准的标注
指定第二个尺寸界线原点或［选择 (S) / 放弃 (U)］<选择>： // 指定标注的下一点，系统自动放置尺寸
标注文字 = 20
指定第二个尺寸界线原点或［选择 (S) / 放弃 (U)］<选择>： // 指定标注的下一点，系统自动放置尺寸
标注文字 = 30
指定第二个尺寸界线原点或［选择 (S) / 放弃 (U)］<选择>： // 按 Enter 键完成标注
```

3. 结束方法

单击空格键、Enter 键或 Esc 键结束绘制；或单击鼠标右键，在弹出的快捷菜单中选择【确定】选项。

> **技能点拨**
>
> 基线标注完成后，有时用户会发现，所有的标注都集中在一起，无法看清具体的尺寸。说明用户在设置标注样式时没有设置基线的间距。
>
> 用户可以在【修改标注样式】对话框中选择【线】选项卡，重新设置"基线间距"的参数，设置后图形中的尺寸标注不会自动更新，需要重新定义基线尺寸。

6.3 引线标注

使用【多重引线】工具添加和管理所需的引出线，不仅能够快速地标注装配图的证件号和引出公差，而且能够更清楚的标识制图的标准、说明等内容。此外，还可以通过修改【多重引线样式】对引线的格式、类型以及内容进行编辑。

164 创建多重引线标注（命令 MLEADER；按钮 ⌁ ）

1. 启用方法

- 面板：单击【注释】面板中的【引线】按钮 ⌁ 。
- 菜单栏：选择【标注】|【多重引线（E）】命令。
- 命令行：MLEADER。

2. 操作过程

执行【多重引线】命令，在图形中单击确定引线箭头位置；然后在打开的文字出入窗口中输入注释内容即可，如图 6-53 所示。命令行如下所示。

```
命令：_mleader                                        // 执行【多重引线】命令
指定引线箭头的位置或 [引线基线优先 (L)/ 内容优先 (C)/ 选项 (O)] <选项>：   // 指定引线箭头位置
指定引线基线的位置：              // 指定基线位置，并输入注释文字，空白处单击即可结束命令
```

3. 结束方法

单击空格键、Enter 键或 Esc 键结束绘制；或单击鼠标右键，在弹出的快捷菜单中选择【确定】选项。

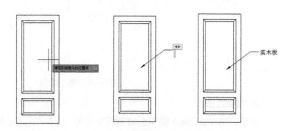

图 6-53 多重引线标注示例

165 添加引线（命令 MLEADEREDIT；按钮 ⌁ ）

1. 启用方法

- 面板：单击【注释】面板中的【添加引线】按钮 ⌁ 。
- 命令行：MLEADEREDIT。

2. 操作过程

执行【添加引线】命令，直接选择要添加引线的【多重引线】，然后在指定引线的箭头放置点即可，如图 6-54 所示。

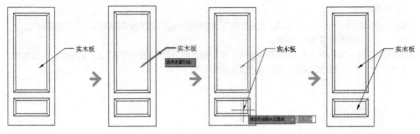

图 6-54 添加引线操作示例

3. 结束方法

单击空格键、Enter 键或 Esc 键结束绘制；或单击鼠标右键，在弹出的快捷菜单中选择【确定】选项。

166 删除引线（命令 MLEADEREDIT；按钮🖈）

1. 启用方法

● 面板：单击【注释】面板中的【删除引线】按钮🖈。

● 命令行：MLEADEREDIT。

2. 操作过程

执行【删除引线】命令，直接选择要删除引线的【多重引线】即可，如图 6-55 所示。

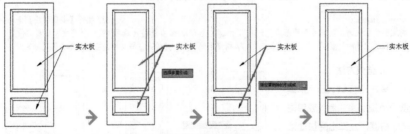

图 6-55 删除引线示例

3. 结束方法

单击空格键、Enter 键或 Esc 键结束绘制；或单击鼠标右键，在弹出的快捷菜单中选择【确定】选项。

167 对齐引线（命令 MLEADERALIGN；按钮🖾）

1. 启用方法

● 面板：单击【注释】面板中的【对齐】按钮🖾。

● 命令行：MLEADERALIGN。

2. 操作过程

执行【对其引线】命令后，选择所有要进行对齐的多重引线，然后单击 Enter 键确认，接着根据提示指定一多重引线，则其余多重引线均对齐至该多重引线，如图 6-56 所示。命令行如下所示。

```
命令：_mleaderalign                    // 执行【对齐引线】命令
选择多重引线：指定对角点：找到 6 个      // 选择所有要进行对齐的多重引线
选择多重引线：                         // 单击 Enter 完成选择
当前模式：使用当前间距                  // 显示当前的对齐设置
选择要对齐到的多重引线或 [ 选项 (0)]：   // 选择作为对齐基准的多重引线
指定方向：                            // 移动光标指定对齐方向，单击左键结束命令
```

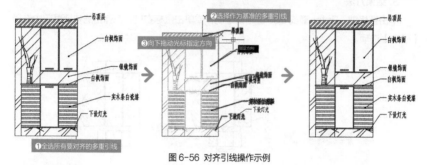

图 6-56 对齐引线操作示例

3. 结束方法

单击空格键、Enter 键或 Esc 键结束绘制；或单击鼠标右键，在弹出的快捷菜中选择【确定】选项。

168 合并引线（命令 MLEADERCOLLECT；按钮 /8 ）

【合并引线】命令可以将包含"块"的多重引线组织成一行或一列，并使用单引线显示结果，多见于机械行业中的装配图。在装配图中，有时会遇到若干个零部件成组出现的情况，如 1 个螺栓，就可能配有 2 个弹性垫圈和 1 个螺母。如果都——对应一条多重引线来表示，那图形就非常凌乱，因此一组紧固件以及装配关系清楚的零件组，可采用公共指引线，如图 6-57 所示。

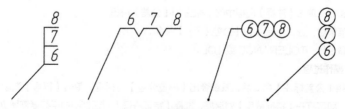

图 6-57 零件组的编号形式

1. 启用方法

- 面板：单击【注释】面板中的【合并】按钮 /8 。
- 命令行：MLEADERCOLLECT。

2. 操作过程

执行【合并引线】命令，选择所有要合并的多重引线，然后单击 Enter 键确认，接着根据提示选择多重引线的排列方式，或直接单击鼠标左键放置多重引线，如图 6-58 所示。命令行如下所示。

```
命令：_mleadercollect                    // 执行【合并引线】命令
选择多重引线：指定对角点：找到 3 个        // 选择所有要进行对齐的多重引线
选择多重引线：1                          // 单击 Enter 键完成选择
指定收集的多重引线位置或［垂直(V)/水平(H)/缠绕(W)］〈水平〉：
                                        // 选择引线排列方式，或单击左键结束命令
```

3. 结束方法

单击空格键、Enter 键或 Esc 键结束绘制；或单击鼠标右键，在弹出的快捷菜单中选择【确定】选项。

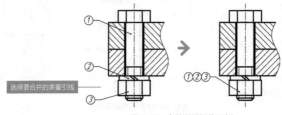

选择要合并的多重引线

图 6-58 合并引线操作示例

6.4 其他标注

这里的其他标注指公差标注、圆心标注以及倾斜标注 3 种。

169 公差标注（命令 TOLERANCE；快捷命令 TOL；按钮⊞）

在机械设计制造过程中，因机械加工水平的限制，不可能制造出尺寸完全精准的零件，加工的零件和设计的零件有一定程度的差异。为保证尺寸差异在一个合理的范围内，就需要在机械图纸上标注出形位公差值。

1. 启用方法

- 面板：单击【注释】面板中的【标注】|【公差】按钮⊞。
- 菜单栏：选择【标注】|【公差（T）】命令。
- 命令行：TOLERANCE 或 TOL。

2. 操作过程

启用【公差标注】命令后，系统弹出【形位公差】对话框，单击【符号】选项区域的小黑框，即可打开【特征符号】对话框，选择【特征符号】对话框中的平行度符号 //；返回【形位公差】对话框，在【公差 1】的文本框中输入数字 0.01，在【基准 1】的文本框中输入字母 A，单击【确认】按钮，完成公差的设置，如图 6-59 所示。

3. 结束方法

单击空格键、Enter 键或 Esc 键结束绘制；或单击鼠标右键，在弹出的快捷菜单中选择【确定】选项。

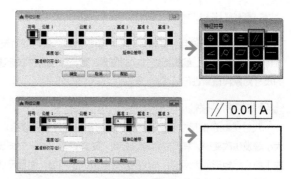

图 6-59 公差标注

170 圆心标注（命令 DIMCENTER；按钮⊙）

1. 启用方法

- 面板：单击【注释】面板中的【标注】|【圆心标记】按钮⊙。
- 菜单栏：选择【标注】|【圆心标记（M）】命令。
- 命令行：DIMCENTER。

2. 操作过程

启用【圆心标注】命令后，选择要标注的对象即可对指定的图形创建圆心标注，如图 6-60 所示。

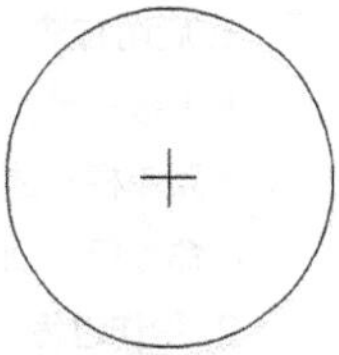

图 6-60 圆心标注

3. 结束方法

单击空格键、Enter 键或 Esc 键结束绘制；或单击鼠标右键，在弹出的快捷菜单中选择【确定】选项。

171 倾斜标注（命令 DIMEDIT；按钮H）

1. 启用方法

- 面板：单击【注释】面板中的【标注】|【倾斜】按钮H。
- 菜单栏：选择【标注】|【倾斜（Q）】命令。
- 命令行：DIMEDIT。

2. 操作过程

倾斜标注是指更改尺寸界限的倾斜角。在进行倾斜标注之前，需要有目标尺寸对象，否则无法进行倾斜标注。

执行【倾斜标注】命令后，选择已有的标注对象并按 Enter 键，再输入倾斜角度（如 60）并按 Enter 键，即可倾斜标注对象，效果如图 6-61 所示。

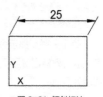

3. 结束方法

单击空格键、Enter 键或 Esc 键结束绘制；或单击鼠标右键，在弹出的快捷菜单中选择【确定】选项。

图 6-61 倾斜标注

6.5 编辑标注对象

在创建尺寸标注后，如未能达到预期的效果，还可以对尺寸标注进行编辑，如修改尺寸标注文字的内容、编辑标注文字的位置、更新标注和关联标注等操作，而不必删除所标注的尺寸对象再重新进行标注。

172 标注的关联性

尺寸关联是指尺寸对象及其标注的对象之间建立了联系，当图形对象的位置、形状、大小等发生改变时，其尺寸对象也会随之动态更新。如一个长 50、宽 30 的矩形，使用【缩放】命令将矩形放大两倍，不仅图形对象放大了两倍，而且尺寸标注也同时放大了两倍，尺寸值变为缩放前的两倍，如图 6-62 所示。

在模型窗口中标注尺寸时，尺寸是自动关联的，无需用户进行关联设置。但是，如果在输入尺寸文字时不使用系统的测量值，而是由用户手工输入尺寸值，那么尺寸文字将不会与图形对象关联。

1. 启用方法

● 面板：单击【注释】面板中的【重新关联】按钮🔁。

● 菜单栏：选择【标注】|【重新关联标注（N）】命令。

● 命令行：DIMREASSOCIATE 或 DRE。

2. 操作过程

执行【重新关联】命令之后，选择需要重新关联的标注并按 Enter 键，然后依次选择需要关联的两点即可。命令行如下所示。

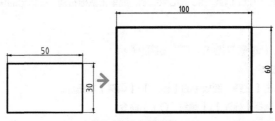

图 6-62 尺寸关联示例

```
命令：_dimreassociate                          // 执行【重新关联】命令
选择要重新关联的标注
选择对象或［解除关联(D)］：找到 1 个           // 选择要建立关联的尺寸
选择对象或［解除关联(D)］：
指定第一个尺寸界线原点或［选择对象(S)］〈下一个〉：  // 选择要关联的第一点
指定第二个尺寸界线原点〈下一个〉：               // 选择要关联的第二点
```

每个关联点提示旁边都会显示有一个标记，如果当前标注的定义点与几何对象之间没有关联，则标记将显示为蓝色的"╳"；如果定义点与几何对象之间已有了关联，则标记将显示为蓝色的"⊠"。

对于已经建立了关联的尺寸对象及其图形对象，可以用【解除关联】命令解除尺寸与图形的关联性。解除标注关联后，对图形对象进行修改，尺寸对象不会发生任何变化。因为尺寸对象已经和图形对象彼此独立，没有任何关联关系了。

3. 结束方法

单击空格键、Enter 键或 Esc 键结束绘制；或单击鼠标右键，在弹出的快捷菜单中选择【确定】选项。

173 编辑标注文字

调用【对齐标注文字】命令可以调整标注文字在标注上的位置。

1. 启用方法

● 面板：单击【注释】面板中的【文字角度】按钮、【左对正】按钮、【居中对正】按钮、【右对正】按钮等。

● 菜单栏：选择【标注】|【对齐文字（X）】命令。

● 命令行：DIMTEDIT。

2. 操作过程

启用【对齐文字】命令后，根据需要选择左对齐、右对齐、居中、角度等操作即可，如图 6-63 所示。命令行如下所示。

```
命令：_dimtedit
选择标注：                                    // 选择已有的标注作为编辑对象
为标注文字指定新位置或 [左对齐(L)/右对齐(R)/居中(C)/默认(H)/角度(A)]：// 指定编辑标注文字选项
标注已解除关联                                // 显示编辑标注文字结果信息
```

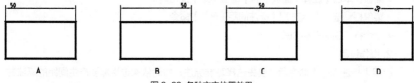

图 6-63 各种文字位置效果

3. 结束方法

单击空格键、Enter 键或 Esc 键结束绘制；或单击鼠标右键，在弹出的快捷菜单中选择【确定】选项。

174 翻转标注箭头

当尺寸界限内的空间狭窄时，可使用翻转箭头将尺寸箭头翻转到尺寸界限之外，使尺寸标注更清晰。选中需要翻转箭头的标注，则标注会以夹点形式显示，指针移到尺寸线夹点上，弹出快捷菜单，选择其中的【翻转箭头】命令即可翻转该侧的一个箭头。使用同样的操作翻转另一端的箭头，操作示例如图 6-64 所示。

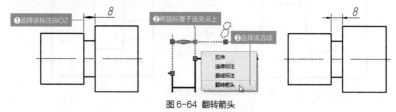

图 6-64 翻转箭头

175 使用【特性】选项板编辑标注

　　【特性】选项板也可以编辑标注尺寸。按 Ctrl+1 快捷键打开【特性】选项板，然后选择需要编辑的标注即可对标注文字、箭头等特性进行修改，如图 6-65 所示。使用【特性】选项板编辑对象属性时，如果选择多个对象，【特性】选项板将显示所有对象的公共特性。

图 6-65　特性选项板编辑标注

176 标注间距

　　在 AutoCAD 中进行基线标注时，如果没有设置合适的基线间距，可能使尺寸线之间的间距过大或过小，利用【调整间距】命令，可调整互相平行的线性尺寸或角度尺寸之间的距离。

1. 启用方法

- 面板：单击【注释】面板中的【调整间距】按钮 。
- 菜单栏：选择【标注】|【标注间距（P）】命令。
- 命令行：DIMSPACE。

2. 操作过程

　　启用【标注间距】命令后，首先选择基准标注，然后依次选择需要产生间距的标注并按 Enter 键，最后输入间距值并按 Enter 键即可，如图 6-66 所示，命令行如下所示。

```
命令：_DIMSPACE                              // 执行【标注间距】命令
选择基准标注：                               // 选择尺寸 29
选择要产生间距的标注：找到 1 个              // 选择尺寸 49
选择要产生间距的标注：找到 1 个，总计 2 个   // 选择尺寸 69
选择要产生间距的标注：                       // 单击 Enter 键，结束选择
输入值或 [ 自动 (A)] < 自动 >：10            // 输入间距值
```

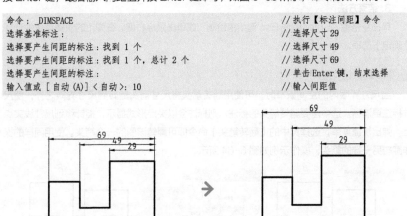

图 6-66　调整标注间距的效果

3. 结束方法

单击空格键、Enter 键或 Esc 键结束绘制；或单击鼠标右键，在弹出的快捷菜单中选择
【确定】选项。

177 标注打断

在图纸标注繁多的情况下，过于密集的标注线会影响图纸的观察效果，甚至让用户混
淆尺寸，引起疏漏，造成损失。因此为了使图纸尺寸结构清晰，可使用【标注打断】命令在
标注线交叉的位置将其打断。

1. 启用方法

- 面板：单击【注释】面板中的【打断】按钮 。
- 菜单栏：选择【标注】|【标注打断（K）】命令。
- 命令行：DIMBREAK。

2. 操作过程

启用【标注打断】命令后，选择需要打断的标注，然后选择需要打断标注的对象（命
令栏显示 [自动（A）/ 手动（M）/ 删除（R）]< 自动 > ）并按 Enter 键即可，如图 6-67 所示。
命令行如下所示。

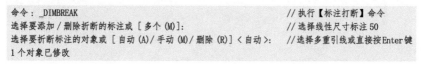

```
命令：_DIMBREAK                                           // 执行【标注打断】命令
选择要添加 / 删除折断的标注或 [ 多个 (M)]：                 // 选择线性尺寸标注 50
选择要折断标注的对象或 [ 自动 (A)/ 手动 (M)/ 删除 (R)] < 自动 >：  // 选择多重引线或直接按 Enter 键
1 个对象已修改
```

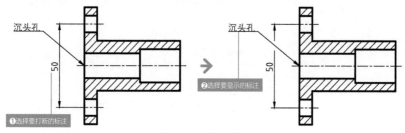

图 6-67 标注打断操作示例

3. 结束方法

单击空格键、Enter 键或 Esc 键结束绘制；或单击鼠标右键，在弹出的快捷菜单中选择
【确定】选项。

178 折弯线性

1. 启用方法

- 面板：单击【注释】面板中的【折弯标注】按钮 。
- 菜单栏：选择【标注】|【折弯线性（J）】命令。
- 命令行：DIMJOGLINE。

2. 操作过程

启用【折弯线性】命令后，执行上述任一命令后，选择需要添加折弯的线性标注或对齐标注，然后指定折弯位置即可，如图 6-68 所示。命令行如下所示。

```
命令：_DIMJOGLINE                                // 执行【折弯线性】标注命令
选择要添加折弯的标注或［删除 (R)］：              // 选择要折弯的标注
指定折弯位置（或按 Enter 键）：                    // 指定折弯位置，结束命令
```

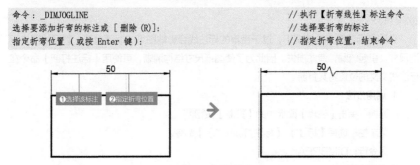

图 6-68 折弯线性标注

3. 结束方法

单击空格键、Enter 键或 Esc 键结束绘制；或单击鼠标右键，在弹出的快捷菜单中选择【确定】选项。

文字和表格是 AutoCAD 中重要的图形元素之一，文字可以对图形加以具体的说明，使图形更加易懂，而表格则可以更清晰、简洁地将一些图形信息归纳集中，便于读者查看参考。本章主要介绍文字与表格的创建和编辑方法。

7.1 创建、编辑单行文字

单行文字就是指输入的文字每一行就是一个单独的整体。使用单行文字主要用来创建文字内容比较少的文本对象，如标签、标注文字等。

179 创建文字样式

1. 启用方法
● 面板：单击【注释】面板中的【文字样式】按钮 🄰。
● 菜单栏：选择【格式】|【文字样式（S）】命令。
● 命令行：STYLE 或 ST。

2. 操作过程
执行【文字样式】命令后，系统弹出【文字样式】对话框，如图 7-1 所示，可以在其中新建或修改当前文字样式，以指定字体、高度等参数。

3. 结束方法
单击对话框的【应用（A）】按钮或【取消】按钮或【关闭】图标 ❌。

图 7-1 文字样式对话框

> 🄰 **技能点拨**
>
> 在【文字样式】对话框中修改的文字效果，仅对单行文字有效果。用户如果使用的是多行文字创建的内容，则无法通过更改【文字样式】对话框中的设置来达到相应效果，如倾斜、颠倒等。

180 创建单行文字（命令 TEXT；快捷命令 DT；按钮 🄰）

1. 启用方法
● 面板：单击【注释】面板中的【单行文字】按钮 🄰。
● 菜单栏：选择【绘图】|【文字】|【单行文字（S）】命令。
● 命令行：TEXT 或 DTEXT 或 DT。

2. 操作过程
启用【单行文字】命令后，依次指定文字起点（用于指定文字的插入位置，在文字对象的左下角点）、文字高度（此提示只有在当前文字样式的字高为 0 时才显示）和文字旋转角度。设置完成后，绘图区域将出现一个带光标的矩形框，在其中输入相关文字即可。在输入单行文字时，按 Enter 键不会结束文字的输入，而是表示换行，且行与行之间还是互相独立存在的；在空白处单击左键则会新建另一处单行文字。

3. 结束方法

只有按快捷键 Ctrl+Enter 才能结束单行文字的输入；或在空白处单击左键，另起一处单行文字，按 Esc 键取消。

181 编辑单行文字

1. 启用方法

- 菜单栏：选择【修改】|【对象】|【文字】|【编辑】命令。
- 命令行：DDEDIT 或 ED。
- 快捷操作：双击需要修改的单行文字。

2. 操作过程

执行【编辑文字】命令后，文字将变成可输入状态。此时可以重新输入需要的文字内容，然后按 Enter 键确定即可。

3. 结束方法

单击 Enter 键或 Esc 键结束绘制；或单击鼠标右键，在弹出的快捷菜单中选择【取消】选项。

182 编辑单行文字的对正方式

1. 启用方法

- 菜单栏：选择【修改】|【对象】|【文字】|【对正（J）】命令。
- 命令行：JUSTIFYTEXT。

2. 操作过程

执行【文字对正】命令后，选择需要对正的文字对象并按 Enter 键，系统弹出选项板，如图 7-2 所示，接着选择相应的对正方式命令选项，即可更改文字的对正点。对齐方位示意图如图 7-3 所示。

3. 结束方法

单击空格键、Enter 键或 Esc 键结束绘制。

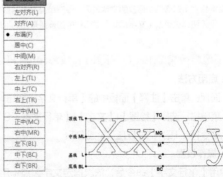

图 7-2 对正命令选项板　　　图 7-3 对齐方位示意图

7.2 创建、编辑多行文字

【多行文字】又称为段落文字，是一种更易于管理的文字对象，可以由两行（合）以上的文字组成，而且各行文字都是作为一个整体处理。在制图中常使用多行文字功能创建较为复杂的文字说明，如图样的工程说明或技术要求等。与【单行文字】相比，【多行文字】格式更工整规范，可以对文字进行更为复杂的编辑，如为文字添加下画线、设置文字段落对齐方式、为段落添加编号和项目符号等。

183 创建多行文字（命令 MTEXT；快捷命令 MT 或 T；按钮A）

1. 启用方法

- 面板：单击【注释】面板中的【多行文字】按钮A。
- 菜单栏：选择【绘图】|【文字】|【多行文字（M）】命令。
- 命令行：MTEXT 或 MT 或 T。

2. 操作过程

启动【多行文字】命令，在指定了输入文字的对角点之后，弹出图 7-4 所示的【文字编辑器】选项卡和编辑框，可以在编辑框中输入、插入文字。

图 7-4 多行文字编辑器及标尺功能

3. 结束方法

单击"关闭文字编辑器"按钮✕或者在绘图区空白处单击即可退出该命令。

184 添加特殊字符

1. 启用方法

- 面板：单击【文字编辑器】选项板中【插入】面板上的【符号】按钮。
- 在编辑状态下单击鼠标右键，在弹出的快捷菜单中选择【符号】命令。

2. 操作过程

两种方法启动【特殊字符】命令后，根据选项板所示选择需要的字符，如图 7-5、图 7-6 所示。

3. 结束方法

单击空格键、Enter 键或 Esc 键结束。

图 7-5 在【符号】下拉列表中选择符号　　　　图 7-6 使用快捷菜单输入特殊符号

185 创建堆叠文字

【堆叠文字】是指应用于多行文字对象和多重引线中的字符的分数和公差格式。创建堆叠文字的方式可以通过以下 3 种特殊字符来确定，如图 7-7 所示。

● 斜杠（/）：以垂直方式堆叠文字，由水平线分割。

$$14 \ 1/2 \quad \rightarrow \quad 14 \frac{1}{2}$$

● 磅字符（#）：以对角形式堆叠文字，由对角线分割。

$$14 \ 1\hat{\ }2 \quad \rightarrow \quad 14 \frac{1}{2}$$

● 插入符号（^）：创建公差堆叠（垂直堆叠，且不用直线分割）。

$$14 \ 1\#2 \quad \rightarrow \quad 14 \frac{1}{2}$$

图 7-7 文字堆叠效果

1. 启用方法

● 【文字编辑器】面板：单击【格式】栏中的【堆叠】按钮。

2. 操作过程

选择堆叠文字，单击【文字格式】编辑器中的【堆叠】按钮，文字自动更新为堆叠字体，如图 7-8 所示。

3. 结束方法

单击【关闭文字编辑器】按钮或者在绘图区空白处单击即可退出该命令。

图 7-8 文字堆叠步骤

186 编辑多行文字

1. 启用方法

● 双击需要编辑的多行文字，激活【文字格式】编辑器。选择需要编辑的内容，然后在【文字格式】编辑器选项中进行相应选项参数的修改即可。

2. 操作过程

`01` 启动【编辑多行文字】命令后，拖动标尺即可调整文字宽度，如图 7-9 所示。

`02` 选择【说明】文字，在【文字格式】编辑器中的【文字高度】文本框中输入参数（如 5），如图 7-10 所示。

`03` 选择其他文字，单击【编号】下拉按钮，在下拉列表中选择【以数字标记】选项，如图 7-11 所示。

`04` 选择【建筑结构图】文字，在颜色列表中选择红色，标记重要文字，如图 7-12 所示。

图 7-9 拖动标尺调整文字宽度

图 7-10 更改文字大小

图 7-11 对文字进行编号

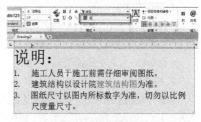

图 7-12 标记重要文字

3. 结束方法

单击【关闭文字编辑器】按钮❌或者在绘图区空白处单击即可退出该命令。

7.3 创建、编辑表格（命令 TABLE；快捷命令 TB；按钮▦）

表格在各类制图中的运用非常普遍，主要用来展示与图形相关的标准、数据信息、材料和装配信息等内容。使用 AutoCAD 的表格功能，能够自动地创建和编辑表格，其操作方法与 Word、Excel 相似。

187 创建表格样式

1. 启用方法

● 面板：在【默认】选项卡中，单击【注释】滑出面板上的【表格样式】按钮▦。

● 菜单栏：选择【格式】|【表格样式】命令。

● 命令行：TABLESTYLE 或 TS。

2. 操作过程

启用【表格样式】命令后，系统弹出【表格样式】对话框，单击【新建】按钮，即可打开【创建新的表格样式】对话框。在【创建新的表格样式】对话框中单击【继续】按钮，即可创建新的表格样式，如图 7-13 所示。

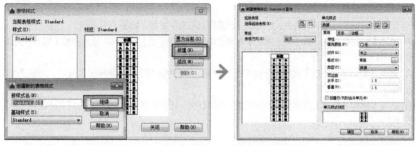

图 7-13 创建表格样式

3. 结束方法

单击对话框中的【确定】按钮或【关闭】图标 ✕。

188 插入表格

1. 启用方法

● 面板：单击【注释】|【表格】按钮▦。

● 菜单栏：选择【绘图】|【表格】命令。

● 命令行：TABLE 或 TB。

2. 操作过程

启用【表格】命令后，系统弹出【插入表格】对话框。依次选择插入方式（如【指定插入点】）、输入列和行的各项参数（如列数 2、列宽 50、行数 2、行高 1 行），然后按【确认】按钮。对话框自动隐藏，在绘图区指定表格的插入位置即可，如图 7-14 所示。

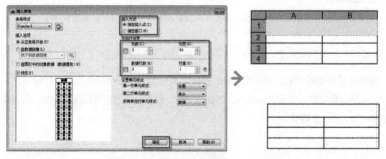

图 7-14 插入表格

3. 结束方法

按快捷键 Ctrl+Enter 结束，或在空白处单击左键结束绘制。

189 添加表格内容

创建表格后，该如何输入文字或数据？

单击表格（即选中表格），双击某单元格即可激活【文字格式】编辑器，在其中输入文字即可，如图 7-15 所示。

在 AutoCAD 中创建表格后，默认激活标题栏的【文字格式】编辑器，用户按照多行文字的方式录入、编辑即可。按 Enter 键可切换至下一个单元格，完成后在绘图区空白处单击，退出文字编辑状态。

图 7-15 添加表格内容

190 如何调整表格的行高与列宽

创建表格后，有两种方法可以调整行高和列宽。

方法一：选择所需调整的表格或单元格然后单击鼠标右键，在弹出的快捷菜单中单击【特性】命令，然后打开【特性】选项板。在该选项板中可设置表格的单元样式、行宽、列高、字体对齐方式等内容，如图 7-16 所示。

方法二：使用功能夹点更改表格的高度或宽度，如图 7-17 所示。此方法只有与所选夹点相邻的行或列会更改，表格的高度或宽度保持不变。要根据正在编辑的行或列的大小按比例更改表格的大小，在使用列夹点时需按住 Ctrl 键。

图 7-16 拖动标尺调整文字宽度

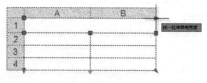

图 7-17 更改文字大小

191 如何在表格中插入行与列

选择某单元格，即可激活【表格】工具栏，如图 7-18 所示。用户可以单击工具栏中的【在上方插入行】按钮或是【在下方插入行】按钮；也可以单击【在左侧插入列】按钮或是【在右侧插入列】按钮来完成操作。

图 7-18 在表格中插入行与列

192 如何删除表格中多余的行与列

创建表格并完成表格文字的录入后如果发现有多余的行或列，或者误插了行或列，这就需要删除表格中多余的行或列。

单击选择所需要删除的行或列，激活【表格】工具栏，然后单击【删除行】按钮■或者【删除列】按钮■，即可将所选的单元格所处的那一行或列删除。

> 🄰 **技能点拨**
>
> 窗交选择需要删除的单元格，然后按Delete键是删除单元格的文字内容，而不是删除单元格。

193 如何合并单元格

在制作表格时，根据填写的内容，有时需要将多个单元格合并为一个单元格。

合并包括【全部合并】、【按行合并】和【按列合并】。选择需要合并的单元格，激活【表格】工具栏，单击【合并单元格】按钮，在下拉列表中选择需要的合并方式即可，如图 7-19 所示。

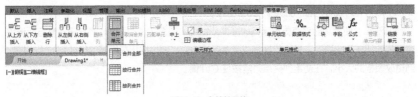

图 7-19 合并单元格

194 表格文字的对齐方式

一般创建表格样式时，可以先设置文字的对齐方式。如果用户没有设置表格样式而创建了表格，那么录入的文字默认是在单元格的中上位置。选择需要调整文字位置的单元格，激活【表格】工具栏，单击【正中】按钮，在下拉列表中选择需要对齐的方式即可，如图 7-20 所示。

图 7-20 表格文字的对齐方式

195 如何将 Excel 表格导入

AutoCAD 程序具有完善的图形绘制功能、强大的图形编辑功能。尽管还有文字与表格的处理能力，但相对于专业的数据处理、统计分析和辅助决策的 Excel 软件来说功能还是很弱。如果将 Word、Excel 等文档中的表格数据选择性粘贴插入到 AutoCAD 程序中，且插入后的表格数据也会以表格的形式显示于绘图区，这样就能极大地方便用户整理。

1. 启用方法

● 菜单栏：选择【编辑】|【选择性粘贴（S）】命令。

2. 操作过程

`01` 打开 Excel 表格，选择需要导入的部分并执行复制操作。

`02` 打开 AutoCAD，在菜单栏中单击【编辑】下拉列表中的【选择性粘贴】，弹出【选择性粘贴】对话框。

`03` 选择【AutoCAD 图元】选项，并按【确定】按钮，如图 7-21 所示。

`04` 在绘图区指定插入表格的位置即可。

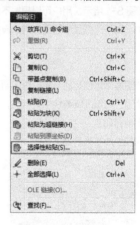

图 7-21 选择性粘贴

3. 结束方法

单击空格键、Enter 键或 Esc 键结束绘制。

第 8 章

图层与图层特性类命令

图层是 AutoCAD 系统提供的进行分类管理的工具,利用图层的特性,如颜色、线宽、线型等,可以非常方便地区分不同的对象。熟练掌握并使用图层,能有效提高工作效率。本章主要介绍图层的操作方法、图层的状态控制以及管理的方法和技巧。

8.1 什么是图层

196 图层概述

AutoCAD 图层相当于传统图纸中使用的重叠图纸。它就如同一张张透明的图纸,整个 AutoCAD 文档就是由若干透明图纸上下叠加的结果,如图 8-1 所示。用户可以根据不同的特征、类别或用途,将图形对象分类组织到不同的图层中。同一个图层中的图形对象具有许多相同的外观属性,如线宽、颜色、线型等。

AutoCAD 中的图层具有以下特点:

- 在一幅图形中可以创建任意多个图层,而且每一个图层中可创建的对象没有限制。
- 每一个图层都应有一个名称,系统自动创建层名为 0,如果图纸或块中有标注,系统会自动设置标注点的 Defpoints 图层,该图层只能显示不能打印。
- 每一个图层都可以设置为当前层,新绘制的图形只能生成在当前层上。

- 通常情况下,同一个图层上的对象只能为同一种颜色、同一种线型,但是在绘图过程中,可以根据需要随时改变各图层的颜色、线型。

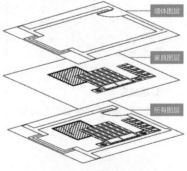

- 可以对一个图层进行打开、关闭、冻结、解冻、锁定、解锁等状态的操作。
- 如果重命名某个图层并更改其特性,则可恢复除原始图层名外的所有原始特性。
- 如果删除或清理某个图层,则无法恢复该图层。

图 8-1 图层的原理

197 图层特性管理器

【图层特性管理器】选项板主要分为【图层树状区】与【图层设置区】两部分,如图 8-2 所示。

【图层树状区】用于显示图形中图层和过滤器的层次结构列表,其中【全部】用于显示图形中所有的图层,而【所有使用的图层】过滤器则为只读过滤器,过滤器按字母顺序进行显示。

【图层设置区】具有搜索、创建、删除图层等功能，并能显示图层具体的特性与说明。

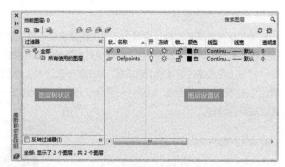

图 8-2 图层特性管理器

8.2 图层的基本操作

图层的新建、设置等操作通常在【图层特性管理器】选项板中进行。此外，用户也可以使用【图层】面板或【图层】工具栏快速管理图层。【图层特性管理器】选项板中可以控制图层的颜色、线型、线宽、透明度、是否打印等。

198 新建图层

1. 启用方法

- 面板：单击【图层】面板上的【图层特性】按钮。
- 菜单栏：选择【格式】|【图层（L）】命令。
- 命令行：LAYER 或 LA。

2. 操作过程

执行【图层】命令后，弹出【图层特性管理器】选项板，如图 8-3 所示，单击对话框上方的【新建】按钮，即可新建一个图层项目。默认情况下，创建的图层会依次以"图层1""图层2"等按顺序进行命名，用户也可以自行输入易辨别的名称，如"轮廓线""中心线"等。输入图层名称之后，依次设置该图层对应的颜色、线型、线宽等特性。

设置为当前的图层项目前会出现✓符号。图 8-4 所示为将粗实线图层置为当前图层，颜色设置为红色、线型为实线，线宽为 0.3mm 的结果。

图 8-3 【图层特性管理器】选项板

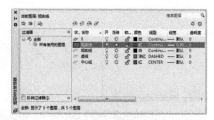

图 8-4 粗实线图层

3. 结束方法

单击【图形特性管理器】左上角的【关闭】图标 ✕。

199 设置图层的颜色

为了区分不同的对象，通常为不同的图层设置不同的颜色。设置图层颜色之后，该图层上的所有对象均显示为该颜色（修改了对象特性的图形除外）。

打开【图层特性管理器】选项板，单击某一图层对应的【颜色】项目，如图 8-5 所示，弹出【选择颜色】对话框，如图 8-6 所示。在调色板中选择一种颜色，单击【确定】按钮，即完成颜色设置。

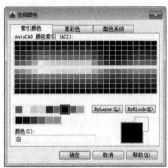

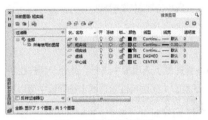

图 8-5 单击图层颜色项目   图 8-6 【选择颜色】对话框

200 设置图层的线型样式

线型是指图形基本元素中线条的组成和显示方式，如实线、中心线、点画线、虚线等。通过线型的区别，可以直观判断图形对象的类别。在 AutoCAD 中默认的线型是实线（Continuous），其他的线型需要加载才能使用。

在【图层特性管理器】选项板中，单击某一图层对应的【线型】项目，弹出【选择线型】对话框，如图 8-7 所示。在默认状态下，【选择线型】对话框中只有 Continuous 一种线型。如果要使用其他线型，必须进行加载。单击【加载】按钮，弹出【加载或重载线型】对话框，如图 8-8 所示，从对话框中选择要使用的线型，单击【确定】按钮，完成线型加载。

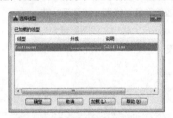 

图 8-7 【选择线型】对话框   图 8-8 【加载或重载线型】对话框

201 设置图层的线宽

在【图层特性管理器】选项板中，单击某一图层对应的【线宽】项目，弹出【线宽】对话框，如图 8-9 所示，从中选择所需的线宽即可。

如果需要自定义线宽，在命令行中输入 LWEIGHT 或 LW 并按 Enter 键，弹出【线宽设置】对话框，如图 8-10 所示，通过调整线宽比例，可使图形中的线宽显示得更宽或更窄。

图 8-9 【线宽】对话框

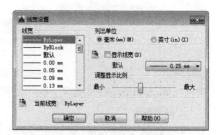

图 8-10 【线宽设置】对话框

202 设置图层的线型比例

对于某些特殊的线型，更改线性的比例将产生不同的线型效果。但在图形显示时，往往会将点画线显示为实线。这时可以通过更改线型比例达到修改线型效果的目的。

在菜单栏中，执行【格式】|【线型】命令，打开【线型管理器】对话框。在【全局比例因子】文本框中输入比例因子参数，然后单击【确定】按钮即可，如图 8-11 所示。

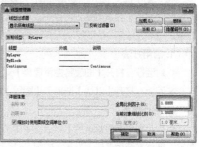

图 8-11 图层特性管理器

8.3 图层的管理与控制

在 AutoCAD 中，还可以对图层进行隐藏、冻结以及锁定等其他操作，这样在使用 AutoCAD 绘制复杂的图形对象时，就可以有效地减少误操作，提高绘图效率。

203 打开与关闭图层

1. 启用方法

● 对话框：打开【图层特性管理器】对话框。

● 面板：打开【默认】选项卡【图层】面板中的【图层控制】下拉列表。

2. 操作过程

● 在【图层特性管理器】对话框中选中要关闭的图层，单击 ♀ 按钮即可关闭选择图层，图层被关闭后该按钮将显示为 ♀，表明该图层已经被关闭，如图 8-12 所示。

● 在【默认】选项卡中，打开【图层】面板中的【图层控制】下拉列表，单击目标图层 ♀ 按钮即可关闭图层，如图 8-13 所示。

● 当关闭的图层为【当前图层】时，将弹出图 8-14 所示的确认对话框，此时单击【关闭当前图层】链接即可。如果要恢复关闭的图层，重复以上操作，单击图层前的【关闭】图标 ♀ 即可打开图层。

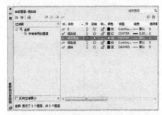  

图 8-12 通过图层特性管理器关闭图层　　图 8-13 通过功能面板图标关闭图层　　图 8-14 确认关闭当前图层

3. 结束方法

单击【图形特性管理器】左上角的【关闭】图标 ✕。

204 冻结与解冻图层

将长期不需要显示的图层冻结，可以提高系统运行速度，减少了图形刷新的时间，因为这些图层将不会被加载到内存中。AutoCAD 不会在被冻结的图层上显示、打印或重生成对象。

1. 启用方法

● 对话框：打开【图层特性管理器】对话框。

● 面板：打开【默认】选项卡【图层】面板中的【图层控制】下拉列表。

2. 操作过程

● 在【图层特性管理器】对话框中单击要冻结的图层前的【冻结】按钮 ☼，即可冻结该图层，图层冻结后将显示为 ❆，如图 8-15 所示。

● 在【默认】选项卡中，打开【图层】面板中的【图层控制】下拉列表，单击目标图层 ☼ 按钮，如图 8-16 所示。

● 如果要冻结的图层为【当前图层】时，将弹出图 8-17 所示的对话框，提示无法冻结【当前图层】，此时需要将其他图层设置为【当前图层】才能冻结该图层。如果要恢复冻结的图层，重复以上操作，单击图层前的【解冻】图标 ❆ 即可解冻图层。

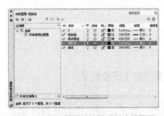  

图 8-15 通过图层特性管理器冻结图层　　图 8-16 通过功能面板图标冻结图层　　图 8-17 图层无法冻结

3. 结束方法

单击【图形特性管理器】左上角的【关闭】图标 ✕。

205 锁定与解锁图层

如果某个图层上的对象只需要显示、不需要选择和编辑，那么可以锁定该图层。被锁定图层上的对象仍然可见，但会淡化显示，而且可以被选择、标注和测量，但不能被编辑、修改和删除，另外还可以在该层上添加新的图形对象。因此使用 AutoCAD 绘图时，可以将中心线、辅助线等基准线条所在的图层锁定。

1. 启用方法

- 对话框：打开【图层特性管理器】对话框。
- 面板：打开【默认】选项卡【图层】面板中的【图层控制】下拉列表。

2. 操作过程

- 在【图层特性管理器】对话框中单击【锁定】图标 ◨，即可锁定该图层，图层锁定后该图标将显示为 ▥，如图 8-18 所示。
- 在【默认】选项卡中，打开【图层】面板中的【图层控制】下拉列表，单击 ◨ 图标即可锁定该图层，如图 8-19 所示。
- 如果要解除图层锁定，重复以上的操作单击【解锁】按钮 ▥，即可解锁已经锁定的图层。

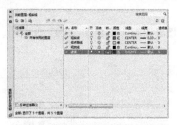

图 8-18 通过图层特性管理器锁定图层

图 8-19 通过功能面板图标锁定图层

3. 结束方法

单击【图形特性管理器】左上角的【关闭】图标 ✖。

206 如何重命名图层

当用户创建了新图层后，需要对其重新命名，便于统一管理。可以用过以下 3 种方法更改图层名称。

- 选择目标图层的名称，然后单击名称，即可进入编辑状态更改名称。
- 选择目标图层，按快捷键 F2 即可快速编辑名称。
- 选择图层并单击鼠标右键，在弹出的快捷菜单中选择【重新命名】选项即可更改名称。

207 如何删除多余的图层

在图层创建过程中，如果新建了多余的图层，此时可以在【图层特性管理器】选项板中单击【删除】按钮 ⬚ 将其删除，但 AutoCAD 规定以下 4 类图层不能被删除，如下所述。

- 图层 0 层 Defpoints。
- 当前图层。要删除当前层，可以改变当前层到其他层。
- 包含对象的图层。要删除该层，必须先删除该层中所有的图形对象。
- 依赖外部参照的图层。要删除该层，必先删除外部参照。

对于当前图层无法删除，可以更改当前图层再实行删除操作；对于包含对象或依赖外部参照的图层实行移动操作比较困难，用户可以使用"图层转换"或"图层合并"的方式删除。

208 如何将图层设置为当前图层

当前图层是当前工作状态下所处的图层。设定某一图层为当前图层之后，接下来所绘制的对象都位于该图层中。如果要在其他图层中绘图，就需要更改当前图层。

1. 启用方法

- 对话框：打开【图层特性管理器】对话框。
- 面板：打开【默认】选项卡【图层】面板中的【图层控制】下拉列表。
- 命令行：CLAYER。

2. 操作过程

- 在【图层特性管理器】选项板中选择目标图层，单击【置为当前】按钮 ，如图 8-20 所示。被置为当前的图层在项目中会出现✔符号。
- 在【默认】选项卡中，单击【图层】面板中【图层控制】下拉列表，在其中选择需要的图层，即可将其设置为当前图层，如图 8-21 所示。或者单击【图层】面板中【置为当前】按钮 置为当前 即可。
- 在命令行中输入 CLAYER 命令，然后输入图层名称，即可将该图层置为当前。

3. 结束方法

单击【图形特性管理器】左上角的【关闭】图标 ×；或按 Esc 键或 Enter 键结束命令。

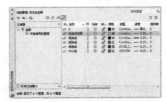 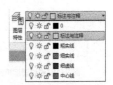

图 8-20 【图层特性管理器】中置为当前　　图 8-21 【图层控制】下拉列表

209 如何将不同特性的图层合并为一个图层

1. 启用方法

- 菜单栏：选择【格式】|【图层工具】|【图层合并（E）】。
- 面板：单击【默认】选项卡【图层】面板中的【合并】按钮 。
- 命令行：LAYMRG。

2. 操作过程

01 执行【合并图层】命令后，选择需要合并的对象（可多个）并按 Enter 键。

02 接着选择需要合并的目标对象并按 Enter 键。

03 系统弹出文本窗口，关闭窗口，在弹出的"是否继续？"浮动快捷菜单选项中选"是"即可，如图 8-22 所示。

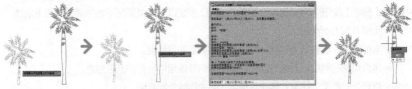

图 8-22 合并图层步骤

3. 结束方法

按 Esc 键、Enter 键或空格键结束命令。

210 如何将某图层上的对象转换至另一图层

在绘图过程中容易忽略所绘制对象的图层，此时可以将一个图层中的图形转换到另一个图层中。例如，将图层 1 中的图形转换到图层 2 中去，被改变后的图形颜色、线型、线宽将拥有图层 2 的属性。

选择需要将对象转换至目标对象的源对象，然后在"图层"工具栏下拉列表中选择目标图层，即可将源对象转换至目标图层。

211 如何匹配图层特性

如果在错误的图层上创建了对象，通过图层的【匹配】命令，可以通过选择目标图层上的对象来更改该对象的图层。

1. 启用方法

- 菜单栏：选择【格式】|【图层工具】|【图层匹配（M）】。
- 面板：单击【默认】选项卡【图层】面板中的【匹配图层】按钮 。
- 命令行：LAYMCH。

2. 操作过程

在菜单栏中执行【图层匹配】命令后，选择源对象，接着选择目标对象即可（源对象只有一个，目标对象可以有多个）。

3. 结束方法

按 Esc 键、Enter 键或空格键结束命令。

8.4 更改图形的特性

在用户确实需要的情况下，可以通过【特性】面板或工具栏为所选择的图形对象单独设置特性，绘制出既属于当前层，又具有不同于当前层特性的图形对象。

212 改变图形的颜色

默认设置下，对象颜色的特性为 ByLayer（随图层），即与所在图层一致，这种情况下绘制的对象将使用当前图层的特性，通过颜色特性的下拉列表框，可以修改图形的颜色，如图 8-23 所示。

图 8-23 调整颜色

213 改变图形的线型

默认设置下，对象线宽的特性为 ByLayer（随图层），即与所在图层一致，这种情况下绘制的对象将使用当前图层的特性，通过线型特性的下拉列表框，可以修改图形的线型，如图 8-24 所示。

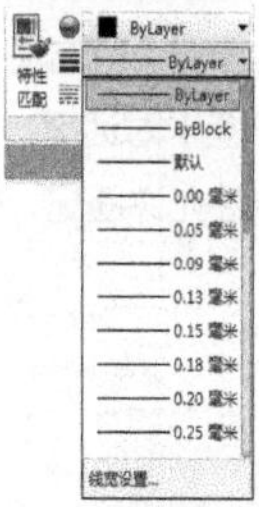

图 8-24 调整线型

214 改变图形的线宽

默认设置下，对象线型的特性为 ByLayer（随图层），即与所在图层一致，这种情况下绘制的对象将使用当前图层的特性，通过线宽特性的下拉列表框，可以修改图形的线宽，如图 8-25 所示。

图8-25 调整线宽

8.5 特性匹配

特性匹配的功能就如同 Office 软件中的"格式刷"一样，可以把一个图形对象（源对象）的特性完全"继承"给另外一个（或一组）图形对象（目标对象），使这些图形对象的部分或全部特性和源对象相同。

215 匹配所有属性

1. 启用方法

● 菜单栏：选择【修改】|【特性匹配（M）】。
● 面板：单击【默认】选项卡【特性】面板中的【特性匹配】按钮。
● 命令行：MATCHPROP 或 MA。

2. 操作过程

启动【特性匹配】命令后，根据命令行提示选择源对象，完成后光标变成格式刷形状，然后选择目标对象即可完成匹配所有属性操作，如图 8-26 所示。

3. 结束方法

按 Esc 键、Enter 键或空格键结束命令。

图 8-26 特性匹配的操作步骤

216 匹配指定属性

通常，源对象可供匹配的特性很多，选择【设置】备选项，将弹出图 8-27 所示的【特性设置】对话框。在该对话框中，可以设置哪些特性允许匹配，哪些特性不允许匹配。

图 8-27 【特性设置】对话框

块、外部参照与设计中心 第 **9** 章

在实际制图中，常常需要用到同样的图形，例如，机械设计中的粗糙度符号，室内设计中的门、床、家居、电器等。如果每次都重新绘制，不但浪费了大量的时间，同时也降低了工作效率。因此，AutoCAD 提供了图块的功能，用户可以将一些经常使用的图形对象定义为图块。当需要重新利用到这些图形时，只需要按合适的比例插入相应的图块到指定的位置即可。

在设计过程中，我们会反复调用图形文件、样式、图块、标注、线型等内容，为了提高 AutoCAD 系统的效率，AutoCAD 提供了设计中心这一资源管理工具，对这些资源进行分门别类地管理。

9.1 创建与插入块

217 什么是块

块是由多个对象组成的集合并具有块名。通过建立图块，用户可以将多个对象作为一个整体来操作。在 AutoCAD 中，使用图块可以提高绘图效率、节省存储空间，同时还便于修改和重新定义图块。图块的特点具体解释如下。

● 提高绘图效率：使用 AutoCAD 进行绘图过程中，经常需绘制一些重复出现的图形，如建筑工程图中的门和窗等，如果把这些图形做成图块并以文件的形式保存在电脑中，当需要调用时再将其调入到图形文件中，就可以避免大量的重复工作，从而提高工作效率。

● 节省存储空间：AutoCAD 要保存图形中的每一个相关信息，如对象的图层、线型和颜色等，都占用大量的空间，可以把这些相同的图形先定义成一个块，然后再插入所需的位置，如在绘制建筑工程图时，可将需修改的对象用图块定义，从而节省大量的存储空间。

● 为图块添加属性：AutoCAD 允许为图块创建具有文字信息的属性并可以在插入图块时指定是否显示这些属性。

218 创建内部块（命令 BLOCK；快捷命令 B；按钮 🗗）

内部块是存储在图形文件内部的块，只能在存储文件中使用，而不能在其他图形文件中使用。

1. 启用方法

● 菜单栏：执行【绘图】|【块】|【创建】命令。

● 面板：在【默认】选项卡中，单击【块】面板中的【创建块】按钮 🗗。

● 命令行：BLOCK 或 B。

2. 操作过程

启用【创建块】命令后，系统弹出【块定义】对话框，如图 9-1 所示。在对话框中设

置好块名称，块对象、块基点这 3 个主要要素即可创建图块。

3. 结束方法

单击对话框中的【确定】按钮或【关闭】图标 ██ 。

图 9-1 【块定义】对话框

219 创建外部块（命令 WBLOCK；快捷命令 W；按钮 ██ ）

内部块仅限于在创建块的图形文件中使用，当其他文件中也需要使用时，则需要创建外部块，也就是永久块。外部图块不依赖于当前图形，可以在任意图形文件中调用并插入。使用【写块】命令可以创建外部块。

1. 启用方法

- 面板：在【插入】选项卡中，单击【块定义】面板中的【创建块】｜【写块】按钮 ██ 。
- 命令行：WBLOCK 或 W。

2. 操作过程

启用【写块】命令后，系统弹出【写块】对话框，如图 9-2 所示。在对话框中设置好各类参数即可创建外部图块。

3. 结束方法

单击对话框中的【确定】按钮或【关闭】图标 ██ 。

图 9-2 【写块】对话框

> **技能点拨**
>
> 很多用户在创建外部块时，常常忽略创建拾取点，其实创建拾取点在插入块中十分有用。它用于决定图块的插入点，如果没有设置拾取点，图块会以原点为插入点。

220 插入块（命令 INSERT；快捷命令 I；按钮 ██ ）

1. 启用方法

- 面板：单击【插入】选项卡【注释】面板【插入】按钮 ██ ，如图 9-3 所示。
- 菜单栏：执行【插入】｜【块】命令。
- 命令行：INSERT 或 I。

2. 操作过程

启用【插入块】命令后，系统弹出【插入】对话框，如图 9-4 所示。在其中选择要插入的块再返回绘图区指定基点即可。

3. 结束方法

单击对话框中的【确定】按钮或【关闭】图标 ██ 。

图 9-3 插入块工具按钮

图 9-4 【插入】对话框

9.2 创建与编辑属性块

块包含的信息可以分为两类：图形信息和非图形信息。块属性是图块的非图形信息，例如，办公室工程中定义办公桌图块，每个办公桌的编号、使用者等属性。块属性必须和图块结合在一起使用，在图纸上显示为块实例的标签或说明，单独的块属性是没有意义的。

9.2.1 什么是属性块

块属性是属于块的非图形信息，是块的组成部分。块属性是用来描述块的特性，包括标记、提示、值的信息、文字格式、位置等。当插入块时，其属性也一起插入到图中；当对块进行编辑时，其属性也将改变。

9.2.2 创建属性块

在 AutoCAD 中添加块属性的操作主要分为以下 3 步。

（1）定义块属性。

（2）在定义图块时附加块属性。

（3）在插入图块时输入属性值。

1. 启用方法

- 面板：单击【插入】选项卡【属性】面板【定义属性】按钮。
- 菜单栏：单击【绘图】|【块】|【定义属性】命令。
- 命令行：ATTDEF 或 ATT。

2. 操作过程

01 启用【定义属性】命令后，系统弹出【属性定义】对话框，如图 9-5 所示。然后分别填写【标记】、【提示】与【默认值】，再设置好文字位置与对齐等属性，单击【确定】按钮，即可创建属性。

02 选择已经创建好的属性，执行创建块（B）命令，打开【块定义】对话框，如图 9-6 所示，输入名称，单击【确定】按钮即可打开【编辑属性】对话框，如图 9-7 所示。

03 在【编辑属性】对话框中输入属性值并确定即可创建属性块。

图 9-5 【属性定义】对话框

图 9-6 【块定义】对话框

图 9-7 【编辑属性】对话框

3. 结束方法

单击对话框中的【确定】按钮或【关闭】图标。

9.2.3 编辑属性块

创建块的属性后，用户可以修改块的属性值。如果是将属性块对象和非属性块对象创建在一起的图块，则可通过【增强属性编辑器】对话框修改属性块内容、文字高度、颜色等信息，一般用于图名、标题栏、轴线编号等的修改。

1. 启用方法

● 快捷方式：双击块属性。

● 命令行：EATTEDIT。

2. 操作过程

启动【编辑属性块】命令后，系统弹出【增强属性编辑器】对话框。在【属性】选项卡的列表中选择要修改的文字属性，然后在下面的【值】文本框中输入块中定义的标记和

值属性，【文字】选项用于修改属性文字的格式，【特性】选项用于修改属性文字的图层以及其线宽、线型、颜色及打印样式等，如图 9-8 所示。

3. 结束方法

单击对话框中的【确定】按钮或【关闭】图标 ✕ 。

图 9-8 【增强属性编辑器】对话框

9.3 创建与编辑动态块

在 AutoCAD 中，可以为普通图块添加动作，将其转换为动态图块，动态图块可以直接通过移动动态夹点来调整图块大小、角度，避免了频繁地参数输入或命令调用（如缩放、旋转、镜像命令等），使图块的操作变得更加轻松。

224 什么是动态块

简单地说，动态块就是指给图块定义一些参数、动作，这些参数和动作的配合，可以让图块按照自己的需要进行变化。

要使块变为动态块，需要打开【快编辑器】功能界面，然后通过【快编写选项板】来设置动态块的参数和动作等，如图 9-9 所示。

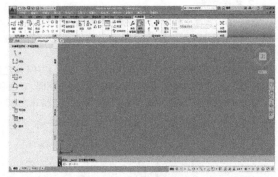

图 9-9 编写动态块界面

225 如何添加动态参数

要使块变成动态块，必须至少包含一个参数，参数可以是点、线性、旋转、翻转等。在建筑制图中，经常会绘制各种尺寸不同的门，为了能够灵活使用门对象，可将门设置为动态门。下面以设置动态门参数为例介绍具体操作步骤。

1. 启用方法

● 菜单栏：执行【工具】|【块编辑器】命令。

● 面板：在【插入】选项卡中，单击【块】面板中的【块编辑器】按钮。

● 命令行：BEDIT 或 BE。

2. 操作过程

01 执行矩形（REC）和圆弧（A）命令，绘制门对象，然后执行创建块（B）命令，创建"M-门"块，效果如图 9-10 所示。

02 启用【块编辑器】命令后，系统弹出【编辑块定义】对话框，选择需要编辑的块名称并单击【确定】按钮，如图 9-11 所示。

03 进入【块编辑器】功能界面，绘图区显示为浅灰色背景，然后在【块编写选项板】中单击【参数】选项卡中的【线性】按钮。指定对象的起点 1、端点 2 和标签的位置，如图 9-12 所示。

04 单击【参数】选项卡中的【翻转】按钮，然后指定对象的起点 1、端点 2 和标签的位置，如图 9-13 所示。为对象添加"翻转状态 1"参数。

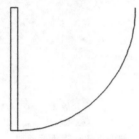

图 9-10 门对象

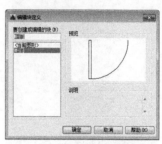

图 9-11 【编辑块定义】对话框

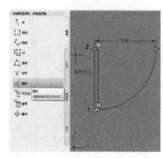

图 9-12 添加"线性"动态参数

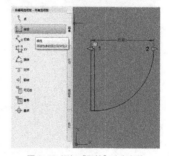

图 9-13 添加"翻转"动态参数

3. 结束方法

单击【保存块】按钮 和【关闭块编辑器】按钮 。

226 如何添加动态动作

添加了参数后的块还不能称为动态块，还需为对象添加动作。接着以前面讲解的门图形为例，具体介绍一下添加动作的操作步骤。

1. 启用方法

● 菜单栏：执行【工具】|【块编辑器】命令。

● 面板：在【插入】选项卡中，单击【块】面板中的【块编辑器】按钮 。

● 命令行：BEDIT 或 BE。

2. 操作过程

01 在【块编辑器】功能界面中，单击【块编写选项板】中的【动作】选项卡，单击【缩放】

按钮。

02 选择"距离1"参数，然后选择需要缩放的对象（矩形和圆弧对象），并按空格键确定，如图9-14 所示。

03 单击【翻转】按钮，选择【翻转状态1】参数，然后选择需要翻转的对象（圆弧对象），并按空格键，如图9-15 所示。

04 完成动态块的创建后，用户可通过功能夹点调整动态块（如拖动图9-16 所示的三夹点即可调整门的大小）。

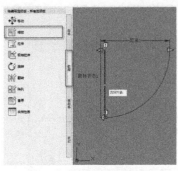

图 9-14 添加"缩放"动态动作　　　　图 9-15 添加"翻转"动态动作

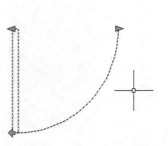

图 9-16 效果展示

3. 结束方法

单击【保存块】按钮和【关闭块编辑器】按钮。

9.4 AutoCAD 设计中心

AutoCAD 设计中心类似于 Windows 资源管理器，可执行对图形、块、图案填充和其他图形内容的访问等辅助操作，并在图形之间复制和粘贴其他内容，从而使设计者更好地管理外部参照、块参照和线型等图形内容。这种操作不仅可简化绘图过程，而且可通过网络资源共享来服务当前产品设计。

227 设计中心窗口

1. 启用方法

● 快捷键：Ctrl+2。

● 面板：在【视图】选项卡中，单击【选项板】面板中的【设计中心】工具按钮。

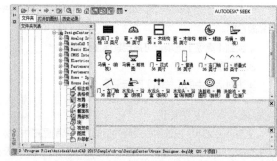

图 9-17 【设计中心】选项板

2. 操作过程

启用【设计中心】命令后，均可打开 AutoCAD【设计中心】选项板，如图9-17 所示。

3. 结束方法

单击选项板左上角关闭按钮。

在【设计中心】选项卡中，要设置对应选项卡中树状视图与控制板中显示的内容，可以单击选项卡上方的按钮执行相应的操作，各按钮的含义如下。

- 加载按钮：使用该按钮通过桌面、收藏夹等路径加载图形文件。
- 搜索按钮：用于快速查找图形对象。
- 搜藏夹按钮：通过收藏夹来标记存放在本地硬盘和网页中常用的文件。
- 主页按钮：将设计中心返回到默认文件夹。
- 树状图切换按钮：使用该工具打开 / 关闭树状视图窗口。
- 预览按钮：使用该工具打开 / 关闭选项卡右下侧窗格。
- 说明按钮：打开或关闭说明窗格，以确定是否显示说明窗格内容。
- 视图按钮：用于确定控制板显示内容的显示格式。

228 设计中心查找功能

使用设计中心的【查找】功能，可在弹出的【搜索】对话框中快速查找图形、块特征、图层特征和尺寸样式等内容，将这些资源插入当前图形，可辅助当前设计。

1. 启用方法

- 单击【设计中心】选项板中的【搜索】按钮。

2. 操作过程

启用设计中心查找功能后，系统弹出【搜索】对话框，如图 9-18 所示。在该对话框指定搜索对象所在的盘符，然后在【搜索文字】列表框中输入搜索对象名称，在【位于字段】列表框中输入搜索类型，单击【立即搜索】按钮，即可执行搜索操作。另外，还可以选择其他选项卡设置不同的搜索条件。

将图形选项卡切换到【修改日期】选项

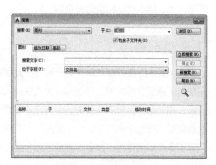

图 9-18 【搜索】对话框

卡，可指定图形文件创建或修改的日期范围。默认情况下不指定日期，需要在此之前指定图形修改日期。

切换到【高级】选项卡可指定其他搜索参数。

3. 结束方法

单击对话框中的【关闭】图标 ❌ 。

229 插入设计中心图形

使用 AutoCAD 设计中心最终的目的是在当前图形中调入块、引用图像和外部参照，并且在图形之间复制块、图层、线型、文字样式、标注样式以及用户定义的内容等。也就是说根据插入内容类型的不同，对应插入设计中心图形的方法也不相同。

1. 插入块

通常情况下执行插入块操作可根据设计需要确定插入方式。

● 自动换算比例插入块：选择该方法插入块时，可从设计中心窗口中选择要插入的块，并拖动到绘图窗口。移到插入位置时释放鼠标，即可实现块的插入操作。

● 常规插入块：在【设计中心】对话框中选择要插入的块，然后按住鼠标右键将该块拖动到窗口后释放鼠标，此时将弹出一个快捷菜单，选择【插入块】选项，即可弹出【插入块】对话框，可按照插入块的方法确定插入点、插入比例和旋转角度，将该块插入到当前图形中。

2. 复制对象

复制对象就在控制板中展开相应的块、图层、标注样式列表，然后选中某个块、图层或标注样式并将其插入到当前图形，即可获得复制对象效果。如果按住右键将其拖入当前图形，此时系统将弹出一个快捷菜单，通过此菜单可以进行相应的操作。

3. 以动态块形式插入图形文件

要以动态块形式在当前图形中插入外部图形文件，只需要通过右键快捷菜单，执行【块编辑器】命令即可，此时系统将打开【块编辑器】窗口，用户可以通过该窗口将选中的图形创建为动态图块。

4. 引入外部参照

从【设计中心】对话框选择外部参照，按住鼠标右键将其拖动到绘图窗口后释放，在弹出的快捷菜单中选择【附加为外部参照】选项，弹出【外部参照】对话框，可以在其中确定插入点、插入比例和旋转角度。

9.5 外部参照

AutoCAD 将外部参照作为一种图块类型定义，它也可以提高绘图效率。但外部参照与图块有一些重要的区别，将图形作为图块插入时，它存储在图形中，不随原始图形的改变而更新；将图形作为外部参照时，会将该参照图形链接到当前图形，对参照图形所做的任何修改都会显示在当前图形中。一个图形可以作为外部参照同时附着插入到多个图形中，同样也可以将多个图形作为外部参照附着到单个图形中。

230 什么是外部参照

外部参照通常称为 XREF，用户可以将整个图形作为参照图形附着到当前图形中，而不是插入它。这样可以通过在图形中参照其他用户的图形协调用户之间的工作，查看当前图形是否与其他图形相匹配。

当前图形记录外部参照的位置和名称，以便总能很容易地参考，但并不是当前图形的一部分。和块一样，用户同样可以捕捉外部参照中的对象，从而使用它作为图形处理的参考。此外，还可以改变外部参照图层的可见性设置。

使用外部参照要注意以下几点：

● 确保显示参照图形的最新版本。打开图形时，将自动重载每个参照图形，从而反映参照图形文件的最新状态。

● 请勿在图形中使用参照图形中已存在的图层名、标注样式、文字样式和其他命名元素。

● 当工程完成并准备归档时，将附着的参照图形和当前图形永久合并（绑定）到一起。

231 附着外部参照

用户可以将其他文件的图形作为参照图形附着到当前图形中，这样可以通过在图形中参照其他用户的图形来协调各用户之间的工作，查看当前图形是否与其他图形相匹配。

1. 启用方法

● 菜单栏：执行【插入】|【DWG 参照】命令。

● 面板：在【插入】选项卡中，单击【参照】面板中的【附着】按钮 。

● 命令行：XATTACH 或 XA。

2. 操作过程

执行附着命令，选择一个 DWG 文件打开后，弹出【附着外部参照】对话框，如图 9-19 所示。根据需要修改各类参数并按【确定】按钮，然后在绘图区指定位置插入图像即可。

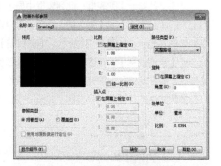

3. 结束方法

单击对话框中的【确定】按钮或【关闭】图标 。

图 9-19 【附着外部参照】对话框

232 拆离外部参照

要从图形中完全删除外部参照，需要拆离而不是删除。例如，删除外部参照不会删除与其关联的图层定义。使用【拆离】命令，才能删除外部参照和所有关联信息。

1. 启用方法

● 菜单栏：执行【插入】|【外部参照】命令。

● 命令行：EXTERNALREFERENCES。

2. 操作过程

01 打开【外部参照】选项板。

02 在选项板中选择需要删除的外部参照，并在参照上单击鼠标右键。

03 在弹出的快捷菜单中选择【拆离】，即可拆离选定的外部参考，如图 9-20 所示。

3. 结束方法

单击选项板左上角关闭按钮。

图 9-20 【外部参照】选项板

233 管理外部参照

1. 启用方法

● 面板：在【插入】选项卡中，单击【注释】面板右下角箭头按钮▣。

● 菜单栏：执行【插入】|【外部参照】命令。

● 命令行：XREF 或 XR。

2. 操作过程

执行命令后，系统弹出【外部参照】选项板，可以在【外部参照】选项板中对外部参照进行编辑和管理。各选项功能如下。

● 按钮区域：此区域有【附着】、【刷新】、【帮助】3 个按钮。【附着】按钮可以用于添加不同格式的外部参照文件；【刷新】按钮用于刷新当前选项卡显示；【帮助】按钮可以打开系统的帮助页面，从而可以快速了解相关的知识。

● 【文件参照】列表框：此列表框中显示了当前图形中各个外部参照文件名称，单击其右上方的【列表图】或【树状图】按钮，可以设置文件列表框的显示形式。【列表图】表示以列表形式显示，如图 9-21 所示；【树状图】表示以树形显示，如图 9-22 所示。

● 【详细信息】选项区域：用于显示外部参照文件的各种信息。选择任意一个外部参照文件后，将在此处显示该外部参照文件的名称、加载状态、文件大小、参照类型、参照日期以及参照文件的存储路径等内容，如图 9-23 所示。

图 9-21 【列表图】样式

图 9-22 【树状图】样式

图 9-23 参照文件【详细信息】

3. 结束方法

单击选项板左上角关闭按钮。

234 外部参照在建筑设计中的部分使用技巧

外部参照的使用方法很简单，但是在建筑设计过程中还是会出现许多问题。下面对外部参照的使用提出一些经验和技巧。

● 外部参照对各专业，尤其是建筑专业的规范作图提出了非常严格的要求。按照工业和民用项目的不同，各专业应制定相应的统一技术措施。各专业必须严格控制图层，与其他专业无关的内容不能出现在外部参照文件中，否则将会对其他专业处理图纸带来极大的不便。

● 使用统一版本的绘图软件，也对顺利使用外部参照功能有着不可忽视的作用（因为外部参照功能在不同版本中有所不同），否则会影响其他专业的绘图速度，从而影响了整个项目组的整体效果。

● 项目组各专业制定统一的外部参照文件命名规则，在文件名中不能出现一些符号，以免出现引用失败的问题。

● 各专业应统一默认外部参照的基准点为（0,0,0）点，即建筑首层平面 1，A 轴的交叉点。

● 外部参照文件的 0 层不应有任何内容，因为使用外部参照时，当前文件中的 0 层及 0 层以上的属性（颜色和线型）将覆盖外部参照文件的 0 层及 0 层以上的属性。

● 被引用的图形文件名不能和当前文件的块名相同，否则会引用不上，此时只能修改块名再进行引用。

🔒 **技能点拨**

在参照外部图形时，有时在关闭了【编辑参照】对话框之后会弹出对话框，如图9-24所示，遇到这种情况只需单击【确定】按钮即可。

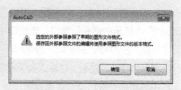

图 9-24 AutoCAD 对话框

第 10 章

图形信息查询类命令

计算机辅助设计不可缺少的一个功能就是提供对图形对象的点坐标、距离、周长、面积等属性的几何查询。AutoCAD 提供了查询图形对象的面积、距离、坐标、周长、体积等工具。而面域则是 AutoCAD 一类特殊的图形对象，它除了可以用于填充图案和着色外，还可以分析其几何属性和物理属性，在模型分析中具有十分重要的意义。

10.1 查询图形类信息

图形类信息包括图形的状态、创建时间以及图形的系统变量 3 种，分别介绍如下。

235 查询图形的状态

在 AutoCAD 中，使用 STATUS【状态】命令可以查询当前图形中对象的数目和当前空间中各种对象的类型等信息，包括图形对象（如圆弧和多段线）、非图形对象（如图层和线型）和块定义。除全局图形统计信息和设置外，还将列出系统中安装的可用内存量、可用磁盘空间量以及交换文件中的可用空间量。

1. 启用方法

- 菜单栏：执行【工具】|【查询】|【状态】命令。
- 命令行：STATUS。

2. 操作过程

执行【查询状态】命令后，系统将弹出图 10-1 所示的命令行窗口，该窗口中显示了当前图形的捕捉分辨率、空间类型、布局、图层、颜色、线型、材质、图形界限、图形中对象的个数以及对象捕捉模式等 24 类信息。

3. 结束方法

单击对话框中的【关闭】图标 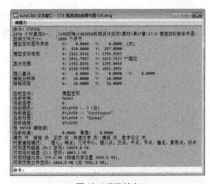 。

图 10-1 查询状态

236 查询系统变量

所谓系统变量就是控制某些命令工作方式的设置。命令通常用于启动活动或打开对话框，而系统变量则用于控制命令的行为、操作的默认值或用户界面的外观。

在使用 AutoCAD 绘图的时候，用户都有着自己的独特操作习惯，如鼠标缩放的快慢、命令行的显示大小、软件界面的布置、操作按钮的排列等。但在某些特殊情况下，如使用陌生环境的电脑、重装软件、误操作等都可能会变更已经习惯了的软件设置，让用户的操作水平大打折扣。通过查询并修正系统变量，便可以快速重置出用户熟悉的 AutoCAD 操作环境。

1. 启用方法

- 菜单栏：执行【工具】|【查询】|【设置变量】命令。
- 命令行：SETVAR。

2. 操作过程

执行【设置变量】命令后，根据命令行的提示，输入要查询的变量名称，如 ZOOMFACTOR 等，再输入新的值，即可进行更改；也可以输入问号"？"，再输入 "*"来列出所有可设置的变量。使用【设置变量】进行对比调整的具体步骤如下：

01 打开要进行修改的文件。

02 然后再新建一个图形文件（此新建文件的系统变量是默认值，或使用没有问题的图形文件）。分别在两个文件中运行【SETVAR】，单击命令行问号再按 Enter 键，系统弹出【AutoCAD 文本窗口】，如图 10-2 所示。

03 框选文本窗口中的变量数据，拷贝到 Excel 文档中。一个位于 A 列，一个位于 B 列，然后另建一列比较变量中哪些不一样（如 C 列），这样可以大大减少查询变量的时间。

04 在 C 列输入【 = IF(A1=B1,0,1)】公式，下拉单元格算出所有行的值，这样不相同的单元格就会以数字 1 表示，相同的单元格会以 0 表示，如图 10-3 所示，再分析变量查出哪些变量有问题即可。

图 10-2 系统变量文本窗口 　　　　图 10-3 Excel 变量数据列表

3. 结束方法

单击对话框中的【关闭】图标 ×。

237 查询时间

【时间查询】命令用于查询图形文件的日期和时间的统计信息，如当前时间、图形的创建时间等。

1. 启用方法

- 菜单栏：选择【工具】|【查询】|【时间】命令。
- 命令行：TIME。

2. 操作过程

执行【查询时间】命令之后，系统弹出 AutoCAD 文本窗口，显示出时间查询结果，如

图 10-4 所示。

3. 结束方法

单击对话框中的【关闭】图标  。

图 10-4 时间查询结果

10.2 查询对象类信息

对象信息包括所绘制图形的各种信息，如距离、半径、点坐标，以及在工程设计中需经常查用的面积、周长、体积等。

238 查询点坐标（命令 ID；按钮 ）

使用点坐标查询命令 ID，可以查询某点在绝对坐标系中的坐标值。

1. 启用方法

- 面板：单击【实用工具】面板【点坐标】工具按钮 。
- 菜单栏：执行【工具】|【查询】|【点坐标】命令。
- 命令行：ID。

2. 操作过程

执行命令时，只需用对象捕捉的方法确定某个点的位置，即可自动计算该点的 X、Y 和 Z 坐标，如图 10-5 所示。在二维绘图中，Z 坐标一般为 0。

3. 结束方法

单击空格键或 Enter 键进行确定；或单击鼠标右键，在弹出的快捷菜单中选择【确定】选项。

图 10-5 查询点坐标

239 查询距离（命令 DIST；快捷命令 DI；按钮 ）

查询【距离】命令主要用来查询指定两点间的长度值与角度值。

1. 启用方法

- 面板：单击【实用工具】面板上的【距离】工具按钮 。
- 菜单栏：执行【工具】|【查询】|【距离】命令。
- 命令行：DIST 或 DI。

2. 操作过程

以图 10-6 为例，要想查询 A 到 B 的距离，执行【查询距离】命令后，依次指定 A、B 两点,即可在命令行中显示当前查询距离、倾斜角度等信息。

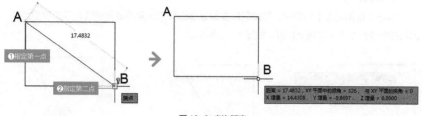

图 10-6 查询距离

3. 结束方法

单击空格键或 Enter 键进行确定;或单击鼠标右键,在弹出的快捷菜单中选择【确定】
选项。

240 查询半径(命令 MEASUREGEOM;按钮☑)

查询半径命令主要用来查询指定圆以及圆弧的半径值。

1. 启用方法

- 面板:单击【实用工具】面板上的【半径】工具按钮☑。
- 菜单栏:执行【工具】|【查询】|【半径】命令。
- 命令行:MEASUREGEOM。

2. 操作过程

执行【查询半径】命令后,选择图形中的圆或圆弧,即可在命令行中显示其半径数
值,如图 10-7 所示。

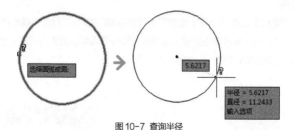

图 10-7 查询半径

3. 结束方法

单击空格键或 Enter 键进行确定;或单击鼠标右键,在弹出的快捷菜单中选择【确定】
选项。

241 查询角度(命令 MEASUREGEOM;按钮☑)

查询【角度】命令用于查询指定线段之间的角度大小。

1. 启用方法

- 面板:单击【实用工具】面板上的【角度】工具按钮☑。
- 菜单栏:执行【工具】|【查询】|【角度】命令。

● 命令行：MEASUREGEOM。

2. 操作过程

执行【查询角度】命令后，单击鼠标左键逐步选择构成角度的两条线段或角度顶点，即可在命令行中显示其角度数值，如图 10-8 所示。

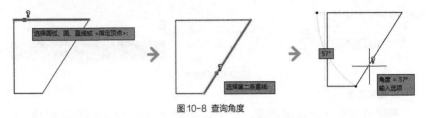

图 10-8 查询角度

3. 结束方法

单击空格键或 Enter 键进行确定；或单击鼠标右键，在弹出的快捷菜单中选择【确定】选项。

242 查询面积（命令 AREA；按钮 ）

查询【面积】命令用于查询对象面积和周长值，同时还可以对面积及周长进行加减运算。

1. 启用方法

● 面板：单击【实用工具】面板上的【面积】工具按钮 。
● 菜单栏：执行【工具】|【查询】|【面积】命令。
● 命令行：AREA 或 AA。

2. 操作过程

执行【查询面积】命令后，在【绘图区】中选择查询的图形对象，或用鼠标划定需要查询的区域后，按 Enter 键或者空格键，绘图区显示快捷菜单以及查询结果（也可通过依次指定端点的方式查询面积和周长），如图 10-9 所示。

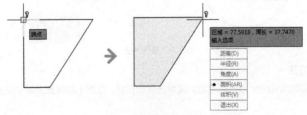

图 10-9 查询面积和周长

3. 结束方法

单击空格键或 Enter 键进行确定；或单击鼠标右键，在弹出的快捷菜单中选择【确定】选项。

243 查询体积（命令 MEASUREGEOM；按钮 🔲）

查询【体积】命令用于查询对象体积数值，同时还可以对体积进行加减运算。

1. 启用方法

- 面板：单击【实用工具】面板上的【体积】工具按钮 🔲 。
- 菜单栏：执行【工具】|【查询】|【体积】命令。
- 命令行：MEASUREGEOM。

2. 操作过程

执行【查询体积】命令后，在【绘图区】中选择查询的三维对象，按 Enter 键或者空格键绘图区将显示快捷菜单及查询结果，如图 10-10 所示。

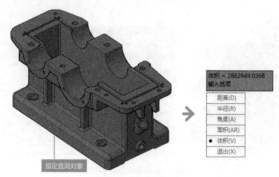

图 10-10　查询体积

3. 结束方法

单击空格键或 Enter 键进行确定；或单击鼠标右键，在弹出的快捷菜单中选择【确定】选项。

244 查询面域、质量特性

面域、质量特性也可称为截面特性，包括面积、质心位置、惯性矩等，这些特性关系到物体的力学性能，在建筑或机械设计中，经常需要查询这些特性。

1. 启用方法

- 面板：单击【查询】工具栏上的【面域\质量特征】按钮 🔲 。
- 菜单栏：选择【工具】|【查询】|【面域\质量特征】命令。
- 命令行：MASSPROP。

2. 操作过程

执行该命令后，在【绘图区】中选择要查询的面域对象或实体对象，按 Enter 键或者空格键，绘图区显示快捷菜单及查询结果。根据所选对象的不同，最终显示结果和数据类型也不一样。查询面域时的显示结果如图 10-11 所示。如果选择的是三维实体，则会显示图 10-12 所示的质量特性。

图 10-11 查询面域的质量特性

图 10-12 查询实体的质量特性

3. 结束方法

单击空格键或 Enter 键进行确定；或单击鼠标右键，在弹出的快捷菜单中选择【确定】选项。

三维建模类命令 第 11 章

近年来三维 CAD 技术发展迅速，相比之下，传统的平面 CAD 绘图难免有不够直观、不够生动的缺点，为此 AutoCAD 提供了三维建模的工具，并逐步完善了许多功能。现在，AutoCAD 的三维绘图工具已经能够满足基本的设计需要。

本章主要介绍三维建模之前的预备知识，包括三维建模空间、坐标系的使用、视图和视觉样式的调整等知识，最后介绍在三维空间绘制点和线的方法，为后续章节创建复杂模型奠定基础。

11.1 设置三维绘图环境

三维是由二维组成的，是坐标轴的 3 个轴，即 X 轴、Y 轴、Z 轴。其中 X 轴表示左右空间，Y 轴表示前后空间，Z 轴表示上下空间。为了多个角度、准确地绘制三维图形，必须了解三维的视图、视口和视觉样式等基本内容的设置。

245 设置三维视图方向

AutoCAD 提供了俯视、仰视、右视、左视、主视和后视 6 个基本视点，另外还提供了西南等轴测、东南等轴测、东北等轴测和西北等轴测 4 个特殊视点。从这 4 个特殊视点观察，可以得到具有立体感的 4 个特殊视图，如图 11-1 所示。选择【视图】|【三维视图】命令，或者单击【视图】工具栏中相应的图标，工作区间即显示从上述视点观察三维模型的 6 个基本视图。

从这 6 个基本视点来观察图形非常方便。因为这 6 个基本视点的视线方向都与 X、Y、Z 三坐标轴之一平行，而与 XY、XZ、YZ 三坐标轴平面之一正交。所以，相对应的 6 个基本视图实际上是三维模型投影在 XY、XZ、YZ 平面上的二维图形。这样，就将三维模型转化为了二维模型。在这 6 个基本视图上对模型进行编辑，就如同绘制二维图形一样。

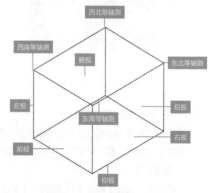

图 11-1 三维视图观察方向

1. 启用方法

● 菜单栏：选择【视图】|【三维视图】命令，展开其子菜单，如图 11-2 所示，选择所需的三维视图。

● 面板：在【常用】选项卡中，展开【视图】面板中的【视图】下拉列表框，如图 11-3 所示，选择所需的模型视图。

● 视觉样式控件：单击绘图区左上角的视图控件，在弹出的菜单中选择所需的模型视图，如图 11-4 所示。

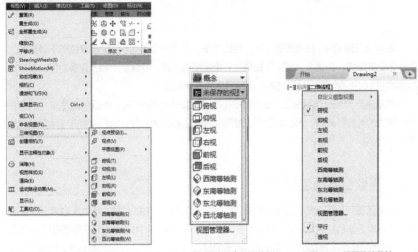

图 11-2 三维视图菜单　　图 11-3 【三维视图】下拉列表框　　图 11-4 视图控件菜单

2. 操作过程

用户通过以上任意一种方法执行不同的视图命令，即可显示相应的三维视图效果。如【俯视】（如图 11-5 所示）和【西南等轴测】视图（如图 11-6 所示）。

图 11-5 俯视图

图 11-6 西南等轴测视图

246 设置三维视图的视觉样式

视觉样式用于控制视口中的三维模型边缘和着色的显示。一旦对三维模型应用了视觉样式或更改了其他设置，就可以在视口中查看视觉效果。

1. 启用方法

● 菜单栏：选择【视图】|【视觉样式】命令，展开其子菜单，如图 11-7 所示，选择所需的视觉样式。

● 面板：在【常用】选项卡中，展开【视图】面板中的【视觉样式】下拉列表框，如图 11-8 所示，选择所需的视觉样式。

● 视觉样式控件：单击绘图区左上角的视觉样式控件，在弹出的菜单中选择所需的视觉样式，如图 11-9 所示。

图11-7 视觉样式菜单

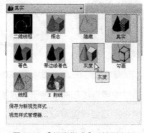

图11-8 【视觉样式】下拉列表框

图11-9 视觉样式控件菜单

2. 操作过程

用户通过以上任意一种方法选择任意视觉样式，即可将视图切换对应的效果。

3. 视觉样式种类

● 二维线框■：是在三维空间中的任何位置放置二维（平面）对象来创建的线框模型，图形显示用直线和曲线表示边界的对象。光栅和 OLE 对象、线型和线宽均可见，而且默认显示模型的所有轮廓线，如图 11-10 所示。

● 概念█：使用平滑着色和古氏面样式显示对象，同时对三维模型消隐。古氏面样式在冷暖颜色而不是明暗效果之间转换。效果缺乏真实感，但可以更方便地查看模型的细节，如图 11-11 所示。

● 隐藏█：即三维隐藏，用三维线框表示法显示对象，并隐藏背面的线。此种显示方式可以较为容易和清晰地观察模型，此时显示效果如图 11-12 所示。

● 真实█：使用平滑着色来显示对象，并显示已附着到对象的材质，此种显示方法可得到三维模型的真实感表达，如图 11-13 所示。

图11-10 二维线框视觉样式

图11-11 概念视觉样式

图 11-12 隐藏视觉样式

图11-13 真实视觉样式

● 着色█：该样式与真实样式类似，不显示对象轮廓线，使用平滑着色显示对象，效果如图 11-14 所示。

● 带边缘着色█：该样式与着色样式类似，对其表面轮廓线以暗色线条显示，效果如图 11-15 所示。

● 灰度 : 使用平滑着色和单色灰度显示对象并显示可见边，效果如图 11-16 所示。

● 勾画 : 使用线延伸和抖动边修改显示手绘效果的对象，仅显示可见边，效果如图 11-17 所示。

图11-14 着色视觉样式　　图11-15 带边缘着色视觉样式　　图11-16 灰度视觉样式　　图11-17 勾画视觉样式

● 线框 : 即三维线框，通过使用直线和曲线表示边界的方式显示对象，所有的边和线都可见。在此种显示方式下，复杂的三维模型难以分清结构。此时，坐标系变为一个着色的三维 UCS 图标。如果系统变量 COMPASS 为 1，三维指南针将出现，效果如图 11-18 所示。

● X 射线 : 以局部透视方式显示对象，因而不可见边也会褪色显示，效果如图 11-19 所示。

图11-18 线框视觉样式　　　　图11-19 X 射线视觉样式

11.2 三维坐标系

AutoCAD 的三维坐标系由 3 个通过同一点且彼此垂直的坐标轴构成，这 3 个坐标轴分别称为 X 轴、Y 轴、Z 轴，交点为坐标系的原点，也就是各个坐标轴的坐标零点。从原点出发，沿坐标轴正方向上的点用坐标值度量，而沿坐标轴负方向上的点用负的坐标值度量。因此在三维空间中，任意一点的位置可以由该点的三维坐标（x,y,z）唯一确定。

在 AutoCAD 中，【世界坐标系】（WCS）和【用户坐标系】（UCS）是常用的两大坐标系。【世界坐标系】是系统默认的二维图形坐标系，它的原点及各个坐标轴方向固定不变。对于二维图形绘制，世界坐标系足以满足要求，但在三维建模过程中，需要频繁地定位对象，使用固定不变的坐标系十分不便。三维建模一般需要使用【用户坐标系】，【用户坐标系】是用户自定义的坐标系，在建模过程中可以灵活创建。

247 定义 UCS

UCS 坐标系表示了当前坐标系的坐标轴方向和坐标原点位置，也表示了相对于当前 UCS 的 XY 平面的视图方向，尤其在三维建模环境中，它可以根据不同的指定方位来创建模型特征。

1. 启用方法

- 面板：单击【坐标】面板工具按钮。
- 菜单栏：选择【工具】|【新建 UCS】。
- 命令行：UCS。

2. 操作过程

接下来以【坐标】面板中的【UCS】命令为例，介绍常用 UCS 坐标的调整方法。

■ UCS

单击该按钮，命令行出现提示：指定 UCS 的原点或 [面（F）/ 命名（NA）/ 对象（OB）/ 上一个（P）/ 视图（V）/ 世界（W）/X/Y/Z/Z 轴（ZA）]< 世界 >，该命令行中各选项与功能区中的按钮相对应。

■ 世界

该工具用来切换回模型或视图的世界坐标系，即 WCS 坐标系。世界坐标系也称为通用或绝对坐标系，它的原点位置和方向始终是保持不变的，效果如图 11-20 所示。

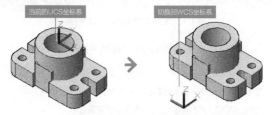

图 11-20 切换回世界坐标系

■ 上一个 UCS

上一个 UCS 是通过使用上一个 UCS 确定坐标系，它相当于绘图中的撤销操作，可返回上一个绘图状态，但区别在于该操作仅返回上一个 UCS 状态，其他图形保持更改后的效果。

■ 面 UCS

该工具主要用于将新用户坐标系的 *XY* 平面与所选实体的一个面重合。在模型中选取实体面或选取面的一个边界，此面被加亮显示，按 Enter 键即可将该面与新建 UCS 的 *XY* 平面重合，效果如图 11-21 所示。

图 11-21 创建面 UCS 坐标

■ 对象 ⌐ ·

该工具通过选择一个对象，定义一个新的坐标系，坐标轴的方向取决于所选对象的类型。当选择一个对象时，新坐标系的原点将放置在创建该对象时定义的第一点，X 轴的方向为从原点指向创建该对象时定义的第二点，Z 轴方向自动保持与 XY 平面垂直，效果如图 11-22 所示。

如果选择不同类型的对象，坐标系的原点位置与 X 轴的方向会有所不同，如下表所示。

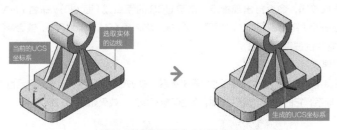

图 11-22 由选取对象生成 UCS 坐标

表 选取对象与坐标的关系

对象类型	新建UCS坐标方式
直线	距离选取点最近的一个端点成为新UCS的原点，X轴沿直线方向
圆	圆的圆心成为新UCS的原点，XY平面与圆面重合
圆弧	圆弧的圆心成为新的UCS的原点，X轴通过距离选取点最近的圆弧端点
二维多段线	多段线的起点成为新的UCS的原点，X轴沿下一个顶点的线段延伸方向
实心体	实体的第一点成为新的UCS的原点，新X轴为两起始点之间的直线
尺寸标注	标注文字的中点为新的UCS的原点，新X轴的方向平行于绘制标注时有效UCS的X轴

■ 视图 ⌐ ·

该工具可使新坐标系的 XY 平面与当前视图方向垂直，Z 轴与 XY 面垂直，而原点保持不变。通常情况下，该方式主要用于标注文字，当文字需要与当前屏幕平行而不需要与对象平行时，用此方式比较简单。

■ 原点 ⌐

【原点】工具是系统默认的 UCS 坐标创建方法，它主要用于修改当前用户坐标系的原点位置，坐标轴方向与上一个坐标相同，由它定义的坐标系将以新坐标存在。

在 UCS 工具栏中单击【UCS】按钮，然后利用状态栏中的对象捕捉功能，捕捉模型上的一点，按 Enter 键结束操作。

■ Z 轴矢量 ⌐

该工具是通过指定一点作为坐标原点，指定一个方向作为 Z 轴的正方向，从而定义新的用户坐标系。此时，系统将根据 Z 轴方向自动设置 X 轴、Y 轴的方向，如图 11-23 所示。

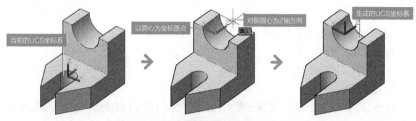

图 11-23 由 Z 轴矢量生成 UCS 坐标系

■ 三点

该方式是最简单、也是最常用的一种方法，只需选取 3 个点就可确定新坐标系的原点、X 轴与 Y 轴的正向。

■ X/Y/Z 轴

该方式是将当前 UCS 坐标绕 X 轴、Y 轴或 Z 轴旋转一定的角度，从而生成新的用户坐标系。它可以通过指定两个点或输入一个角度值来确定所需要的角度。

3. 结束方法

单击空格键或 Enter 键进行确定；或单击鼠标右键，在弹出的快捷菜单中选择【确定】选项。

248 动态 UCS

动态 UCS 功能可以在创建对象时使 UCS 的 XY 平面自动与实体模型上的平面临时对齐。

1. 启用方法

● 快捷键：F6。
● 状态栏：单击状态栏中的【动态 UCS】按钮 。

2. 操作过程

使用绘图命令时，可以通过在面的一条边上移动光标对齐 UCS，而无需使用 UCS 命令。结束该命令后，UCS 将恢复到其上一个位置和方向。使用动态 UCS 绘图如图 11-24 所示，指定面之后会自动以该平面为 $X-Y$ 面，Z 轴为平面法向方向。

3. 结束方法

单击空格键或 Enter 键进行确定；或单击鼠标右键，在弹出的快捷菜单中选择【确定】选项。

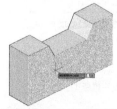

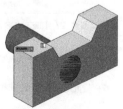

指定面，动态 UCS 自动贴合面　　　　绘制图形　　　　拉伸图形

图 11-24 使用动态 UCS

249 管理 UCS

与图块、参照图形等参考对象一样，UCS 也可以进行管理。

1. 启用方法

● 命令行：UCSMAN。

2. 操作过程

执行 UCSMAN 命令后，将弹出图 11-25 所示的【UCS】对话框。该对话框集中了 UCS 命名、UCS 正交、显示方式设置以及应用范围设置等多项功能。

切换至【命名 UCS】选项卡，如果单击【置为当前】按钮，可将坐标系置为当前工作坐标系，单击【详细信息】对话框中显示当前使用和已命名的 UCS 信息，如图 11-26 所示。

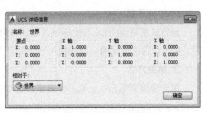

图 11-25 【UCS】对话框　　　　　图 11-26 显示当前 UCS 信息

3. 选项说明

【正交 UCS】选项卡用于将 UCS 设置成一个正交模式。用户可以在【相对于】下拉列表中确定用于定义正交模式 UCS 的基本坐标系，也可以在【当前 UCS：UCS】列表框中选择某一正交模式，并将其置为当前使用，如图 11-27 所示。

单击【设置】选项卡，则可通过【UCS 图标设置】和【UCS 设置】选项组设置 UCS 图标的显示形式、应用范围等特性，如图 11-28 所示。

图 11-27 【正交 UCS】选项卡　　　　　图 11-28 【设置】选项卡

11.3 动态观察三维图形

在 AutoCAD 三维图形中，可以从任意角度实时、直观地观察三维模型。

250 三维平移、缩放和旋转

利用【三维平移】工具可以将图形所在的图纸随鼠标的任意移动而移动。利用【三维缩放】工具可以改变图纸的整体比例，从而达到放大图形观察细节或缩小图形观察整体的目的。通过如图 11-29 所示【三维建模】工作空间中【视图】选项卡中的【导航】面板可以快速执行这两项操作。

图 11-29 三维建模空间视图选项卡

1. 三维平移对象

● 面板：单击【导航】面板中的【平移】功能按钮，此时绘图区中的指针呈形状，按住鼠标左键并沿任意方向拖动，窗口内的图形将随光标在同一方向上移动。

● 鼠标操作：按住鼠标中键进行拖动。

2. 三维缩放对象

● 面板：单击【导航】面板中的【缩放】功能按钮，命令行提示多种缩放方式，根据实际需要，选择其中一种方式进行缩放即可。

● 鼠标操作：滚动鼠标滚轮。

3. 三维旋转对象

● 面板：在【视图】选项卡中激活【导航】面板，然后执行【导航】面板中的【动态观察】或【自由动态观察】命令，即可进行旋转。

● 鼠标操作：Shift+ 鼠标中键进行拖动。

251 设置视点

视点是指观察图形的方向，在三维工作空间中，通过在不同的位置设置视点，可在不同方位观察模型的投影效果，从而全方位地了解模型的外形特征。

在三维环境中，系统默认的视点为（0、0、1），即从（0、0、1）点向（0、0、0）点观察模型，亦即视图中的俯视方向。要重新设置视点，在 AutoCAD 中有以下两种方法。

● 菜单栏：【视图】|【三维视图】|【视点】选项。

● 命令行：VPOINT。

此时命令行内列出 3 种视点设置方式，分别如下。

1. 指定视点

指定视点是指通过确定一点作为视点方向，然后将该点与坐标原点的连线方向作为观察方向，则在绘图区显示该方向投影的效果，如图 11-30 所示。

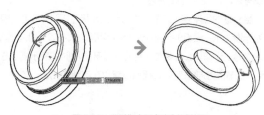

图 11-30 通过指定视点改变投影效果

2. 旋转

旋转视点也是一种常用的三维模型观察方法，尤其是图形具有较复杂的内腔或内部特征时。使用两个角度指定新的方向，第一个角是在 XY 平面中与 X 轴的夹角，第二个角是与 XY 平面的夹角，位于 XY 平面的上方或下方。

启用 VPOINT 命令后，选择"旋转"指令，依次输入 XY 平面中与 X 轴的夹角（如 30）以及与 XY 平面的夹角（如 60）即可，旋转效果如图 11-31 所示。

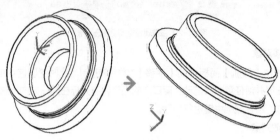

图 11-31 旋转视点

3. 显示坐标球和三轴架

默认状态下，选择【视图】|【三维视图】|【视点】选项，则在绘图区显示坐标球和三轴架。通过移动光标，可调整三轴架的不同方位，同时将直接改变视点方向，如图 11-32 所示为光标在 A 点时的图形投影。

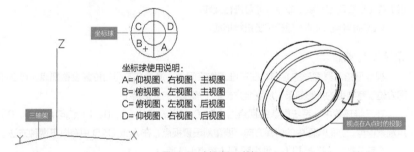

图 11-32 坐标球和三轴架

三轴架的 3 个轴分别代表 X、Y 和 Z 轴的正方向。当光标在坐标球范围内移动时，三维坐标系通过绕 Z 轴旋转可调整 X、Y 轴的方向。坐标球中心及两个同心圆可定义视点和目标点连线与 X、Y、Z 平面的角度。

坐标球的维度表示如下：中心点为北极（0、0、1），相当于视点位于 Z 轴正方向；内环为赤道（n、n、0）；整个外环为南极（0、0、-1）。当光标位于内环时，相当于视点在球体的上半球体；光标位于内环与外环之间时，表示视点在球体的下半球体。随着光标的移动，三轴架也随着变化，视点位置也在不断变化。

252 预置视点

1. 启用方法

● 菜单栏: 执行【视图】|【三维视图】|【视点预设】命令。

● 命令行: DDVPOINT。

2. 操作过程

启用【试点预设】命令后, 系统弹出【试点预设】对话框, 根据需要修改各类参数即可预置视点, 如图 11-33 所示。

3. 结束方法

单击对话框中【确定】按钮或者关闭按钮 ✖。

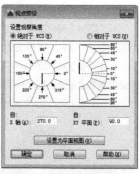

图 11-33 【试点预设】对话框

253 ViewCube 与平行、透视投影

在【三维建模】工作空间中, 使用 ViewCube 工具可切换各种正交或轴测视图模式, 即可切换 6 种正交视图、8 种正等轴测视图和 8 种斜等轴测视图, 以及其他视图方向, 可以根据需要快速调整模型的视点。

ViewCube 工具中显示了非常直观的 3D 导航立方体, 单击该工具图标的各个位置将显示不同的视图效果, 如图 11-34 所示。

该工具图标的显示方式可根据设计进行必要的修改, 用鼠标右键单击立方体并执行【ViewCube 设置】选项, 系统弹出【ViewCube 设置】对话框, 如图 11-35 所示。

在该对话框设置参数值可控制立方体的显示和行为, 并且可在对话框中设置默认的位置、尺寸和立方体的透明度。

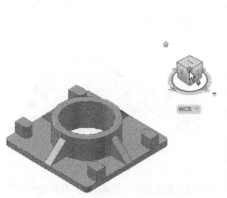

图 11-34 利用导航工具切换视图方向

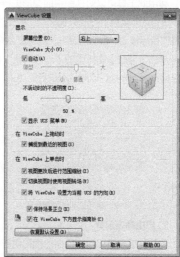

图 11-35 【View Cube 设置】对话框

此外，用鼠标右键单击 ViewCube 工具，可以通过弹出的快捷菜单定义三维图形的投影样式，模型的投影样式可分为【平行】投影和【透视】投影两种。

- ●【平行】投影模式：是平行的光源照射到物体上所得到的投影，可以准确地反映模型的实际形状和结构，效果如图 11-36 所示。

- ●【透视】投影模式：可以直观地表达模型的真实投影状况，具有较强的立体感。透视投影视图取决于理论相机和目标点之间的距离。当距离较小时产生的投影效果较为明显；反之，当距离较大时产生的投影效果较为轻微，效果如图 11-37 所示。

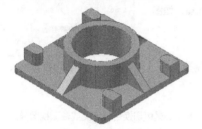

图 11-36 【平行】投影模式

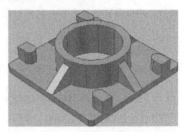

图 11-37 【透视】投影模式

254 三维动态观察

AutoCAD 提供了一个交互的三维动态观察器，该命令可以在当前视口中创建一个三维视图，用户可以使用鼠标来实时地控制和改变这个视图以得到不同的观察效果。使用三维动态观察器，既可以查看整个图形，也可以查看模型中任意的对象。

通过如图 11-38 所示【视图】选项卡【导航】面板工具，可以快速执行三维动态观察。

1. 受约束的动态观察

利用此工具可以对视图中的图形进行一定约束的动态观察，即水平、垂直或对角拖动对象进行动态观察。在观察视图时，视图的目标位置保持不动，并且相机位置（或观察点）围绕该目标移动。默认情况下，观察点会约束沿着世界坐标系的 XY 平面或 Z 轴移动。

单击【导航】面板中的【动态观察】按钮 ⊕，此时【绘图区】光标呈 ⊕ 形状。按住鼠标左键并拖动光标可以对视图进行受约束三维动态观察，如图 11-39 所示。

图 11-38 三维建模空间视图选项卡

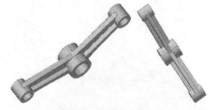

图 11-39 受约束的动态观察

2. 自由动态观察

利用此工具可以对视图中的图形进行任意角度的动态观察，此时选择并在转盘的外部拖动光标，这将使视图围绕延长线通过转盘的中心并垂直于屏幕的轴旋转。

单击【导航】面板中的【自由动态观察】按钮 ❷，此时在【绘图区】显示出一个导航球，如图 11-40 所示，分别介绍如下。

■ **光标在弧线球内拖动**

当在弧线球内拖动光标进行图形的动态观察时，光标将变成 形状，此时观察点可以在水平、垂直以及对角线等任意方向上移动任意角度，即可以对观察对象做全方位的动态观察，如图 11-41 所示。

图 11-40 导航球

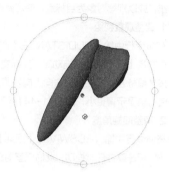

图 11-41 光标在弧线球内拖动

■ **光标在弧线球外拖动**

当光标在弧线外部拖动时，光标呈 形状，此时拖动光标图形将围绕着一条穿过弧线球球心且与屏幕正交的轴（即弧线球中间的绿色圆心 ）进行旋转，如图 11-42 所示。

■ **光标在左右侧小圆内拖动**

当光标置于导航球顶部或者底部的小圆上时，光标呈 形状，按鼠标左键并上下拖动将使视图围绕着通过导航球中心的水平轴进行旋转。当光标置于导航球左侧或者右侧的小圆时，光标呈 形状，按鼠标左键并左右拖动将使视图围绕着通过导航球中心的垂直轴进行旋转，如图 11-43 所示。

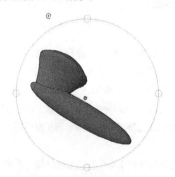

图 11-42 光标在弧线球内拖动

图 11-43 光标在左右侧小圆内拖动

3. 连续动态观察

利用此工具可以使观察对象绕指定的旋转轴和旋转速度连续做旋转运动，从而对其进行连续动态的观察。

单击【导航】面板中的【连续动态观察】按钮 ，此时在【绘图区】光标呈 形状，在单击鼠标左键并拖动光标，使对象沿拖动方向开始移动。释放鼠标后，对象将在指定的方向上继续运动。光标移动的速度决定了对象的旋转速度。

255 设置视距和回旋角度

利用三维导航中的【调整视距】以及回旋工具，使图形以绘图区的中心点为缩放点进行操作，或以观察对象为目标点，使观察点绕其做回旋运动。

1. 调整观察视距

在命令行中输入 3DDISTANCE【调整视距】命令并按 Enter 键，此时按鼠标左键并在垂直方向上向屏幕顶部拖动时，光标变为 Q^+，可使相机推近对象，从而使对象显示得更大；按住鼠标左键并在垂直方向上向屏幕底部拖动时，光标变为 Q^-，可使相机拉远对象，从而使对象显示得更小，如图 11-44 所示。

2. 调整回旋角度

在命令行中输入 3DSWIVEL【回旋】命令并按 Enter 键，此时图中的光标指针呈 形状，按鼠标左键并任意拖动，此时观察对象将随鼠标的移动做反向的回旋运动。

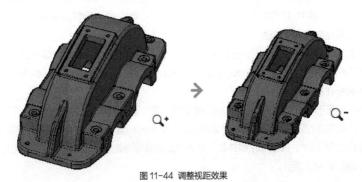

图 11-44 调整视距效果

256 漫游和飞行

在命令行中输入 3DWALK【漫游】或 3DFLY【飞行】命令并按 Enter 键，即可使用【漫游】或者【飞行】工具。此时打开【定位器】选项板，设置位置指示器和目标指示器的具体位置，用以调整观察窗口中视图的观察方位，如图 11-45 所示。

将鼠标移动至【定位器】选项板中的位置指示器上，此时光标呈 形状，单击鼠标左键并拖动，即可调整绘图区中视图的方位；在【常规】选项组中设置指示器和目标指示器的颜色、大小以及位置等参数进行详细设置。

在命令行中输入 WALKFLYSETTINGS【漫游和飞行】命令并按 Enter 键，系统弹出【漫游和飞行设置】对话框，如图 11-46 所示。在该对话框中对漫游或飞行的步长以及每秒步数等参数进行设置。

设置好漫游和飞行操作的所有参数值后，可以使用键盘和鼠标交互在图形中漫游和飞行。使用 4 个箭头键或 W、A、S 和 D 键来向上、向下、向左和向右移动；使用 F 键可以很方便地在漫游模式和飞行模式之间进行切换；如果要指定查看方向，只需沿查看的方向拖动鼠标即可。

图 11-45 【定位器】选项板

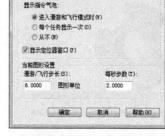

图 11-46 【漫游和飞行设置】对话框

257 控制盘辅助操作

控制盘又称为 SteeringWheels，是用于追踪悬停在绘图窗口上的光标的菜单，通过这些菜单可以从单一界面中访问二维和三维导航工具。

控制盘分为若干个按钮，每个按钮包含一个导航工具。可以通过单击按钮或单击并拖动悬停在按钮上的光标来启动导航工具。用鼠标右键单击【导航控制盘】，弹出图 11-47 所示的快捷菜单。整个控制盘分为 3 个不同的控制盘来达到用户的使用要求，其中各个控制盘均拥有其独有的导航方式，分别介绍如下。

● 查看对象控制盘：如图 11-48 所示，将模型置于中心位置，并定义中心点，使用【动态观察】工具栏中的工具可以缩放和动态观察模型。

● 巡视建筑控制盘：如图 11-49 所示，通过将模型视图移近、移远或环视，以及更改模型视图的标高来导航模型。

● 全导航控制盘：如图 11-50 所示，将模型置于中心位置并定义轴心点，便可执行漫游和环视、更改视图标高、动态观察、平移和缩放模型等操作。

图 11-47 快捷菜单图

图 11-48 查看对象控制盘

图 11-49 巡视建筑控制盘图

图 11-50 全导航控制盘

单击该控制盘中的任意按钮都将执行相应的导航操作。在执行多次导航操作后，单击【回放】按钮或单击【回放】按钮并在上面拖动，可以显示回放历史，恢复先前的视图，如图 11-51 所示。

此外，还可以根据设计需要对滚轮各参数值进行设置，即自定义导航滚轮的外观和行为。用鼠标右键单击导航控制盘，选择【SteeringWheels 设置】命令，弹出【SteeringWheels 设置】对话框，如图 11-52 所示，可以设置导航控制盘中的各个参数。

图 11-51 回放视图

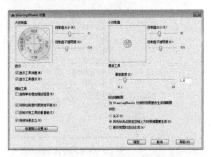

图 11-52 【SteeringWheels 设置】对话框

技能点拨

动态观察三维图形，执行方式除了在功能区执行命令的按钮外，还可以在绘图区右侧的导航栏中快速执行这些命令，如图 11-53 所示。

图 11-53 导航栏执行动态观察

11.4 绘制三维实体

在 AutoCAD 中创建三维实体，若物体并无复杂的外表曲面及多变的空间关系，则可直接使用三维基本体创建模型。在创建三维基本体绘制对象时，用户可以使用创建二维图形的方法和技巧来创建三维图形。

258 绘制长方体（命令 BOX；按钮 ）

长方体具有长、宽、高 3 个尺寸参数，可以创建各种长方形基体，例如，创建零件的底座、支撑板、建筑墙体及家具等。

1. 启用方法

● 面板：在【常用】选项卡中，单击【建模】面板【长方体】按钮 。

● 菜单栏：执行【绘图】|【建模】|【长方体】命令。

● 命令行：BOX。

2. 操作过程

01 启用【绘制长方体】命令后，系统默认绘制方式为指定角点绘制长方体，通过依次指定长方体底面的两对角点或指定一角点和长、宽、高的方式进行长方体的创建，如图 11-54 所示。

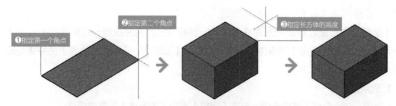

图 11-54 利用指定角点的方法绘制长方体

02 另一种绘制长方体的方法是指定中心的方法，利用该方法可以先指定长方体中心，再指定长方体中截面的一个角点或长度等参数，最后指定高度来创建长方体，如图 11-55 所示。

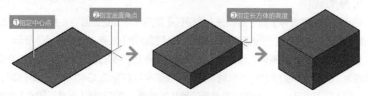

图 11-55 利用指定中心的方法绘制长方体

3. 结束方法

单击空格键或 Enter 键进行确定；或单击鼠标右键，在弹出的快捷菜单中选择【确定】选项。

259 绘制圆柱体（命令 CYLINDER；按钮⬜）

在 AutoCAD 中创建的【圆柱体】是以面或圆为截面形状，沿该截面法线方向拉伸所形成的实体，常用于绘制各类轴类零件、建筑图形中的各类圆柱等特征。

1. 启用方法

- 面板：在【常用】选项卡中，单击【建模】面板【圆柱体】工具按钮⬜。
- 菜单栏：执行【绘图】|【建模】|【圆柱体】命令。
- 命令行：CYLINDER。

2. 操作过程

启用【绘制圆柱体】命令后，根据命令行提示选择一种创建方法即可绘制【圆柱体】图形，如图 11-56 所示。

3. 结束方法

单击空格键或 Enter 键进行确定；或单击鼠标右键，在弹出的快捷菜单中选择【确定】选项。

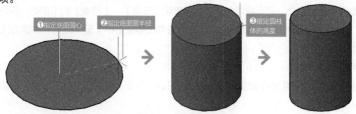

图 11-56 绘制圆柱体

260 绘制圆锥体（命令 CONE；按钮△）

【圆锥体】是指以圆或椭圆为底面形状，沿其法线方向并按照一定锥度向上或向下拉伸而形成的实体。使用【圆锥体】命令可以创建【圆锥】、【平截面圆锥】两种类型的实体。

1. 启用方法

● 面板：在【常用】选项卡中，单击【建模】面板【圆锥体】工具按钮△。

● 菜单栏：执行【绘图】|【建模】|【圆锥体】命令。

● 命令行：CONE。

2. 操作过程

启用【绘制圆锥体】命令后，在【绘图区】指定一点为底面圆心，并分别指定底面半径值或直径值，最后指定圆锥高度值，即可获得【圆锥体】效果，如图 11-57 所示。

也可创建平截面圆锥体，当启用【圆锥体】命令后，指定底面圆心及半径，命令提示行信息为"指定高度或 [两点 (2P)/ 轴端点 (A)/ 顶面半径 (T)]<9.1340>"，选择【顶面半径】选项，输入顶面半径值，最后指定平截面圆锥体的高度，即可获得【平截面圆锥】效果，如图 11-58 所示。

3. 结束方法

单击空格键或 Enter 键进行确定；或单击鼠标右键，在弹出的快捷菜单中选择【确定】选项。

图 11-57 圆锥体　　　　图 11-58 平截面圆锥体

261 绘制球体（命令 SPHERE；按钮○）

【球体】是在三维空间中，到一个点（即球心）距离相等的所有点的集合形成的实体，它广泛应用于机械、建筑等制图中，如创建档位控制杆、建筑物的球形屋顶等。

1. 启用方法

● 面板：在【常用】选项卡中，单击【建模】面板【球体】工具按钮○。

● 菜单栏：执行【绘图】|【建模】|【球体】命令。

● 命令行：SPHERE。

2. 操作过程

启用【绘制球体】命令后，直接捕捉一点为球心，然后指定球体的半径值或直径值，即可获得球体效果。另外，可以按照命令行提示使用【三点】、【两点】和【相切、相切、半径】这 3 种方法来绘制球体，其具体的创建方法与二维图形中【圆】的相关创建方法类似，如图 11-59 所示。

3. 结束方法

单击空格键 Enter 键进行确定；或单击鼠标右键，在弹出的快捷菜单中选择【确定】选项。

图 11-59 绘制球体

262 绘制棱锥体（命令 PYRAMID；按钮△）

【棱锥体】可以看作是以一个多边形面为底面，其余各面是由有一个公共顶点的具有三角形特征的面所构成的实体。

1. 启用方法

- 面板：在【常用】选项卡中，单击【建模】面板【棱锥体】工具按钮△。
- 菜单栏：执行【绘图】|【建模】|【棱锥体】命令。
- 命令行：PYRAMID。

2. 操作过程

启用【绘制棱锥体】命令后，可以通过参数的调整创建多种类型的【棱锥体】和【平截面棱锥体】，其绘制方法与绘制【圆锥体】的方法类似（指定底面圆心、半径以及棱锥高度），绘制完成的结果如图 11-60 和图 11-61 所示。

3. 结束方法

单击空格键或 Enter 键进行确定；或单击鼠标右键，在弹出的快捷菜单中选择【确定】选项。

图 11-60 棱锥体

图11-61 平截面棱锥体

263 绘制楔体（命令 WEDGE；按钮◣）

【楔体】可以看作是以矩形为底面，其一边沿法线方向拉伸所形成的具有楔状特征的实体。该实体通常用于填充物体的间隙，如安装设备时用于调整设备高度及水平度的楔体和楔木。

1. 启用方法

- 面板：在【常用】选项卡中，单击【建模】面板【楔体】工具按钮◣。
- 菜单栏：执行【绘图】|【建模】|【楔体】命令。
- 命令行：WEDGE 或 WE。

2. 操作过程

启用【绘制楔体】命令后，即可根据命令行提示进行操作，绘制【楔体】的方法同长方体的方法类似。操作如图 11-62 所示。

3. 结束方法

单击空格键或 Enter 键进行确定；或单击鼠标右键，在弹出的快捷菜单中选择【确定】选项。

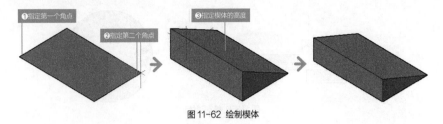

图 11-62　绘制楔体

264 绘制圆环体（命令 TORUS；按钮◎）

【圆环体】可以看作是在三维空间内，圆轮廓线绕与其共面直线旋转所形成的实体特征。该直线即是圆环的中心线；直线和圆心的距离即是圆环的半径；圆轮廓线的直径即是圆环的直径。

1. 启用方法

- 面板：在【常用】选项卡中，单击【建模】面板【圆环体】工具按钮◎。
- 菜单栏：执行【绘图】|【建模】|【圆环体】命令。
- 命令行：TORUS。

2. 操作过程

启用【绘制圆环体】命令后，首先确定圆环的位置和半径，然后确定圆环圆管的半径即可完成绘制，如图 11-63 所示。

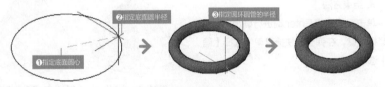

图 11-63　绘制圆环体

3. 结束方法

单击空格键或 Enter 键进行确定；或单击鼠标右键，在弹出的快捷菜中选择【确定】选项。

265 绘制多段体（命令 POLYSOLID；按钮◻）

1. 启用方法

- 面板：在【实体】选项卡中，单击【多段体】工具按钮◻。
- 菜单栏：执行【绘图】|【建模】|【多段体】命令。
- 命令行：POLYSOLID。

2. 操作过程

启用【绘制多段体】命令后，设置高度和宽度，然后在绘图区指定点即可（可指定多个点），如图 11-64 所示。

3. 结束方法

单击空格键或 Enter 键进行确定；或单击鼠标右键，在弹出的快捷菜中选择【确定】选项。

❶指定起点　❷指定第二点　❸指定第三点　❹指定最后一点

图 11-64　绘制多段体

11.5　创建三维曲面与网格

266 创建三维面

三维空间的表面称为【三维面】，它没有厚度，也没有质量属性。由【三维面】命令创建的面的各顶点可以有不同的 Z 坐标，构成各个面的顶点最多不能超过 4 个。如果构成面的 4 个顶点共面，则消隐命令认为该面不是透明的，可以将其消隐，反之，消隐命令对其无效。

1. 启用方法

● 菜单栏：执行【绘图】|【建模】|【网格】|【三维面】命令。

● 命令行：3DFACE。

2. 操作过程

启用【三维面】命令后，直接在绘图区中任意指定 4 点，即可创建曲面，操作如图 11-65 所示。

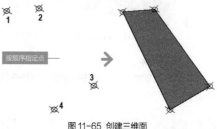

按顺序指定点

图 11-65　创建三维面

3. 结束方法

单击空格键或 Enter 键进行确定；或单击鼠标右键，在弹出的快捷菜单中选择【确定】选项。

267 创建平面曲面（命令 PLANESURF；按钮 ◈）

平面曲面是以平面内某一封闭轮廓创建一个平面内的曲面。在 AutoCAD 中，既可以用指定角点的方式创建矩形的平面曲面，也可用指定对象的方式，创建复杂边界形状的平面曲面。

1. 启用方法

● 面板：在【曲面】选项卡中，单击【创建】面板上的【平面】按钮 ◈。

● 菜单栏：选择【绘图】|【建模】|【曲面】|【平面】命令。

● 命令行：PLANESURF。

2. 操作过程

01 平面曲面的创建方法有【指定点】与【对象】两种，前者类似于绘制矩形，后者则像创建面域。根据命令行提示，指定角点或选择封闭区域即可创建平面曲面，效果如图 11-66 所示。

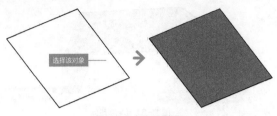

图 11-66 创建平面曲面

02 平面曲面可以通过【特性】选项板（Ctrl+1）设置 U 素线和 V 素线来控制，效果如图 11-67 和图 11-68 所示。

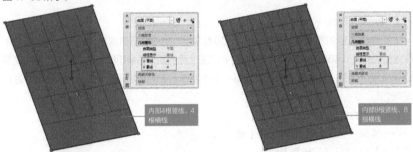

图 11-67 U、V 素线各为 4   图 11-68 U、V 素线各为 8

3. 结束方法

单击空格键或 Enter 键进行确定；或单击鼠标右键，在弹出的快捷菜单中选择【确定】选项。

268 创建网络曲面（命令 SURFNETWORK；按钮 ）

【网络曲面】命令可以在 U 方向和 V 方向（包括曲面和实体边子对象）的几条曲线之间的空间中创建曲面，是曲面建模最常用的方法之一。

1. 启用方法

● 面板：在【曲面】选项卡中，单击【创建】面板上的【网络】按钮 。

● 菜单栏：选择【绘图】||【建模】||【曲面】||【网络】命令。

● 命令行：SURFNETWORK。

2. 操作过程

启用【网络】命令后，根据命令行提示，先选择第一个方向上的曲线或曲面边，按 Enter 键确认，再选择第二个方向上的曲线或曲面边，即可创建出网格曲面，如图 11-69 所示。

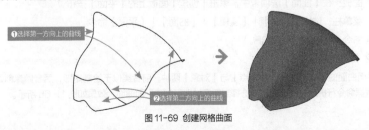

图 11-69 创建网格曲面

3. 结束方法

单击空格键或 Enter 键进行确定；或单击鼠标右键，在弹出的快捷菜单中选择【确定】选项。

269 创建直纹网格（命令 RULESURF；按钮 ◙ ）

直纹网格是以空间两条曲线为边界，创建直线连接的网格。直纹网格的边界可以是直线、圆、圆弧、椭圆、椭圆弧、二维多段线、三维多段线和样条曲线。

1. 启用方法

- 面板：在【网格】选项卡中，单击【图元】面板上的【直纹曲面】按钮 ◙ 。
- 菜单栏：选择【绘图】|【建模】|【网格】|【直纹网格】命令。
- 命令行：RULESURF。

2. 操作过程

启用【直纹网格】命令后，除了使用点作为直纹网格的边界，直纹网格的两个边界必须同时开放或闭合。且在调用命令时，因选择曲线的点不一样，绘制的直线会出现交叉和平行两种情况，分别如图 11-70 和图 11-71 所示。

3. 结束方法

单击空格键或 Enter 键进行确定；或单击鼠标右键，在弹出的快捷菜单中选择【确定】选项。

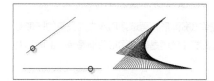

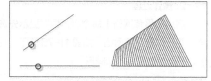

图 11-70 拾取点位置交叉创建交叉的网格面　　图 11-71 拾取点位置平行创建平行的网格面

270 创建旋转网格（命令 REVSURF；按钮 ◙ ）

1. 启用方法

- 面板：在【网格】选项卡中，单击【图元】面板上的【旋转曲面】按钮 ◙ 。
- 菜单栏：选择【绘图】|【建模】|【网格】|【旋转网格】命令。
- 命令行：REVSURF。

2. 操作过程

【旋转网格】操作同【旋转】命令一样，先选择要旋转的轮廓，然后再指定旋转轴输入旋转角度即可，如图 11-72 所示。

3. 结束方法

单击空格键或 Enter 键进行确定；或单击鼠标右键，在弹出的快捷菜单中选择【确定】选项。

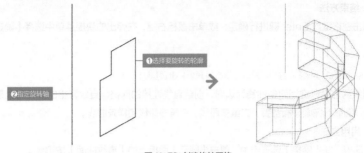

图 11-72 创建旋转网格

271 创建平移网格（命令 TABSURF；按钮 ）

使用【平移网格】命令可以将平面轮廓沿指定方向进行平移，从而绘制出平移网格。平移的轮廓可以是直线、圆、圆弧、椭圆、椭圆弧、二维多段线、三维多段线和样条曲线等。

1. 启用方法

● 面板：在【网格】选项卡中，单击【图元】面板上的【平移曲面】按钮 。

● 菜单栏：选择【绘图】｜【建模】｜【网格】｜【平移网格】命令。

● 命令行：TABSURF。

2. 操作过程

启用【平移网格】命令后，根据提示先选择轮廓图形，再选用作方向矢量的图形对象，即可创建平移网格，如图 11-73 所示。这里要注意的是轮廓图形只能是单一的图形对象，不能是面域等复杂图形。

图 11-73 创建平移网格

3. 结束方法

单击空格键或 Enter 键进行确定；或单击鼠标右键，在弹出的快捷菜单中选择【确定】选项。

272 创建边界网格（命令 EDGESURF；按钮 ）

使用【边界网格】命令可以由 4 条首尾相连的边创建一个三维多边形网格。

1. 启用方法

● 面板：在【网格】选项卡中，单击【图元】面板上的【边界曲面】按钮 。

● 菜单栏：选择【绘图】｜【建模】｜【网格】｜【边界网格】命令。

第 11 章 三维建模类命令

- 命令行：EDGESURF。

2. 操作过程

创建边界网格曲面时，需要依次选择 4 条边界。边界可以是圆弧、直线、多段线、样条曲线和椭圆弧，并且必须形成闭合环和共享端点。边界网格的效果如图 11-74 所示。

3. 结束方法

单击空格键或 Enter
键进行确定；或单击鼠
标右键，在弹出的快捷菜
单中选择【确定】选项。

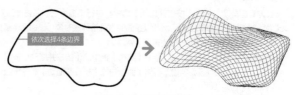

图 11-74 创建边界网格

11.6 由二维对象生成三维实体

在 AutoCAD 中，几何形状简单的模型可由各种基本实体组合而成，对于截面形状和空间形状复杂的模型，用基本实体将很难或无法创建，因此 AutoCAD 提供另外一种实体创建途径，即由二维轮廓进行拉伸、旋转、放样、扫掠等方式创建实体。

273 拉伸创建实体（命令 EXTRUDE；按钮 🔳）

【拉伸】工具可以将二维图形沿其所在平面的法线方向扫描，而形成三维实体。该二维图形可以是多段线、多边形、矩形、圆、椭圆、闭合的样条曲线、圆环和面域等。拉伸命令常用于创建某一方向上截面固定不变的实体，如机械中的齿轮、轴套、垫圈等，建筑制图中的楼梯栏杆、管道、异性装饰等物体。

1. 启用方法

- 面板：在【常用】选项卡中，单击【建模】面板【拉伸】按钮 🔳。
- 菜单栏：执行【绘图】|【建模】|【拉伸】命令。
- 命令行：EXTRUDE 或 EXT。

2. 操作过程

启用【拉伸】命令后，选中要拉伸的二维图形，命令行提示"指定拉伸的高度或［方向（D）/路径（P）/倾斜角（T）/表达式（E）]"，可以使用两种拉伸二维轮廓的方法：一种是指定拉升的倾斜角度和高度，生成直线方向的常规拉伸体；另一种是指定拉伸路径，可以选择多段线或圆弧，路径可以闭合，也可以不闭合。图 11-75 所示为使用拉伸命令创建的实体模型。

当指定拉伸角度时，其取值范围为 -90° ～ 90°，正值表示从基准对象逐渐变细，负值表示从基准对象逐渐变粗。默认情况下，角度为 0°，表示在与二维对象所在的平面垂直的方向上进行拉伸。

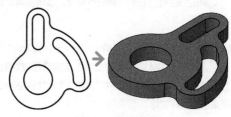

图 11-75 创建拉伸实体

193

3. 结束方法

单击空格键或 Enter 键进行确定；或单击鼠标右键，在弹出的快捷菜单中选择【确定】选项。

> **技能点拨**
>
> 与拉伸有同样功能的是【按住并拖动】命令，执行该命令后，单击图形对象内部的有限区域，系统自动为所选二维对象创建面域，然后以正面的方式拉伸该对象。该命令也是比较常用的命令。
>
> 执行【按住并拖动】命令的方式有以下两种。
> - 在功能区【常用】选项卡中，单击【建模】板中的【按住并拖动】按钮；
> - 单击【实体】选项卡，单击【实体】面板中的【按住并拖动】命令按钮。

274 旋转创建实体（命令 REVOVLE；按钮）

旋转是将二维对象绕指定的旋转线旋转一定的角度而形成的模型实体，如带轮、法兰盘和轴类等具有回旋特征的零件。用于旋转的二维对象可以是封闭多段线、多边形、圆、椭圆、封闭样条曲线、圆环及封闭区域。三维对象、包含在块中的对象、有交叉或干涉的多段线不能被旋转，而且每次只能旋转一个对象。

1. 启用方法

- 面板：在【常用】选项卡中，单击【建模】面板【旋转】工具按钮。
- 菜单栏：执行【绘图】|【建模】|【旋转】命令。
- 命令行：REVOLVE 或 REV。

2. 操作过程

启用【旋转】命令后，选取旋转对象，依次指定旋转轴和旋转角度（如 360°），如图 11-76 所示。

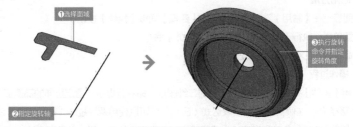

①选择面域

②指定旋转轴

③执行旋转命令并指定旋转角度

图 11-76 创建旋转体

3. 结束方法

单击空格键或 Enter 键进行确定；或单击鼠标右键，在弹出的快捷菜单中选择【确定】选项。

275 放样创建实体（命令 LOFTE；按钮）

【放样】实体即将横截面沿指定的路径或导向运动扫描所得到的三维实体。横截面指的是具有放样实体截面特征的二维对象，并且使用该命令时必须指定两个或两个以上的横截面来创建放样实体。

1. 启用方法

- 面板: 在【常用】选项卡中，单击【建模】面板【放样】工具按钮🔲。
- 菜单栏: 执行【绘图】||【建模】||【放样】命令。
- 命令行: LOFT。

2. 操作过程

启动【放样】命令后，根据命令行的提示，依次选择截面图形，然后定义放样选项，即可创建放样图形。操作如图 11-77 所示。

3. 结束方法

单击空格键或 Enter 键进行确定；或单击鼠标右键，在弹出的快捷菜单中选择【确定】选项。

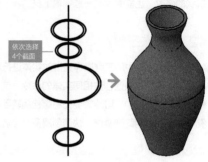

图 11-77 创建放样体

276 扫掠创建实体（命令 SWEEP；按钮🔲）

使用【扫掠】工具可以将扫掠对象沿着开放或闭合的二维或三维路径运动扫描，来创建实体或曲面。

1. 启用方法

- 面板: 在【常用】选项卡中，单击【建模】面板【扫掠】工具按钮🔲。
- 菜单栏: 执行【绘图】||【建模】||【扫掠】命令。
- 命令行: SWEEP。

2. 操作过程

执行【扫掠】命令后，按命令行提示选择扫掠截面与扫掠路径即可，如图 11-78 所示。

3. 结束方法

单击空格键或 Enter 键进行确定；或单击鼠标右键，在弹出的快捷菜单中选择【确定】选项。

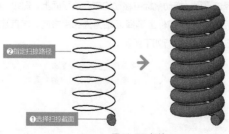

图 11-78 扫掠

在 AutoCAD 中，由基本的三维建模工具只能创建初步的模型的外观，模型的细节部分，如壳、孔、圆角等特征，需要由相应的编辑工具来创建。另外模型的尺寸、位置、局部形状的修改，也需要用到一些编辑工具。

12.1 操作三维对象

AutoCAD 中的三维操作是指对实体进行移动、旋转、对齐等改变实体位置的命令，以及镜像、阵列等快速创建相同实体的命令。这些三维操作在装配实体时使用频繁，例如，将螺栓装配到螺孔中，可能需要先将螺栓旋转到轴线与螺孔平行，然后通过移动将其定位到螺孔中，接着使用阵列操作，快速创建多个位置的螺栓。

277 移动模型（命令 3DMOVE；按钮⊕）

【三维移动】可以将实体按指定距离在空间中进行移动，以改变对象的位置。使用【三维移动】工具能将实体沿 X、Y、Z 轴或其他任意方向，以及直线、面或任意两点间移动，从而将其定位到空间的准确位置。

1. 启用方法

- 面板：在【常用】选项卡中，单击【修改】面板上的【三维移动】工具按钮⊕。
- 菜单栏：【修改】|【三维操作】|【三维移动】命令。
- 命令行：3DMOVE。

2. 操作过程

执行上述任一命令后，在【绘图区】选取要移动的对象，绘图区将显示坐标系图标，如图 12-1 所示。

单击选择坐标轴的某一轴，拖动鼠标所选定的实体对象将沿所约束

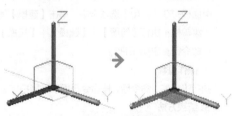

图 12-1 移动坐标系

的轴移动；若是将光标停留在两条轴柄之间的直线会合处的平面上（用以确定一定平面），直至其变为黄色，然后选择该平面，拖动鼠标将移动约束到该平面上。例如，移动底座实体，选择需要移动的对象，然后在移动小控件上选择 Z 轴为为约束方向，将底座移动到合适的位置即可，效果如图 12-2 所示。命令行如下所示。

```
命令：_3dmove                              // 调用【三维移动】命令
选择对象：找到 1 个                         // 选中底座为要移动的对象
选择对象：                                 // 单击右键完成选择
指定基点或 [位移 (D)] <位移>：
正在检查 666 个交点 ...
** MOVE **
指定移动点 或 [基点 (B)/复制 (C)/放弃 (U)/退出 (X)]：   // 将底座移动到合适位置，然后单击左键，结束操作。
```

3. 结束方法

单击空格键或 Enter 键进行确定；或
单击鼠标右键，在弹出的快捷菜单中选择
【确定】选项。

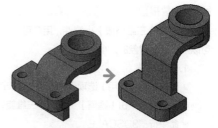

图 12-2 三维移动效果

278 旋转模型（命令 3DROTATE；按钮◉）

利用【三维旋转】工具可将选取的三维对象和子对象，沿指定旋转轴（ X 轴、 Y 轴、 Z
轴）进行自由旋转。

1. 启用方法

- 面板：在【常用】选项卡中，单击【修改】面板上的【三维旋转】工具按钮◉。
- 菜单栏：执行【修改】|【三维操作】|【三维旋转】命令。
- 命令行：3DROTATE。

2. 操作过程

启用【三维旋转】命令后，即可进入【三维旋转】模式，在【绘图区】选取需要旋转的
对象，此时绘图区出现 3 个圆环（红色代表 X 轴、绿色代表 Y 轴、蓝色代表 Z 轴），然后在绘图
区指定一点为旋转基点。指定完旋转基点后，选取夹点工具上圆环用以确定旋转轴（选定的
旋转轴变为黄色），接着直接输入角度进行实体的旋转，或选择屏幕上的任意位置用以确定
旋转基点，在输入角度值即可获得实体三维旋转效果，如图 12-3 所示。命令行如下所示。

```
命令：_3drotate                                           // 调用【三维旋转】命令
UCS 当前的正角方向： ANGDIR= 逆时针   ANGBASE=0
选择对象：找到 1 个                                          // 选择连接板和圆柱为旋转对象
选择对象：                                                 // 单击右键结束选择
指定基点：                                                 // 指定圆柱中心点为基点
拾取旋转轴：                                               // 拾取 Z 轴为旋转轴
** 旋转 **
指定旋转角度或 [ 基点 (B)/ 复制 (C)/ 放弃 (U)/ 参照 (R)/ 退出 (X)]：// 指定旋转角度
```

图 12-3 三维旋转步骤

3. 结束方法

单击空格键或 Enter 键进行确定；或单击鼠标右键，在弹出的快捷菜单中选择【确定】
选项。

279 缩放模型（命令 3DSCALE；按钮△）

使通过【三维缩放】小控件，用户可以沿轴或平面调整选定对象和子对象的大小，也可以统一调整对象的大小。

1. 启用方法

- 面板：在【常用】选项卡中，单击【修改】面板上的【三维缩放】工具按钮△。
- 工具栏：单击【建模】工具栏【三维旋转】按钮。
- 命令行：3DSCALE。

2. 操作过程

执行上述任一命令后，即可进入【三维缩放】模式，在【绘图区】选取需要缩放的对象，此时绘图区出现图 12-4 所示的缩放小控件。然后在绘图区中指定一点为缩放基点，拖动鼠标操作即可进行缩放。

在缩放小控件中单击选择不同的区域，可以获得不同的缩放效果，具体介绍如下：

- 单击最靠近三维缩放小控件顶点的区域：将亮显小控件的所有轴的内部区域，如图 12-5 所示，模型整体按统一比例缩放。
- 单击定义平面的轴之间的平行线：将亮显小控件上轴与轴之间的部分，如图 12-6 所示，会将模型缩放约束至平面。此选项仅适用于网格，不适用于实体或曲面。
- 单击轴：仅亮显小控件上的轴，如图 12-7 所示，会将模型缩放约束至轴上。此选项仅适用于网格，不适用于实体或曲面。

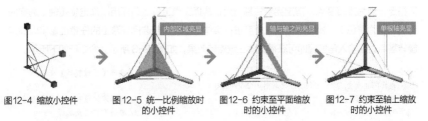

图12-4 缩放小控件　　图12-5 统一比例缩放时　　图12-6 约束至平面缩放　　图12-7 约束至轴上缩放
　　　　　　　　　　　　　的小控件　　　　　　　时的小控件　　　　　　　时的小控件

3. 结束方法

单击空格键或 Enter 键进行确定；或单击鼠标右键，在弹出的快捷菜单中选择【确定】选项。

280 镜像模型（命令 3DMIRROR；按钮※）

使用【三维镜像】工具能够将三维对象通过镜像平面获取与之完全相同的对象，其中镜像平面可以是与 UCS 坐标系平面平行的平面或三点确定的平面。

1. 启用方法

- 面板：在【常用】选项卡中，单击【修改】面板【三维镜像】工具按钮※。
- 菜单栏：执行【修改】|【三维操作】|【三维镜像】命令。
- 命令行：MIRROR3D。

2. 操作过程

执行上述任一命令后，即可进入【三维镜像】模式，在绘图区选取要镜像的实体后，按 Enter 键或单击鼠标右键，按照命令行提示选取镜像平面，用户可根据设计需要指定 3 个点作为镜像平面，然后根据需要确定是否删除源对象，单击鼠标右键击或按 Enter 键即可获得三维镜像效果，如图 12-8 所示。命令行如下所示。

```
命令：_mirror3d                                    // 调用【三维镜像】命令
选择对象：找到 1 个                                 // 选择要镜像的对象
选择对象：                                          // 单击右键结束选择
指定镜像平面（三点）的第一个点或 [对象 (O) / 最近的 (L) / Z 轴 (Z) / 视图 (V) / XY 平面 (XY) / YZ 平面 (YZ) /
ZX 平面 (ZX) / 三点 (3)] < 三点 >：                 // 依次指定镜像平面的三点
是否删除源对象？［是 (Y) / 否 (N)] < 否 >：          // 按 Enter 键或空格键，系统默认为不删除源对象
```

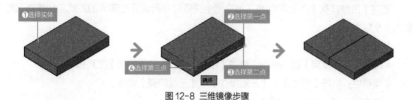

图 12-8 三维镜像步骤

3. 结束方法

单击空格键或 Enter 键进行确定；或单击鼠标右键，在弹出的快捷菜单中选择【确定】选项。

281 对齐模型（命令 3DALIGN；按钮 ）

在 AutoCAD 中，三维对齐操作是指最多 3 个点用以定义源平面，然后指定最多 3 个点用以定义目标平面，从而获得三维对齐效果。

1. 启用方法

● 面板：在【常用】选项卡中，单击【修改】面板上的【三维对齐】工具按钮 。
● 菜单栏：执行【修改】|【三维操作】|【三维对齐】命令。
● 命令行：3DALIGN。

2. 操作过程

执行【三维对齐】命令后，可首先为源对象指定 1 个、2 个或 3 个点用以确定源平面，然后为目标对象指定 1 个、2 个或 3 个点用以确定目标平面，从而实现模型与模型之间的对齐，图 12-9 所示为三维对齐效果。命令行如下所示。

```
命令：_3dalign                                     // 调用【三维对齐】命令
选择对象：找到 1 个                                 // 选中要对齐的对象
选择对象：                                          // 按空格键或 Enter 键结束对象选择
指定源平面和方向 ...
指定基点或 [复制 (C)]：
指定第二个点或 [继续 (C)] <C>：
指定第三个点或 [继续 (C)] <C>：                     // 依次指定源平面的三点 a'、b'、c'
指定目标平面和方向 ...
指定第一个目标点：
指定第二个目标点或 [退出 (X)] <X>：
指定第三个目标点或 [退出 (X)] <X>：                 // 依次指定目标平面的三点 a、b、c 完成三维对其操作
```

3. 结束方法

单击空格键或 Enter
键进行确定；或单击鼠标
右键，在弹出的快捷菜单
中选择【确定】选项。

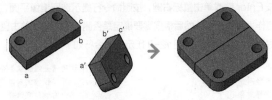

图 12-9 三维对齐操作

282 阵列模型（命令 3DARRAY；按钮🔲）

使用【三维阵列】工具可以在三维空间中按矩形阵列或环形阵列的方式，创建指定对
象的多个副本。

1. 启用方法

- 面板：在【常用】选项卡中，单击【修改】面板【三维阵列】工具按钮🔲三维阵列。
- 菜单栏：执行【修改】||【三维操作】||【三维阵列】命令。
- 命令行：3DARRAY 或 3A。

2. 操作过程

启用【三维阵列】命令后，命令行提示选择阵列类型，有【矩形阵列】和【环形阵
列】两种类型，具体如下。

■ 矩形阵列

在执行【矩形阵列】阵列时，需要指定行数、列数、层数、行间距和层间距，其中一
个矩形阵列可设置多行、多列和多层。

在指定间距值时，可以分别输入间距值或在绘图区域选取两个点，AutoCAD 将自动测
量两点之间的距离值，并以此作为间距值。如果间距值为正，将沿 X 轴、Y 轴、Z 轴的正
方向生成阵列；间距值为负，将沿 X 轴、Y 轴、Z 轴的负方向生成阵列。

编辑如图 12-10 所示的阵列图形命令行如下所示。

```
命令：_3darray                         // 调用【三维阵列】命令
选择对象：找到 1 个                      // 选择要阵列的对象
选择对象：
// 单击右键结束选择
输入阵列类型 [矩形 (R) / 环形 (P)] <矩形>:R// 按 Enter 键或空格键，系统默认为矩形阵列模式
输入行数 (—) <1>: 3
输入列数 (|||) <1>: 4
输入层数 (...) <1>:                     // 输入层数为 1，即进行平面阵列
指定行间距 (—): 8
指定列间距 (|||): 7 ✔                   // 分别指定矩形阵列参数，按 Enter 键，完成矩形阵列操作
```

图 12-10 矩形阵列效果

■ **环形阵列**

在执行【环形阵列】阵列时，需要指定阵列的数目、阵列填充的角度、旋转轴的起点和终点及对象在阵列后是否绕着阵列中心旋转。

编辑如图 12-11 所示的环形阵列图形命令行如下所示。

```
命令：3DARRAY                              // 调用【三维阵列】命令
正在初始化...   已加载 3DARRAY
选择对象：找到 1 个                         // 选择要阵列的对象
选择对象：                                  // 单击右键完成选择
输入阵列类型 ［矩形 (R) / 环形 (P)］〈矩形〉:p   // 选择环形阵列模式
输入阵列中的项目数目：9
指定要填充的角度 (+= 逆时针，-= 顺时针) 〈360〉:   // 输入环形阵列的参数
旋转阵列对象？［是 (Y) / 否 (N)］〈Y〉:        // 按 Enter 键或空格键，系统默认为旋转阵列对象
指定阵列的中心点：
指定旋转轴上的第二点：〈正交 开〉_UCS          // 选择大圆柱的中轴线为旋转轴
```

完成这一系列操作后单击【实体编辑】面板中【差集】按钮，单击选择中心圆柱体为被减实体，选择阵列创建的圆柱体为要减去的实体，单击右键结束操作。

3. 结束方法

单击空格键或 Enter 键进行确定；或单击鼠标右键，在弹出的快捷菜单中选择【确定】选项。

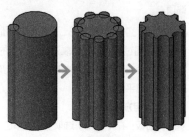

图 12-11 环形阵列效果

12.2 编辑实体

在对三维实体进行编辑时，不仅可以对实体上单个表面和边线执行编辑操作，同时还可以对整个实体执行编辑操作。

283 抽壳（命令 **SOLIDEDIT**；按钮 ）

通过执行【抽壳】操作可将实体以指定的厚度，形成一个空的薄层，同时还允许将某些指定面排除在壳外。指定正值从圆周外开始抽壳，指定负值从圆周内开始抽壳。

1. 启用方法

● 面板：在【实体】选项卡中，单击【实体编辑】面板【抽壳】工具按钮 。

● 菜单栏：执行【修改】|【实体编辑】|【抽壳】命令。

● 命令行：SOLIDEDIT。

2. 操作过程

执行【抽壳】命令后，可根据设计需要保留所有面执行抽壳操作（即中空实体）或删除单个面执行抽壳操作，分别介绍如下。

■ **删除抽壳面**

该抽壳方式通过移除面形成内孔实体。执行【抽壳】命令，在绘图区选取待抽壳的实体，继续选取要删除的单个或多个表面并单击右键，输入抽壳偏移距离，按 Enter 键，即可完成抽壳操作，其效果如图 12-12 所示。

■ 保留抽壳面

该抽壳方法与删除面抽壳操作不同之处在于：该抽壳方法是在选取抽壳对象后，直接按 Enter 键或单击右键，并不选取删除面，而是输入抽壳距离，从而形成中空的抽壳效果，如图 12-13 所示。

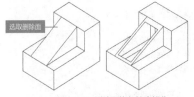 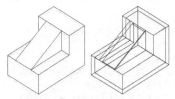

图 12-12　删除面执行抽壳操作　　　图 12-13　保留抽壳面得到中空效果

3. 结束方法

单击空格键或 Enter 键进行确定；或单击鼠标右键，在弹出的快捷菜单中选择【确定】选项。

284 剖切实体（命令 SLICE；按钮 ）

在绘图过程中，为了表达实体内部的结构特征，可使用剖切工具假想一个与指定对象相交的平面或曲面将该实体剖切，从而创建新的对象。可通过指定点、选择曲面或平面对象来定义剖切平面。

1. 启用方法

- 面板：在【常用】选项卡中，单击【实体编辑】面板上【剖切】按钮 。
- 菜单栏：执行【修改】|【三维操作】|【剖切】命令。
- 命令行：SLICE 或 SL。

2. 操作过程

启用【剖切】命令后，选择要剖切的对象，接着按命令行提示定义剖切面，可以选择某个平面对象，例如，用户自己创建的平面或曲面，也可选择坐标系定义的平面，如 *XY*、*YZ*、*ZX* 平面。最后，可选择保留剖切实体的一侧或两侧都保留，即完成实体的剖切。指定剖切面的方式介绍如下。

■ 指定切面起点

这是默认剖切方式，即通过指定剖切实体的两点来执行剖切操作，剖切平面将通过这两点并与 *XY* 平面垂直。

操作方法是：单击【剖切】按钮 ，然后在绘图区选取待剖切的对象，接着分别指定剖切平面的起点和终点。指定剖切点后，命令行提示："在所需的侧面上指定点或 [保留两个侧面 (B)]："，选择是否保留指定侧的实体或两侧都保留，按 Enter 即可执行剖切操作。步骤如图 12-14 所示。

图 12-14　指定切面起点剖切步骤

■ 平面对象

该剖切方式利用曲线、圆、椭圆、圆弧或椭圆弧、二维样条曲线、二维多段线来定义一个剖切平面，剖切平面与二维对象平面重合。

通过绘制辅助平面的方法来进行剖切，是最为复杂的一种，但是功能也最为强大。对象除了是平面，还可以是曲面，因此能创建出任何所需的剖切图形。步骤如图 12-15 所示。

图 12-15 平面对象剖切步骤

■ 曲面

选择该剖切方式可利用曲面作为剖切平面，方法是：选取待剖切的对象之后，在命令行中输入字母 S，按 Enter 键后选取曲面，并在零件上方任意捕捉一点，即可执行剖切操作。

■ Z 轴

选择该剖切方式可指定 Z 轴方向的两点作为剖切平面，方法是：选取待剖切的对象之后，在命令行中输入字母 Z，按 Enter 键后直接在实体上指定两点，并在零件上方任意捕捉一点，即可完成剖切操作。

"Z 轴"和"指定切面起点"进行剖切的操作过程完全相同，同样都是指定两点，但结果却不同。指定"Z 轴"指定的两点是剖切平面的 Z 轴，而"指定切面起点"所指定的两点直接就是剖切平面。剖切效果如图 12-16 所示。

图 12-16 Z 轴剖切

■ 视图

该剖切方式使剖切平面与当前视图平面平行，输入平面的通过点坐标，即完成定义剖切面。操作方法是：选取待剖切的对象之后，在命令行输入字母 V，按 Enter 键后指定三维坐标点或输入坐标数字，并在零件上方任意捕捉一点，即可执行剖切操作，如图 12-17 所示。

通过"视图"方法进行剖切同样是使用比较多的一种，该方法操作简便，使用快捷，只需指定一点，就可以根据电脑屏幕所在的平面对模型进行剖切。缺点是精确度不够，只适合用作演示、观察。

图 12-17 视图剖切

■ *XY、YZ、ZX*

利用坐标系平面 *XY、YZ、ZX* 同样能够作为剖切平面，方法是：选取待剖切的对象之后，在命令行指定坐标系平面，按 Enter 键后指定该平面上一点，并在零件上方任意捕捉一点，即可执行剖切操作。

■ 三点

在绘图区中捕捉 3 点，即利用这 3 个点组成的平面作为剖切平面，方法是：选取待剖切对象之后，在命令行输入数字 3，按 Enter 键后直接在零件上捕捉 3 点，系统将自动根据这 3 点组成的平面执行剖切操作。

3. 结束方法

单击空格键或 Enter 键进行确定；或单击鼠标右键，在弹出的快捷菜单中选择【确定】选项。

285 加厚曲面（命令 THICKEN；按钮 ⊘）

在三维建模环境中，可以将网格曲面、平面曲面或截面曲面等多种曲面类型的曲面通过加厚处理形成具有一定厚度的三维实体。

1. 启用方法

● 面板：在【实体】选项卡中，单击【实体编辑】面板【加厚】工具按钮 ⊘。

● 菜单栏：执行【修改】|【三维操作】|【加厚】命令。

● 命令行：THICKEN。

2. 操作过程

启用【加厚】命令后，直接在【绘图区】选择要加厚的曲面，然后单击右键或按 Enter 键后，在命令行中输入厚度值并按 Enter 键确认，即可完成加厚操作，如图 12-18 所示。

3. 结束方法

单击空格键或 Enter 键进行确定；或单击鼠标右键，在弹出的快捷菜单中选择【确定】选项。

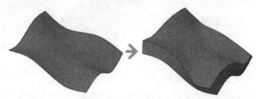

图 12-18 曲面加厚

12.3 布尔运算

AutoCAD 的【布尔运算】功能贯穿建模的整个过程，尤其是在建立一些机械零件的三维模型时使用更为频繁，该运算用来确定多个体（曲面或实体）之间的组合关系，也就是说通过该运算可将多个形体组合为一个形体，从而实现一些特殊的造型，如孔、槽、凸台和齿轮特征都是执行布尔运算组合而成的新特征。

与二维面域中的【布尔运算】一致，三维建模中【布尔运算】同样包括【并集】、【差集】以及【交集】3 种运算方式。

286 并集运算（命令 UNION；快捷命令 UNI；按钮 ◎）

【并集】运算是将两个或两个以上的实体（或面域）对象组合成为一个新的组合对

象。执行并集操作后，原来各实体相互重合的部分变为一体，使其成为无重合的实体。

1. 启用方法

- 面板：在【常用】选项卡中，单击【实体编辑】面板中的【并集】工具按钮◎。
- 菜单栏：执行【修改】|【实体编辑】|【并集】命令。
- 命令行：UNION 或 UNI。

2. 操作过程

启用【并集】命令后，在【绘图区】中选取所要合并的对象，按 Enter 键或单击鼠标右键，即可执行合并操作，效果如图 12-19 所示。

3. 结束方法

单击空格键或 Enter 键进行确定；或单击鼠标右键，在弹出的快捷菜单中选择【确定】选项。

图 12-19 并集运算

287 差集运算（命令 SUBTRACT；快捷命令 SU；按钮◎）

差集运算就是将一个对象减去另一个对象从而形成新的组合对象。与并集操作不同的是首先选取的对象则为被剪切对象，之后选取的对象则为剪切对象。

1. 启用方法

- 面板：在【常用】选项卡中，单击【实体编辑】面板中的【差集】工具按钮◎。
- 菜单栏：执行【修改】|【实体编辑】|【差集】命令。
- 命令行：SUBTRACT 或 SU。

2. 操作过程

启用【差集】命令后，在【绘图区】中选取被剪切的对象，按 Enter 键或单击鼠标右键，然后选取要剪切的对象，按 Enter 键或单击鼠标右键即可执行差集操作，差集运算效果如图 12-20 所示。

3. 结束方法

单击空格键或 Enter 键进行确定；或单击鼠标右键，在弹出的快捷菜单中选择【确定】选项。

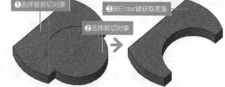

图 12-20 差集运算

288 交集运算（命令 INTERSECT；快捷命令 IN；按钮◎）

在三维建模过程中执行交集运算可获取两相交实体的公共部分，从而获得新的实体，该运算是差集运算的逆运算。

1. 启用方法

- 面板：在【常用】选项卡中，单击【实体编辑】面板中的【交集】工具按钮◎。
- 菜单栏：执行【修改】|【实体编辑】|【交集】命令。
- 命令行：INTERSECT 或 IN。

2. 操作过程

启用【交集】命令后，在【绘图区】选取具有公共部分的两个对象，按 Enter 键或单击鼠标右键即可执行相交操作，其运算效果如图 12-21 所示。

3. 结束方法

单击空格键或 Enter 键进行确定；或单击鼠标右键，在弹出的快捷菜单中选择【确定】选项。

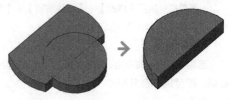

图 12-21 交集运算

12.4 编辑实体边

【实体】都是由最基本的面和边所组成，AutoCAD 不仅提供多种编辑实体工具，同时可根据设计需要提取多个边特征，对其执行偏移、着色、压印或复制边等操作，便于查看或创建更为复杂的模型。

289 边倒角（命令 CHAMFEREDGE；按钮◉）

在三维建模过程中创建倒角特征主要用于孔特征零件或轴类零件，为方便安装轴上其他零件，防止擦伤或者划伤其他零件和安装人员。

1. 启用方法

● 面板：在【实体】选项卡中，单击【实体编辑】面板【倒角边】工具按钮◉。

● 菜单栏：执行【修改】|【实体编辑】|【倒角边】命令。

● 命令行：CHAMFEREDGE。

2. 操作过程

启用【倒角边】命令后，根据命令行的提示，在【绘图区】选取绘制倒角所在的基面，按 Enter 键分别指定倒角距离，指定需要倒角的边线，按 Enter 键即可创建三维倒角，效果如图 12-22 所示。

3. 结束方法

单击空格键或 Enter 键进行确定；或单击鼠标右键，在弹出的快捷菜单中选择【确定】选项。

图 12-22 创建三维倒角

290 边圆角（命令 FILLETEDGE；按钮◉）

在三维建模过程中创建圆角特征主要用在回转零件的轴肩处，以防止轴肩应力集中，在长时间的运转中断裂。

1. 启用方法

● 面板：在【实体】选项卡中，单击【实体编辑】面板【圆角边】工具按钮◉。

● 菜单栏：执行【修改】|【实体编辑】|【圆角边】命令。

● 命令行：FILLETEDGE。

2. 操作过程

启用【圆角边】命令后，然后在【绘图区】选取需要绘制圆角的边线，输入圆角半径，按 Enter 键，其命令行出现"选择边或 [链 (C)/ 环 (L)/ 半径 (R)]:"提示。选择【链】选项，则可以选择多个边线进行倒圆角；选择【半径】选项，则可以创建不同半径值的圆角，按 Enter 键即可创建三维倒圆角，如图 12-23 所示。

3. 结束方法

单击空格键或 Enter 键进行确定；或单击鼠标右键，在弹出的快捷菜单中选择【确定】选项。

图 12-23 创建三维圆角

291 复制边（命令 SOLIDEDIT；按钮 ）

执行【复制边】操作可将现有的实体模型上单个或多个边偏移到其他位置，从而利用这些边线创建出新的图形对象。

1. 启用方法

● 面板：在【常用】选项卡中，单击【实体编辑】面板上的【复制边】工具按钮 。

● 菜单栏：执行【修改】|【实体编辑】|【复制边】命令。

● 命令行：SOLIDEDIT → E → C。

2. 操作过程

启用【复制边】命令后，在【绘图区】选择需要复制的边线，单击鼠标右键，系统弹出快捷菜单。单击【确认】选项，并指定复制边的基点或位移，移动鼠标到合适的位置单击放置复制边，完成复制边的操作。其效果如图 12-24 所示，命令行如下所示。

```
命令：_solidedit
实体编辑自动检查： SOLIDCHECK=1
输入实体编辑选项 [ 面 (F)/ 边 (E)/ 体 (B)/ 放弃 (U)/ 退出 (X)] < 退出 >：_edge
输入边编辑选项 [ 复制 (C)/ 着色 (L)/ 放弃 (U)/ 退出 (X)] < 退出 >：_copy        // 调用【复制边】命令
选择边或 [ 放弃 (U)/ 删除 (R)]:                         // 选择要复制的边
……
选择边或 [ 放弃 (U)/ 删除 (R)]:              // 选择完毕，单击鼠标右键结束选择边
指定基点或位移：                           // 指定基点
指定位移的第二点：                         // 指定平移到的位置
输入边编辑选项 [ 复制 (C)/ 着色 (L)/ 放弃 (U)/ 退出 (X)] < 退出 >：   // 按 Esc 退出复制边命令
```

3. 结束方法

单击空格键或 Enter 键进行确定；或单击鼠标右键，在弹出的快捷菜单中选择【确定】选项。

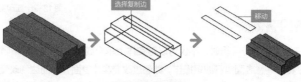

图 12-24 复制边

292 着色边（命令 SOLIDEDIT；按钮 ）

在三维建模环境中，不仅能够着色实体表面，同样可使用【着色边】工具将实体的边线执行着色操作，从而获得实体内、外表面边线不同的着色效果。

1. 启用方法

- 面板：在【常用】选项卡中，单击【实体编辑】面板上的【着色边】工具按钮 。
- 菜单栏：执行【修改】||【实体编辑】||【着色边】命令。
- 命令行：SOLIDEDIT → E → L。

2. 操作过程

启用【着色边】命令后，在绘图区选取待着色的边线，按 Enter 键或单击右键，系统弹出【选择颜色】对话框，如图 12-25 所示，在该对话框中指定填充颜色，单击【确定】按钮，即可执行边着色操作。

3. 结束方法

单击空格键或 Enter 键进行确定；或单击鼠标右键，在弹出的快捷菜单中选择【确定】选项。

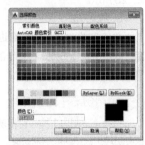

图 12-25 【选择颜色】对话框

293 压印边（命令 IMPRINT；按钮 ）

在创建三维模型后，往往在模型的表面加入公司标记或产品标记等图形对象，AutoCAD 软件专为该操作提供【压印边】工具，即通过与模型表面单个或多个表面相交图形对象压印到该表面。

1. 启用方法

- 面板：在【常用】选项卡中，单击【实体编辑】面板上的【压印边】工具按钮 。
- 菜单栏：执行【修改】||【实体编辑】||【压印边】命令。
- 命令行：IMPRINT。

2. 操作过程

启用【压印边】命令后，在【绘图区】选取三维实体，接着选取压印对象，命令行将显示"是否删除源对象 [是（Y）/（否）]<N>："的提示信息，可根据设计需要确定是否保留压印对象，即可执行压印操作，其效果如图 12-26 所示。

3. 结束方法

单击空格键或 Enter 键进行确定；或单击鼠标右键，在弹出的快捷菜单中选择【确定】选项。

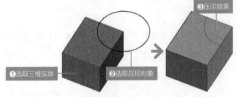

图 12-26 压印实体

12.5 编辑实体面

在对三维实体进行编辑时，不仅可以对实体上单个或多个边线执行编辑操作，同时还可以对整个实体任意表面执行编辑操作，即通过改变实体表面，从而达到改变实体的目的。

294 拉伸实体面（命令 SOLIDEDIT；按钮🔲）

在编辑三维实体面时，可使用【拉伸面】工具直接选取实体表面执行面拉伸操作，从而获取新的实体。

1. 启用方法

- 面板：在【常用】选项卡中，单击【实体编辑】面板上的【拉伸面】工具按钮🔲。
- 菜单栏：执行【修改】|【实体编辑】|【拉伸面】命令。
- 命令行：SOLIDEDIT → F → E。

2. 操作过程

启用【拉伸面】命令之后，选择一个要拉伸的面，接下来用两种方式拉伸面。

■ 指定拉伸高度

输入拉伸的距离，默认按平面法线方向拉伸，输入正值向平面外法线方向拉伸，负值则相反。可选择由法线方向倾斜一角度拉伸，生成拔模的斜面，如图 12-27 所示。

■ 按路径拉伸（P）

需要指定一条路径线，可以为直线、圆弧、样条曲线或它们的组合，截面以扫掠的形式沿路径拉伸，如图 12-28 所示。

3. 结束方法

单击空格键或 Enter 键进行确定；或单击鼠标右键，在弹出的快捷菜单中选择【确定】选项。

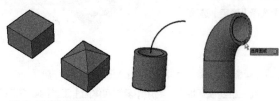

图 12-27 倾斜角度拉伸面　　　　图 12-28 按路径拉伸面

295 倾斜实体面（命令 SOLIDEDIT；按钮🔲）

在编辑三维实体面时，可利用【倾斜实体面】工具将孔、槽等特征可沿矢量方向，并指定特定的角度进行倾斜操作，从而获取新的实体。

1. 启用方法

- 面板：在【常用】选项卡中，单击【实体编辑】面板上的【倾斜面】工具按钮🔲。
- 菜单栏：执行【修改】|【实体编辑】|【倾斜面】命令。
- 命令行：SOLIDEDIT → F → T。

2. 操作过程

启用【倾斜面】命令后，在【绘图区】选取需要倾斜的曲面，并指定倾斜曲面参照轴线基点和另一个端点，输入倾斜角度，按 Enter 键或单击鼠标右键即可完成倾斜实体面操作，其效果如图 12-29 所示。

3. 结束方法

单击空格键或 Enter 键进行确定；或单击鼠标右键，在弹出的快捷菜单中选择【确定】选项。

图 12-29 倾斜实体面

296 移动实体面（命令 SOLIDEDIT；按钮 🖿）

执行移动实体面操作是沿指定的高度或距离移动选定的三维实体对象的一个或多个面。移动时，只移动选定的实体面而不改变方向，可用于三维模型的小范围调整。

1. 启用方法

● 面板：在【常用】选项卡中，单击【实体编辑】面板上的【移动面】工具按钮 🖿。

● 菜单栏：执行【修改】|【实体编辑】|【移动面】命令。

● 命令行：SOLIDEDIT → F → M。

2. 操作过程

启用【移动面】命令后，在【绘图区】选取实体表面，按 Enter 键并单击鼠标右键捕捉移动实体面的基点，然后指定移动路径或距离值，单击右键即可执行移动实体面操作，其效果如图 12-30 所示。

3. 结束方法

单击空格键或 Enter 键进行确定；或单击鼠标右键，在弹出的快捷菜单中选择【确定】选项。

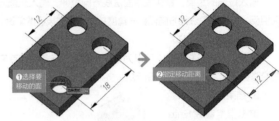

图 12-30 移动实体面

297 复制实体面（命令 SOLIDEDIT；按钮 ▣）

在三维建模环境中，利用【复制实体面】工具能够将三维实体表面复制到其他位置，使用这些表面可创建新的实体。

1. 启用方法

● 面板：在【常用】选项卡中，单击【实体编辑】面板上的【复制面】工具按钮 ▣。

● 菜单栏：执行【修改】|【实体编辑】|【复制面】命令。

● 命令行：SOLIDEDIT → F → C。

2. 操作过程

启用【复制面】命令后，选择要复制的实体表面，可以一次选择多个面，然后指定复制的基点，接着将曲面拖到其他位置即可，如图 12-31 所示。系统默认将平面类型的表面复制为面域，将曲面类型的表面复制为曲面。

3. 结束方法

单击空格键或 Enter 键进行确定；或单击鼠标右键，在弹出的快捷菜单中选择【确定】选项。

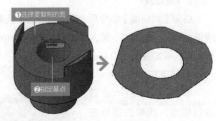

图 12-31 复制实体面

298 偏移实体面（命令 SOLIDEDIT；按钮🗗）

执行偏移实体面操作是在一个三维实体上按指定的距离均匀地偏移实体面，可根据设计需要将现有的面从原始位置向内或向外偏移指定的距离，从而获取新的实体面。

1. 启用方法

- 面板：在【常用】选项卡中，单击【实体编辑】面板上的【偏移面】工具按钮🗗。
- 菜单栏：执行【修改】|【实体编辑】|【偏移面】命令。
- 命令行：SOLIDEDIT → F → O。

2. 操作过程

启用【偏移面】命令后，在【绘图区】选取要偏移的面，并输入偏移距离，按 Enter 键，即可获得图 12-32 所示的偏移面特征。

3. 结束方法

单击空格键或 Enter 键进行确定；或单击鼠标右键，在弹出的快捷菜单中选择【确定】选项。

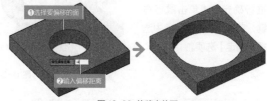

图 12-32 偏移实体面

299 删除实体面（命令 SOLIDEDIT；按钮🗑）

在三维建模环境中，执行删除实体面操作是从三维实体对象上删除实体表面、圆角等实体特征。

1. 启用方法

- 面板：在【常用】选项卡中，单击【实体编辑】面板上的【删除面】工具按钮🗑。
- 菜单栏：执行【修改】|【实体编辑】|【删除面】命令。
- 命令行：SOLIDEDIT → F → D。

2. 操作过程

启用【删除面】命令后，在【绘图区】选择要删除的面，按 Enter 键或单击右键即可执行实体面删除操作，如图 12-33 所示。

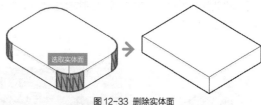

图 12-33 删除实体面

3. 结束方法

单击空格键或 Enter 键进行确定；或单击鼠标右键，在弹出的快捷菜单中选择【确定】选项。

300 旋转实体面（命令 SOLIDEDIT；按钮🔄）

执行旋转实体面操作，能够将单个或多个实体表面绕指定的轴线进行旋转，或者旋转实体的某些部分形成新的实体。

1. 启用方法

- 面板：单在【常用】选项卡中，单击【实体编辑】面板上的【旋转面】工具按钮🔲。
- 菜单栏：执行【修改】|【实体编辑】|【旋转面】命令。
- 命令行：SOLIDEDIT → F → R。

2. 操作过程

启用【旋转面】命令后，在【绘图区】选取需要旋转的实体面，捕捉两点为旋转轴，并指定旋转角度，按 Enter 键，即可完成旋转操作。当一个实体面旋转后，与其相交的面会自动调整，以适应改变后的实体，效果如图 12-34 所示。

3. 结束方法

单击空格键或 Enter 键进行确定；或单击鼠标右键，在弹出的快捷菜单中选择【确定】选项。

图 12-34 旋转实体面

301 实体面着色（命令 SOLIDEDIT；按钮🔲）

执行实体面着色操作可修改单个或多个实体面的颜色，以取代该实体对象所在图层的颜色，可更方便查看这些表面。

1. 启用方法

- 面板：单在【常用】选项卡中，单击【实体编辑】面板上的【着色面】工具按钮🔲。
- 菜单栏：执行【修改】|【实体编辑】|【着色面】命令。
- 命令行：SOLIDEDIT → F → L。

2. 操作过程

启用【着色面】命令后，在【绘图区】指定需要着色的实体表面，按 Enter 键，系统弹出【选择颜色】对话框。在该对话框中指定填充颜色，单击【确定】按钮，即可完成面着色操作，如图 12-35 所示。

图 12-35 实体面着色

3. 结束方法

单击空格键或 Enter 键进行确定；或单击鼠标右键，在弹出的快捷菜单中选择【确定】选项。

尽管三维建模比二维图形更逼真，但是看起来仍不真实，缺乏现实世界中的色彩、阴影和光泽。在电脑绘图中，将模型按严格定义的语言或者数据结构来对三维物体进行描述，包括几何、视点、纹理以及照明等各种信息，从而获得真实感极高的图片，这一过程就称之为渲染。

13.1 了解渲染

渲染的最终目的是得到极具真实感的模型，因此渲染所要考虑的事物也很多，包括灯光、视点、阴影、布局等，因此有必要对渲染的流程进行了解。

302 AutoCAD 渲染步骤

渲染是多步骤的过程。通常需要通过大量的反复试验才能得到所需的结果。渲染图形的步骤如下。

01 使用默认设置开始尝试渲染。根据结果的表现可以看出需要修改的参数与设置。

02 创建光源。AutoCAD 提供了 4 种类型的光源：默认光源、平行光（包括太阳光）、点光源和聚光灯。

03 创建材质。材质为材料的表面特性。包括颜色、纹理、反射光（亮度）、透明度、折射率等，也可以从现成的材质库中调用真实的材质如钢铁、塑料、木材等。

04 将材质附着在模型对象上。可以根据对象或图层附着材质。

05 添加背景或雾化效果。

06 如果需要，调整渲染参数。例如，可以用不同的输出品质来渲染。

07 渲染图形。

上述步骤仅供参考，并不一定要严格按照该顺序进行操作。例如，可以在创建材质之后再设置光源。另外，在渲染结果出来后，可能会发现某些地方需要改进，这时可以返回到前面的步骤中进行修改。

303 默认渲染

进行默认渲染可以帮助确定创建最终的渲染需要什么样的材质和光源。同时也可以发现模型本身的缺陷。渲染时需要打开【可视化】选项卡，它包含了渲染所需的大部分工具按钮，如图 13-1 所示。

图 13-1 【可视化】选项卡

为了使用默认的设置渲染图形，可以在【可视化】选项卡中直接单击【渲染到尺寸】按钮，即可创建出默认效果下的渲染图片。图 13-2 所示的便是一个室内场景在默认设置下的渲染效果，其中显示效果太暗，只能看出桌子的大概轮廓，椅子以及周边的材质需要另行设置。

图 13-2 默认设置下的渲染效果

13.2 创建光源

为一个三维模型添加适当的光照效果，能够产生反射、阴影等效果，从而使显示效果更加生动。在命令行输入 LIGHT 并按 Enter 键，可以选择创建各种光源。

在输入命令后，系统将弹出图 13-3 所示的【光源 – 视口光源模式】对话框。一般需要关闭默认光源才可以查看创建的光源效果。命令行中可选的光源类型有点光源、聚光灯、光域网、目标点光源、自由聚光灯、自由光域和平行光 7 种。

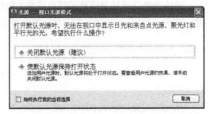

图 13-3 【光源 – 视口光源模式】对话框

304 创建点光源

点光源是某一点向四周发射的光源，类似与环境中典型的电灯泡或者蜡烛等。点光源通常来自于特定的位置，向四面八方辐射。点光源会衰减，也就是其亮度会随着距点光源的距离的增加而减小。

1. 启用方法

● 面板：在【可视化】选项卡中单击【光源】面板上的【创建光源】，在展开选项中单击【点】按钮 💡。

● 菜单栏：选择【视图】|【渲染】|【光源】|【新建点光源】命令。

● 命令行：POINTLIGHT。

2. 操作过程

启用【新建点光源】命令后，指定源位置，然后可以对点光源的名称、强度因子、状态、阴影、衰减及颜色进行设置，效果如图 13-4 所示。各子选项的含义说明如下。

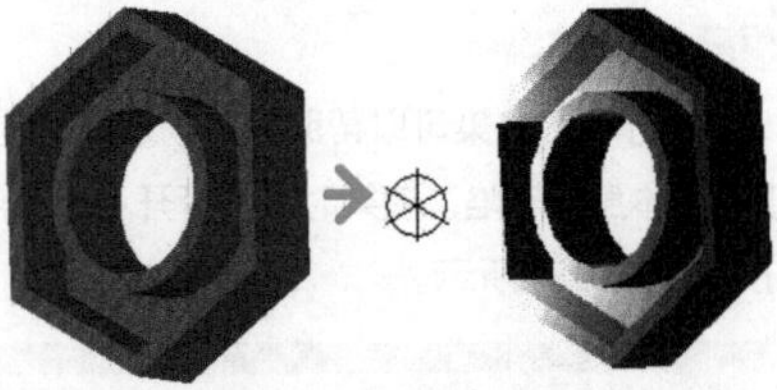

■ **名称（N）**

图 13-4 创建点光源效果

创建光源时，AutoCAD 会自动创建一个默认的光源名称。例如，点光源 1。而使用【名称】这一子选项后便可以修改这一名称。

■ **强度因子（I）**

使用该选项可以设置光源的强度或亮度。

■ **状态（S）**

用于开、关光源。

■ **光度（P）**

如果启用光度，使用这个选项可以指定光照的强度和颜色，有【强度】和【颜色】两个子选项。

● 强度：可以输入以烛光（缩写为 cd）为单位的光照强度，或者指定一定的光通量——感觉到的光强或照度（某个面域的总光通量）。可以以勒克斯（缩写为 lx）或尺烛光（缩写为 fc）为单位来指定照度。

● 颜色：可以输入颜色名称或开尔文温度值。使用选项并按 Enter 键来查看名称列表，如荧光灯、冷白光、卤素灯等。

■ **阴影（W）**

阴影会明显地增强渲染图像的真实感，也会极大地增加渲染的时间。【阴影】选项打开或者关闭该光源的阴影效果并指定阴影的类型。如果选择创建阴影，可以选择 3 种类型的阴影，各子选项含义说明如下。

● 锐化（S）：也称之为光线跟踪阴影。使用这些阴影以减少渲染时间。

● 已映射柔和（F）：输入一个 64~4096 的贴图尺寸，尺寸越大的贴图尺寸越精确，但渲染的时间也就越长。在"输入柔和度（1-10）<1>："提示下，输入一个 1~10 的数。阴影柔和度决定与图像其他部分混合的阴影边缘的像素数，从而创建柔和的效果。

● 已采样柔和（A）：可以创建半影（部分阴影）的效果。

■ **衰减（A）**

该选项设置衰减，即随着与光源距离的增加，光线强度逐渐减弱的方式。可以设置一个界限，超出该界限之后将没有光。这样做是为了减少渲染时间。在某一个距离之后，只有一点点光与没有光几乎没有区别，因而限定在某一误差范围内可以减少计算时间。

■ **过滤颜色（C）**

可以赋予光源任意颜色。光源颜色不同于我们所熟悉的染料颜色。3 种主要的光源颜色是红、绿、黄（RGB），它们的混合可以创造出不同的颜色。例如，红和绿混合就可以形成黄色，白色是光源的全部颜色之和，而黑色则没有任何光源颜色。

3. 结束方法

单击空格键或 Enter 键进行确定；或单击鼠标右键，在弹出的快捷菜单中选择【确定】选项。

305 创建聚光灯

聚光灯发射的是定向锥形光，投射的是一个聚焦的光束，可以通过调整光锥方向和大小来调整聚光灯的照射范围。聚光灯与点光源的区别在于聚光灯只有一个方向。因此，不仅要为聚光灯指定位置，还要指定其目标（要指定两个坐标而不是一个）。

1. 启用方法

面板：单击【光源】面板上的【创建光源】按钮，在展开选项中单击【聚光灯】按钮。

● 菜单栏：选择【视图】|【渲染】|【光源】|【新建聚光灯】命令。

- 命令行：SPOTLIGHT。

2. 操作过程

启用【聚光灯】命令后，指定光源位置，然后定义照射方向，照射方向由光源位置发出的一条直线确定，如图 13-5 所示。可以对点光源的名称、强度因子、状态、光度、聚光角、照射角、阴影、衰减及过滤颜色进行设置选项说明，以下仅介绍"聚光角（H）"和"照射角（F）"两个选项，其他选项与点光源中的设置相同。

■ 聚光角（H）

照射最强的光锥范围，此区域内光照最强，衰减较少。将指针移动到聚光灯上，出现光锥显示如图 13-6 所示，内部虚线圆锥显示的范围即聚光角范围。

■ 照射角（F）

聚光灯照射的外围区域，此范围内有光照，但强度呈逐渐衰减的趋势，图 13-6 所示的外部虚线圆锥所示的范围即照射角范围。用户输入的照射角必须大于聚光角，其取值范围在0°～160°。

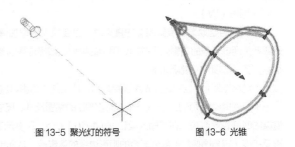

图 13-5 聚光灯的符号　　　　图 13-6 光锥

3. 结束方法

单击空格键或 Enter 键进行确定；或单击鼠标右键，在弹出的快捷菜单中选择【确定】选项。

306 创建平行光

平行光仅向一个方向发射统一的平行光线。通过在绘图区指定光源的矢量方向的两个坐标，就可以定义平行光的方向。

1. 启用方法

- 面板：单击【光源】面板上的【创建光源】按钮，在展开选项中单击【平行光】按钮。
- 菜单栏：选择【视图】|【渲染】|【光源】|【新建平行光】命令。
- 命令行：DISTANTLIGHT。

2. 操作过程

执行【平行光】命令之后，系统弹出图 13-7 所示的对话框。对话框的含义是，目前设置的光源单位是光度控制单位（美制光源单位或国际光源单位），使用平行光可能会产生过度曝光。只能选择【允许平行光】，才可以继续创建平行光。或者在

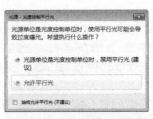

图 13-7 【光度控制平行光】对话框

图 13-8 选择光源单位

【光源】面板下的展开面板中，将光源单位设置为【常规光源单位】，如图 13-8 所示。

3. 结束方法

单击空格键或 Enter 键进行确定；或单击鼠标右键，在弹出的快捷菜单中选择【确定】选项。

307 模拟太阳光照

1. 设置地理位置

`01` 在 AutoCAD 中文版"可视化"面板中单击【阳光和位置】按钮下的【设置位置】，如图 13-9 所示。

`02` 在弹出的菜单中选择一种方式后，如选择【从地图】，将打开图 13-10 所示的【地理位置】对话框。如果知道经纬度，可以直接在【经度】和【纬度】数值框中输入它们；也可以单击【使用地图】按钮，从下拉列表中选择地区和城市。

图 13-9 【设置位置】按钮

图 13-10 【地理位置】对话框

在【北向】部分，指定的是图形中正北方向的角度。设定北方位置对于获得准确的太阳很重要。默认情况下，北是世界坐标系（WCS）中 Y 轴的正方向。为了改变默认值，需要在【角度】框中输入新的角度值，或者单击指南针的面指定新的角度。正 Y 轴的角度是 0°，正 X 轴的角度是 90° 等，依次类推。

单击【确定】按钮，系统会弹出时区已更新的通告，这是系统自动计算出来的，检查时区并选择执行何种操作。

2. 设置阳光特性

要设置阳光特性，可以单击【可视化】面板中【阳光和位置】右侧的箭头按钮，系统会弹出【阳光特性】选项板，如图 13-11 所示。

选项板中各特征组含义介绍如下。

■ 天光特性

● "天光特性"：部分允许在渲染图形时为天空添加背景和照明效果，在常规视口中看不到任何效果。可以关闭天空，只选择天光背景效果，或者同时选择天光可以为天光添加强度因子，默认值为 1，将它更改为 2 可以提高天光的亮度。

● "雾化"：用于在渲染时给对象额外添加一个颜色，每一个对象着色的程度取决于该对象与相机之间的距离。默认值为 0.0，最大值为 15.0。设置为 15.0 将创建透过雾的视觉效果。

图 13-11 【阳光特性】选项板

■ 地平线

● "地平线"：部分控制地平线，地平线是天地相交处。要看到地平线，需要有一个显示地平线的视点。如果视口太接近平面视图，则不会看到地平线。可以设置以下特性。

● "高度"：设置地平面相对于 Z 轴 0 值的位置。以真实世界单位设置比值。

● "模糊"：在天地交会处创建模糊效果。可以在图形中（不仅是渲染中）看到此效果，特别是在地面颜色和天空颜色形成对比时。

"地面颜色"：为地面选择一种颜色。

■ 高级

"高级"部分包含 3 个艺术效果。

● 可以选择夜间颜色，然后可以打开鸟瞰透视（默认情况下是关闭的）。

● 鸟瞰透视是一个发蓝的轻微模糊的效果，它创建一种距离感。

● 可以设置可见距离，它是雾化距离的 10%，减少了透明度。此设置也能创建距离感。

■ 太阳圆盘外观

"太阳圆盘外观"部分仅影响太阳的外观，而不是整个光源。在【新建视图】对话框中能更加清楚地看到此时更改所得到的结果。

● 圆盘比例：指定太阳圆盘本身的比例，值为 1 是正常大小。

● 光晕强度：更改圆盘周围的光晕，默认值为 1。

● 圆盘强度：更改太阳圆盘本身的强度，默认值为 1。

■ 太阳角度计算器

【太阳角度计算器】部分使我们可以输入日期和时间并指定是否要使用【夏令时】，为了改变日期，要单击【日期】项，然后单击省略号按钮，一个小日历打开。导航到所要的日期并双击它，关闭日历。从下拉列表中选择一个时间，从【夏令时】下拉列表中选择【是】或者【否】。【方位角】【仰角】和【源矢量】这 3 项设置及不可改变的，它们是根据在【地理位置】对话框中指定的位置确定的。

308 光源的管理

1. 启用方法

● 面板：在【可视化】选项卡中，单击【光源】右侧的箭头按钮 。

● 菜单栏：选择【工具】|【选项板】|【光源】命令。

● 命令行：LIGHTLIST。

2. 操作过程

启用【光源管理】命令后，系统会弹出【光源管理】选项板，如图 13-12 所示。双击需要修改的光线（如平行光 1），系

图 13-12 【光源管理】选项板

图 13-13 【修改光源参数】选项板

统会弹出图 13-13 所示的选项板，在选项板中修改平行光的各类参数即可。

3. 结束方法

单击对话框左上角的关闭按钮 ✕。

13.3 使用材质

在 AutoCAD 中，材质是对象上实际材质的表示形式，如玻璃、金属、纺织品、木材等。使用材质是渲染过程中的重要部分，对结果会产生很大的影响。材质与光源相互作用，例如，由于有光泽的材质会产生高光区，因而其反光效果与表面黯淡的材质有明显区别。

309 如何使用材质浏览器

【材质浏览器】选项板集中了 AutoCAD 的所有材质，是用来控制材质操作的设置选项板，可执行多个模型的材质指定操作，并包含相关材质操作的所有工具。

1. 启用方法

● 面板：在【可视化】选项卡中，单击【材质】面板上的【材质浏览器】按钮 〔⬡ 材质浏览器〕。

● 菜单栏：选择【视图】|【渲染】|【材质浏览器】命令。

2. 操作过程

启用【材质浏览器】命令后，弹出【材质浏览器】选项板，如图 13-14 所示，在【Autodesk 库】中分门别类地存储了若干种材质，并且所有材质都附带一张交错参考底图。将材质赋予模型的方法比较简单，直接从选项板上拖曳材质至模型上即可，如图 13-15 所示。

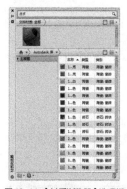

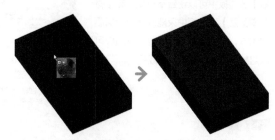

图 13-14 【材质浏览器】选项板　　　　　图 13-15 为模型赋予材质

3. 结束方法

单击空格键或 Enter 键进行确定；或单击鼠标右键，在弹出的快捷菜单中选择【确定】选项。

310 如何使用材质编辑器

【材质编辑器】同样可以为模型赋予材质。

1. 启用方法

● 面板：在【视图】选项卡中，单击【选项板】面板上的【材质编辑器】按钮 ⬙材质编辑器。

● 菜单栏：选择【视图】|【渲染】|【材质编辑器】命令。

2. 操作过程

执行以上任一操作将打开【材质编辑器】选项板，如图 13-16 所示。单击【材质编辑器】选项板右下角的▣按钮，可以打开【材质浏览器】选项板，选择其中的任意一个材质，可以发现【材质编辑器】选项板会同步更新为该材质的效果与可调参数，如图 13-17 所示。

图 13-16 【材质编辑器】选项板

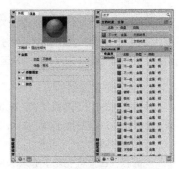

图 13-17 【材质编辑器】与【材质浏览器】选项板

3. 选项说明

● 通过【材质编辑器】选项板最上方的预览窗口，可以直接查看材质当前的效果，单击其右下角的下拉按钮，可以对材质样例形状与渲染质量进行调整，如图 13-18 所示。

● 单击材质名称右下角的【创建或复制材质】按钮▣▾，可以快速选择对应的材质类型进行直接应用，或在其基础上进行编辑，如图 13-19 所示。

在【材质浏览器】或【材质编辑器】选项板中可以创建新材质。在【材质浏览器】选项板中只能创建已有材质的副本，而在【材质编辑器】选项板可以对材质做进一步的修改或编辑。

图 13-18 调整材质样例形态与渲染质量

图 13-19 选择材质类型

311 使用贴图

有时模型的外观比较复杂，如碗碟上的青花瓷、金属上的锈迹等，这些外观很难通过 AutoCAD 自带的材质库来赋予，这时就可以用到贴图。贴图是将图片信息投影到模型表面，可以使模型添加上图片的外观效果。

贴图可分为长方体、平面、球面、柱面贴图。如果需要对贴图进行调整，可以使用显示在对象上的贴图工具移动或旋转对象上的贴图。

除了上述的贴图位置外，材质球中还有 4 种贴图：漫射贴图、反射贴图、不透明贴图、凹凸贴图，分别介绍如下。

- 漫射贴图：可以理解为将一张图片的外观覆盖在模型上，以得到真实的效果。
- 反射贴图：一般用于金属材质的使用，配合特定的颜色，可以得到较逼真的金属光泽。
- 凹凸贴图：根据所贴图形，在模型上面渲染出一个凹凸的效果。该效果只有渲染可见，在【概念】、【真实】等视觉模式下无效果。
- 不透明贴图：如果所贴图形中有透明的部分，那该部分覆盖在模型之后也会得到透明的效果，同样该效果只有渲染可见。

1. 启用方法

- 面板：在【可视化】选项卡中，单击【材质】面板上的【材质贴图】按钮 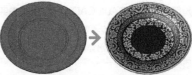。
- 菜单栏：选择【视图】|【渲染】|【贴图】命令。
- 命令行：MATERIALMAP。

2. 操作过程

为模型添加贴图可以将任意图片赋予至模型表面，从而创建真实的产品商标或其他标识等。在进行调整时，所有参数都不具参考性，需要反复调试。

01 展开【渲染】选项卡，并在【材质】面板中单击选择【材质 / 纹理开】按钮。

02 打开材质浏览器，在【材质浏览器】的左下角，单击【在文档中创建新材质】按钮 ，在展开的列表里选择【新建常规材质】选项，如图 13-20 所示。

03 此时弹出【材质编辑器】对话框，在此编辑器中，单击图像右边的空白区域，如图 13-21 所示。

04 打开需要贴上去的图形文件，系统弹出【纹理编辑器】，将其关闭。此时在【材质编辑器】中已经创建了新材质（即打开的图形文件）。

05 将材质添加到模型表面，然后单击【材质贴图】按钮 ，通过调整坐标轴的大小修改图形的参数。贴图效果如图 13-22 所示。

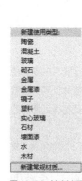

图 13-20 创建材质 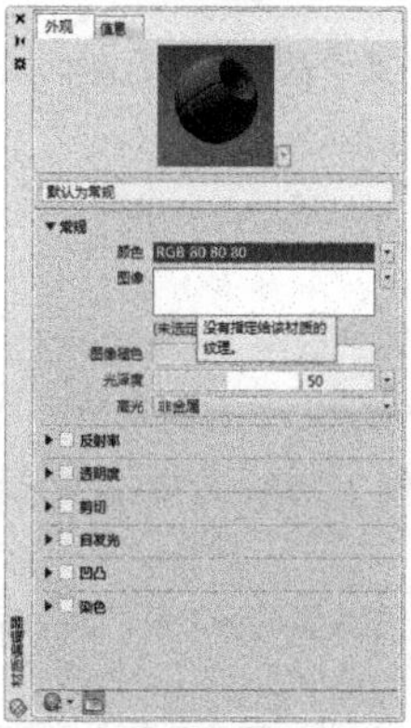　　图 13-21 【材质编辑器】对
　　　　　　　　　　　　　　　话框

图 13-22 贴图效果

结束方法

单击空格键或 Enter 键进行确定；或单击鼠标右键，在弹出的快捷菜单中选择【确定】选项。

13.4 渲染设置

材质、光照等调整完毕后，就可以进行渲染来生成所需的图像。下面介绍一些高级渲染设置，即最终渲染进行前的设置。

312 设置渲染环境

渲染环境主要是用于控制对象的雾化效果或者图像背景，用以增强渲染效果。

1. 启用方法

● 面板：在【可视化】选项卡中，在【渲染】面板的下拉列表中单击【渲染环境和曝光】按钮 <kbd>? 渲染环境和曝光</kbd>。

● 菜单栏：选择【视图】|【渲染】|【渲染环境】命令。

● 命令行：RENDERENVIRONMENT。

2. 操作过程

启用【渲染环境】命令后，系统弹出【渲染环境和曝光】选项板，如图 13-23 所示，在选项版中可进行渲染前的设置。在该对话框中，可以开启或禁用雾化效果，也可以设置雾的颜色，还可以定义对象与当前观察方向之间的距离。

3. 结束方法

单击对话框左上角的关闭按钮 ✕。

图 13-23　【渲染环境】对话框

313 执行渲染

在模型中添加材质、灯光之后就可以执行渲染，并可在渲染窗口中查看效果。

1. 启用方法

● 面板：在【可视化】选项卡中，单击【渲染】面板上的【渲染】按钮 ▨。

● 菜单栏：选择【视图】|【渲染】|【渲染】命令。

● 命令行：RENDER。

2. 操作过程

对模型添加材质和光源之后，在绘图区显示的效果并不十分真实，因此接下来需要使用 AutoCAD 的渲染工具，在渲染窗口中显示该模型。在真实环境中，影响物体外观的因素是很复杂的，在 AutoCAD 中为了模拟真实环境，通常需要经过反复试验才能够得到所需的结果。渲染图形的步骤如下。

01 使用默认设置开始尝试渲染。从渲染效果拟定要设置哪些因素，如光源类型、光照角度、材质类型等。

02 创建光源。AutoCAD 提供了 4 种类型的光源：默认光源、平行光（包括太阳光）、点光源和聚光灯。

03 创建材质。材质为材料的表面特性，包括颜色、纹理、反射光（亮度）、透明度、折射率以及凹凸贴图等。

04 将材质附着到图形中的对象上。可以根据对象或图层附着材质。

05 添加背景或雾化效果。

06 如果需要，调整渲染参数。

07 渲染图形。

上述步骤的顺序并不严格，例如，可以在创建并附着材质后再添加光源。另外，在渲染后，可能发现某些地方需要改进，这时可以返回到前面的步骤进行修改。全部设置完成并执行该命令后，系统打开渲染窗口，并自动进行渲染处理，如图 13-24 所示。

3. 结束方法

单击渲染对话框右上角的关闭按钮 ✕。

图 13-24 渲染窗口

> **技能点拨**
>
> 渲染是指渲染整个视口。我们创建的模型场景一般并不是一个完整且美观的模型，因此渲染时，我们只需将所需部分缩放至整个视口可见且美观的状态，渲染时就不会渲染视口以外的物体。

314 高级渲染设置

【高级渲染设置】选项板主要用于进行比较高质量的渲染设置。

1. 启用方法

● 菜单栏：选择【工具】|【选项板】|【高级渲染设置】命令。

● 命令行：RPREF 或 RPR。

2. 操作过程

启用【高级渲染设置】命令后，系统弹出【高级渲染设置】选项板，如图 13-25 所示，在选项板中可查看以及更改相关的参数设置。

3. 结束方法

单击对话框左上角的关闭按钮 ✕。

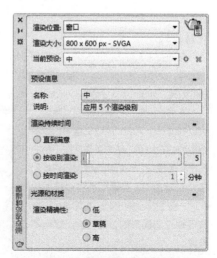

图 13-25 【高级渲染设置】选项板

当完成所有的设计和制图工作之后，就需要将图形文件通过绘图仪或打印输出为图样。本章主要讲述 AutoCAD 出图过程中涉及的一些问题，包括模型空间与图样空间的转换、打印样式、打印比例设置等。

14.1 模型空间与布局空间

模型空间和布局空间是 AutoCAD 的两个功能不同的工作空间，单击绘图区下面的标签页，可以在模型空间和布局空间切换，一个打开的文件中只有一个模型空间和两个默认的布局空间，用户也可创建更多的布局空间。

315 模型空间

模型空间主要用于建模，是 AutoCAD 默认的显示方式。当打开或新建一个图形文件时，系统将默认进入模型空间，如图 14-1 所示。模型空间是一个无限大的绘图区域，可以在其中创建二维或三维图形，以及进行必要的尺寸标注和文字说明。

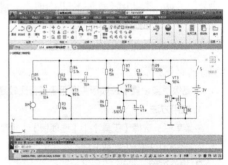

图 14-1 模型空间

316 布局空间

布局空间又称为图纸空间，主要用于出图。模型建立后，需要将模型打印到纸面上形成图样。使用布局空间可以方便地设置打印设备、纸张、比例尺、图样布局，并预览实际出图的效果，如图 14-2 所示。

布局空间对应的窗口称布局窗口，可以在同一个 AutoCAD 文档中创建多个不同的布局图，单击工作区左下角的各个布局按钮，可以从模型窗口切换到各个布局窗口，当需要将多个视图放在同一张图样上输出时，布局就可以很方便地控制图形的位置，输出比例等参数。

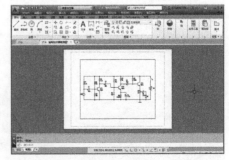

图 14-2 布局空间

317 空间管理

单击鼠标右键绘图窗口下【模型】或【布局】选项卡，在弹出的快捷菜单中选择相应的命令，可以对布局进行删除、新建、重命名、移动、复制、页面设置等操作，如图 14-3 所示。

1. 空间的切换

在模型中绘制完图样后，若需要进行布局打印，可单击绘图区左下角的布局空间选项卡，即【布局 1】和【布局 2】进入布局空间，对图样打印输出的布局效果进行设置。设置完毕后，单击【模型】选项卡即可返回到模型空间，如图 14-4 所示。

2. 创建新布局

布局是一种图纸空间环境，它模拟显示图纸页面，提供直观的打印设置，主要用来控制图形的输出，布局中所显示的图形与图纸页面上打印出来的图形完全一样。

图 14-3 布局快捷菜单

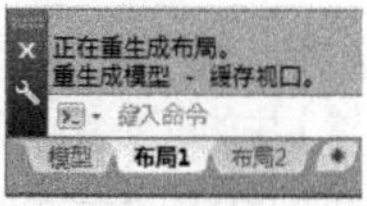

图 14-4 空间切换

■ 启用方法

● 快捷方式：单击鼠标右键绘图窗口下的【模型】或【布局】选项卡，在弹出的快捷菜单中，选择【新建布局】命令。

● 面板：进入布局环境，在【布局】选项卡中，单击【布局】面板中的【新建】按钮 。

● 菜单栏：执行【工具】|【向导】|【创建布局】命令。

● 命令行：LAYOUT → N。

■ 操作过程

启用【创建布局】命令后，系统弹出【创建布局—开始】对话框，如图 14-5 所示。输入新布局的名称并根据对话框的提示修改参数并依次按【下一步】按钮即可完成创建。创建布局并重命名为合适的名称，可以起到快速浏览文件的作用，也能快速定位至需要打印的图纸。

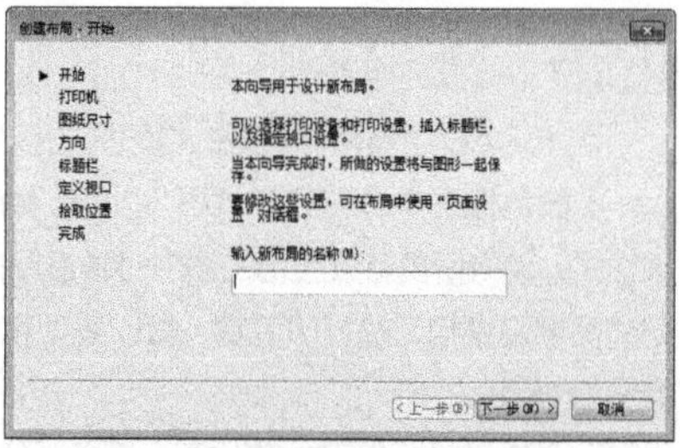

3. 插入样板布局

图 14-5 【创建布局—开始】对话框

在 AutoCAD 中，提供了多种样板布局供用户使用。

■ 启用方法

● 快捷方式：单击鼠标右键绘图窗口下【布局】选项卡，在弹出的快捷菜单中，选择【来自样板】命令。

● 面板：进入布局环境，在【布局】选项卡中，单击【布局】面板中的【新建】|【从样板】按钮 。

● 菜单栏：执行【插入】|【布局】|【来自样板的布局】命令。

● 命令行：LAYOUT→T。

■ **操作过程**

启用【插入样板布局】命令后，系统弹出【从文件选择样板】对话框，如图14-6所示。可以在其中选择需要的样板创建布局。

图14-6 【从文件选择样板】对话框

4. 布局的组成

布局图中通常存在3个边界，如图14-7所示，最外层的是纸张边界，是在【纸张设置】中的纸张类型和打印方向确定的。靠里面的虚线线框是一个打印边界，其作用就好像 Word 文档中的页边距一样，只有位于打印边界内部的图形才会被打印出来。位于图形四周的实线线框为视口边界，边界内部的图形就是模型空间中的模型，视口边界的大小和位置是可调的。

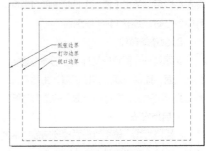

图14-7 布局图的组成

14.2 设置打印样式

打印样式的作用是在打印时修改图形的外观。每种打印样式都有其样式特性，包括端点、连接、填充图案及抖动、灰度、笔指定和淡显等打印效果。特定的打印样式都以打印样式表文件的形式保存在 AutoCAD 的支持文件搜索路径下。

318 打印样式的类型

AutoCAD 中有两种类型的打印样式：颜色相关样式（CTB）和命名样式（STB）。

● 颜色相关样式（CTB）类型以 255 种颜色为基础，通过设置与图形对象颜色对应的打印样式，使得所具有该颜色的图形对象都具有相同的打印效果。例如，可以为所有用红色绘制的图像设置相同的打印笔宽、打印线型和填充样式等特性。CTB 打印样式列表文件的后缀名为 *.ctb。

● 命令样式（STB）和线型、颜色、线宽一样，是图形对象的一个普通属性。可以在【图形特性管理器】中为某个图层指定打印样式，也可以在【特性】选项板中为单独的图形设置打印样式属性。STB 打印样式列表文件的后缀名为 *.stb。

319 打印样式的设置

在同一个 AutoCAD 图形文件中，不允许同时使用两种不同的打印样式类型，但允许使用同一个类型的多个打印样式。例如，若当前文档使用 CTB 打印样式时，图层特性管理器中的【打印样式】属性项是不可用的，因为该属性只能用于设置 STB 打印样式。

在【打印样式管理器】界面下，可以创建或修改打印样式。执行【文件】|【打印样式管理器】菜单命令，系统将打开图 14-8 所示的窗口，该界面是所有 CTB 和 STB 打印样式表文件的存放路径。

双击【添加打印样式表向导】，可以根据对话框提示逐步创建新的打印样式表文件。双击某个已存在的打印表文件，可对该打印样式的属性进行编辑。将打印样式附加到相应的布局图，就可以按照打印样式的定义进行打印了。

简而言之，".ctb"的打印样式是根据颜色来确定线宽的，同一种颜色只能对应一种线宽；而".stb"则是根据对象的特性或名称来指定线宽的，同一种颜色打印出来可以有两种不同的线宽，因为它们的对象可能不一样。

图 14-8 打印样式管理器

1. 添加颜色打印样式

01 单击【快速访问】工具栏中的【新建】按钮，新建空白文件。

02 执行【文件】|【打印样式管理器】菜单命令，系统自动弹出如图 14-8 所示对话框，双击【添加打印样式表向导】图标，系统弹出【添加打印样式表】对话框，如 14-9 所示，单击【下一步】按钮，系统转换成【添加打印样式表 — 开始】对话框，如图 14-10 所示。

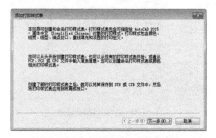

图 14-9 【添加打印样式表】对话框

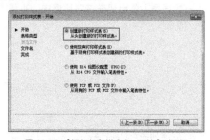

图 14-10 【添加打印样式表—开始】对话框

03 选择【创建新打印样式表】单选按钮，单击【下一步】按钮，系统打开【添加打印样式表—选择打印样式表】对话框，如图 14-11 所示，选择【颜色相关打印样式表】单选按钮，单击【下一步】按钮，系统转换成【添加打印样式表—文件名】对话框，如图 14-12 所示，新建一个名为【打印线宽】的颜色打印样式表文件，单击【下一步】按钮。

图 14-11 【添加打印样式表—选择打印样式】对话框

图 14-12 【添加打印样式表—文件名】对话框

04 在【添加打印样式表—完成】对话框中单击【打印样式表编辑器】按钮，如图 14-13 所示，打开【打印样式表编辑器】对话框。

05 在【打印样式】列表框中选择【颜色 1】，单击【表格视图】选项卡中【特性】选项组的【颜色】下拉列表框中选择【黑色】，【线宽】下拉列表框中选择线宽 0.3000 毫米，如图 14-14 所示。

图 14-13 【添加打印样式表 - 完成】对话框

图 14-14 【打印样式表编辑器】对话框

06 单击【保存并关闭】按钮，这样所有用【颜色 1】的图形打印时都将以线宽 0.3000 毫米来出图，设置完成后，再选择【文件】|【打印样式管理器】，在打开的对话框中，【打印线宽】就出现在该对话框中，如图 14-15 所示。

图 14-15 添加打印样式结果

2. 添加命名打印样式

01 单击【快速访问】工具栏中的【新建】按钮，新建空白文件。

02 执行【文件】|【打印样式管理器】菜单命令，单击系统弹出的对话框中的【添加打印样式表向导】图标，系统弹出【添加打印样式表】对话框，如图 14-16 所示。

03 单击【下一步】按钮，打开【添加打印样式表—开始】对话框，选择【创建新打印样式表】单选按钮，如图 14-17 所示。

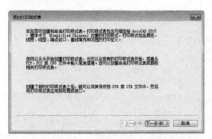

图 14-16 【添加打印样式表】对话框

图 14-17 【添加打印样式表 - 开始】对话框

04 单击【下一步】按钮，打开【添加打印样式表 — 选择打印样式表】对话框，单击【命名打印样式表】单选按钮，如图 14-18 所示。

05 单击【下一步】按钮，系统打开【添加打印样式表 — 文件名】对话框，如图 14-19 所示，新建一个命名打印样式表文件（如【机械零件图】），单击【下一步】按钮。

06 在【添加打印样式表—完成】对话框中单击【打印样式表编辑器】按钮，如图 14-20 所示。

07 在打开的【打印样式表编辑器—机械零件图.stb】对话框中，在【表格视图】选项卡中，单击【添加样式】按钮，添加一个名为【粗实线】的打印样式，设置【颜色】为黑色，【线宽】为0.3000 毫米。用同样的方法添加一个命名打印样式为【细实线】，设置【颜色】为黑色，【线宽】为 0.1000 毫米，【淡显】为 30，如图 14-21 所示。设置完成后，单击【保存并关闭】按钮退出对话框。

图 14-18 【添加打印样式表 — 选择打印样式】对话框

图 14-19 【添加打印样式表 — 文件名】对话框

图 14-20 【打印样式表编辑器】对话框

图 14-21 【添加打印样式】对话框

08 设置完成后，再执行【文件】|【打印样式管理器】命令，在打开的对话框中，【机械零件图】就出现在该对话框中，如图 14-22 所示。

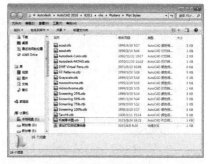

图 14-22 添加打印样式结果

14.3 布局的页面设置

在 AutoCAD 中，执行【打印】命令之前，还有许多准备工作需要进行，如页面设置、打印设备、打印区域等。本节将对此依次进行讲解，最后通过一个具体实例来进行总结。

320 创建与管理页面设置

页面设置是出图准备过程中的最后一个步骤，打印的图形在进行布局之前，先要对布局的页面进行设置，以确定出图的纸张大小等参数。页面设置包括打印设备、纸张、打印区域、打印方向等参数的设置。页面设置可以命名保存，可以将同一个命名页面设置应用到多个布局图中，也可以从其他图形中输入命名页设置并将应用到当前图形的布局中，这样就避免了在每次打印前都反复进行打印设置的麻烦。

1. 启用方法

● 快捷方式：单击鼠标右键绘图窗口下的【模型】或【布局】选项卡，在弹出的快捷菜单中，选择【页面设置管理器】命令。

● 面板：在【输出】选项卡中，单击【布局】面板或【打印】面板中的【页面设置管理器】按钮 。

● 菜单栏：执行【文件】|【页面设置管理器】命令。

● 命令行：在命令行中输入 PAGESETUP。

2. 操作过程

启用【页面设置管理器】命令后，将打开【页面设置管理器】对话框，如图 14-23 所示，对话框中显示了已存在的所有页面设置的列表。通过单击鼠标右键页面设置，或单击右边的工具按钮，可以对页面设置进行新建、修改、删除、重命名和当前页面设置等操作。

单击对话框中的【新建】按钮，新建一个页面，或选中某页面设置后单击【修改】按钮，都将打开图 14-24 所示的【页面设置】对话框。在该对话框中，可以进行打印设备、图样、打印区域、比例等选项的设置。

图 14-23 【页面设置管理器】对话框

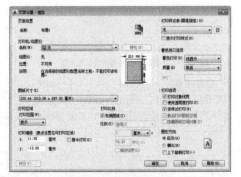

图 14-24 【页面设置】对话框

3. 结束方法

单击对话框中的【确定】按钮或【关闭】图标 。

321 指定打印设备

【打印机 / 绘图仪】选项组用于设置出图的绘图仪或打印机。如果打印设备已经与计算机或网络系统正确连接，并且驱动程序也已经正常安装，那么在【名称】下拉列表框中就会显示该打印设备的名称，可以选择需要的打印设备。

AutoCAD 将打印介质和打印设备的相关信息储存在后缀名为 *.pc3 的打印配置文件中，这些信息包括绘图仪配置设置指定端口信息、光栅图形和矢量图形的质量、图样尺寸以及取决于绘图仪类型的自定义特性。这样使得打印配置可以用于其他 AutoCAD 文档，能够实现共享，避免了反复设置。

1. 启用方法

单击功能区【输出】选项卡【打印】组面板中【打印】按钮，系统弹出【打印 – 模型】对话框，如图 14-25 所示。在对话框【打印机 / 绘图仪】功能框的【名称】下拉列表中选择要设置的名称选项，单击右边的【特性】按钮 特性(B)... ，系统弹出【绘图仪配置编辑器】对话框，如图 14-26 所示。

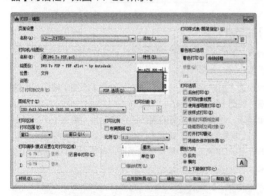

图 14-25 【打印 – 模型】对话框

图 14-26 【绘图仪配置编辑器】对话框

2. 操作过程

切换到【设备和文档设置】选项卡，选择各个节点，然后进行更改即可，各节点修改的方法见本节的"选项说明"。在这里，如果更改了设置，所做更改将出现在设置名旁边的尖括号 (< >) 中。修改过其值的节点图标上还会显示一个复选标记。

3. 选项说明

对话框中共有【介质】、【图形】、【自定义特性】和【用户定义图纸尺寸与校准】这 4 个主节点，除【自定义特性】节点外，其余节点皆有子菜单。下面对各个节点进行介绍。

■【介质】节点

该节点可指定纸张来源、大小、类型和目标，在点选此选项后，在【尺寸】选项列表中指定。有效的设置取决于配置的绘图仪支持的功能。对于 Windows 系统打印机，必须使用"自定义特性"节点配置介质设置。

■【图形】节点

为打印矢量图形、光栅图形和 TrueType 文字指定设置。根据绘图仪的性能，可修改颜色深度、分辨率和抖动。可为矢量图形选择彩色输出或单色输出。在内存有限的绘图仪上打印光栅图像时，可以通过修改打印输出质量来提高性能。如果使用支持不同内存安装总量的非系统绘图仪，则可以提供此信息以提高性能。

■【自定义特性】节点

点选【自定义特性】选项，单击【自定义特性】按钮，系统弹出【PDF 选项】对话框，如图 14-27 所示。在此对话框中可以修改绘图仪配置的特定设备特性。每一种绘图仪的设置各不相同。如果绘图仪制造商没有为设备驱动程序提供【自定义特性】对话框，则【自定义特性】选项不可用。对于某些驱动程序，例如，ePLOT，这是显示的唯一树状图选项。对于 Windows 系统打印机，多数设备特有的设置在此对话框中完成。

图 14-27 【PDF 特性】对话框

■【用户定义图纸尺寸与校准】主节点

用户定义图纸尺寸与校准节点。将 PMP 文件附着到 PC3 文件，校准打印机并添加、删除、修订或过滤自定义图纸尺寸，具体步骤介绍如下。

01 在【绘图仪配置编辑器】对话框中点选【自定义图纸尺寸】选项，单击【添加】按钮，系统弹出【自定义图纸尺寸 - 开始】对话框，如图 14-28 所示。

02 在对话框中选择【创建新图纸】单选项，或者选择现有的图纸进行自定义，单击【下一步】按钮，系统跳转到【自定义图纸尺寸 - 介质边界】对话框，如图 14-29 所示。在文本框中输入介质边界的宽度和高度值，这里可以设置非标准 A0、A1、A2 等规格的图框，有些图形需要加长打印便可在此设置，并确定单位名称为毫米。

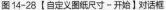

图 14-28 【自定义图纸尺寸 - 开始】对话框

图 14-29 【自定义图纸尺寸 - 介质边界】对话框

03 再单击【下一步】按钮，系统跳转到自定义图纸尺寸 - 可打印区域对话框，如图 14-30 所示。在对话框中可以设置图纸边界与打印边界线的距离，即设置非打印区域。大多数驱动程序与图纸边界的指定距离来计算可打印区域。

04 单击【下一步】按钮，系统跳转到【自定义图纸尺寸 - 图纸尺寸名】对话框，如图 14-31 所示。在【名称】文本框中输入图纸尺寸名称。

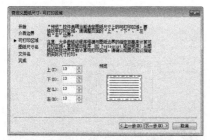

图 14-30 【自定义图纸尺寸 - 可打印区域】对话框

图 14-31 【自定义图纸尺寸 - 图纸尺寸名】对话框

05 单击对话框【下一步】按钮，系统跳转到【自定义图纸尺寸 - 文件名】对话框，如图 14-32 所示。在【PMP 文件名】文本框中输入文件名称。PMP 文件可以跟随 PC3 文件。输入完成单击【下一步】按钮，再单击【完成】按钮。至此完成整个自定义图纸尺寸的设置。

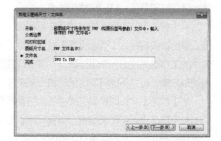

图 14-32 【自定义图纸尺寸 - 文件名】对话框

在配置编辑器中可修改标准图纸尺寸。通过节点可以访问"绘图仪校准"和"自定义图纸尺寸"向导，方法与自定义图纸尺寸方法类似。如果正在使用的绘图仪已校准过，则绘图仪型号参数 (PMP) 文件包含校准信息。如果 PMP 文件还未附着到正在编辑的 PC3 文件中，那么必须创建关联才能够使用 PMP 文件。如果创建当前 PC3 文件时在"添加绘图仪"向导中校准了绘图仪，则 PMP 文件已附着。使用"用户定义的图纸尺寸和校准"下面的"PMP 文件名"选项将 PMP 文件附着到或拆离正在编辑的 PC3 文件。

32.2 设置图纸尺寸

在【图纸尺寸】下拉列表框中选择打印出图时的纸张类型，控制出图比例。

工程制图的图纸有一定的规范尺寸，一般采用英制 A 系列图纸尺寸，包括 A0、A1、A2 等标准型号，以及 A0+、A1+ 等加长图纸型号。图纸加长的规定是：可以将边延长 1/4 或 1/4 的整数倍，最多可以延长至原尺寸的两倍，短边不可延长。各型号图纸的尺寸如下表所示。

表 标准图纸尺寸

图纸型号	长宽尺寸
A0	1189mm × 841mm
A1	841mm × 594mm
A2	594mm × 420mm
A3	420mm × 297mm
A4	297mm × 210mm

新建图纸尺寸的步骤为首先在打印机配置文件中新建一个或若干个自定义尺寸，然后保存为新的打印机配置 PC3 文件。这样，以后需要使用自定义尺寸时，只需要在【打印机 / 绘图仪】对话框中选择该配置文件即可。

323 设置打印区域

在使用模型空间打印时，一般在【打印】对话框中设置打印范围，如图 14-33 所示。

【打印范围】下拉列表用于确定设置图形中需要打印的区域，其各选项含义如下。

● 【布局】：打印当前布局图中的所有内容。该选项是默认选项，选择该项可以精确地确定打印范围、打印尺寸和比例。

图 14-33 设置打印范围

● 【窗口】：用窗选的方法确定打印区域。单击该按钮后，【页面设置】对话框暂时消失，系统返回绘图区，可以用鼠标在模型窗口中的工作区间拉出一个矩形窗口，该窗口内的区域就是打印范围。使用该选项确定打印范围简单方便，但是不能精确比例尺和出图尺寸。

● 【范围】：打印模型空间中包含所有图形对象的范围。

● 【显示】：打印模型窗口当前视图状态下显示的所有图形对象，可以通过 ZOOM 命令调整视图状态，从而调整打印范围。

在使用布局空间打印图形时，单击【打印】面板中的【预览】按钮，预览当前的打印效果。图签有时会出现部分不能完全打印的状况，如图 14-34 所示，这是因为图签大小超越了图纸可打印区域的缘故。可以通过【绘图配置编辑器】对话框中的【修改标准图纸所示（可打印区域）】选择重新设置图纸的可打印区域来解决，图 14-35 所示的虚线表示了图纸的可打印区域。

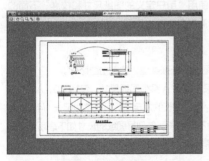

图 14-34 打印预览

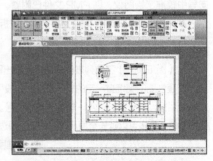

图 14-35 可打印区域

单击【打印】面板中的【绘图仪管理器】按钮，系统弹出【Plotters】对话框，如图 14-36 所示，双击所设置的打印设备。系统弹出【绘图配置编辑器】，在对话框单击选择【修改标准图纸所示（可打印区域）】选项，重新设置图纸的可打印区域，如图 14-37 所示。也可以在【打印】对话框中选择打印设备后，再单击右边的【特性】按钮，可以打开【绘图仪配置编辑器】对话框。

图 14-36 【Plotters】对话框　　　　图 14-37 绘图仪配置编辑器

在【修改标准图纸尺寸】栏中选择当前使用的图纸类型（即在【页面设置】对话框中的【图纸尺寸】列表中选择的图纸类型），图 14-38 所示中光标位置所在的尺寸（不同打印机有不同的显示）。

单击【修改】按钮弹出【自定义图纸尺寸】对话框，如图 14-39 所示，分别设置上、下、左、右页边距（可以使打印范围略大于图框即可），两次单击【下一步】按钮，再单击【完成】按钮，返回【绘图仪配置编辑器】对话框，单击【确定】按钮关闭对话框。

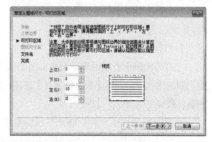

图 14-38 选择图纸类型　　　　图 14-39 【自定义图纸尺寸】对话框

修改图纸可打印区域之后，此时布局如图 14-40 所示（虚线内表示可打印区域）。

在命令行中输入 LAYER，调用【图层特性管理器】命令，系统弹出【图层特性管理器】对话框，将视口边框所在图层设置为不可打印，如图 14-41 所示，这样视口边框将不会被打印。

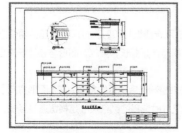

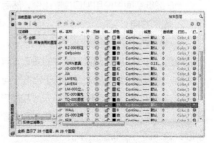

图 14-40 布局效果　　　　图 14-41 设置视口边框图层属性

再次预览打印效果如图 14-42 所示，图形可以正确打印。

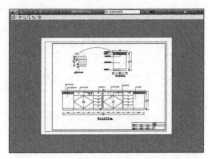

图 14-42　修改页边距后的打印效果

324 设置打印位置

打印位置是指选择打印区域打印在纸张上的位置。在 AutoCAD 中，【打印】对话框和【页面设置】对话框的【打印偏移】区域，其作用主要是用于指定打印区域偏离图样左下角的 X 方向和 Y 方向偏移值，默认情况下，都要求出图充满整个图样，所以设置 X 和 Y 偏移值均为 0，通过设置偏移量可以精确地确定打印位置，如图 14-43 所示。

通常情况下打印的图形和纸张的大小一致，不需要修改设置。选中【居中打印】复选框，则图形居中打印。这个【居中】是指在所选纸张大小 A1、A2 等尺寸的基础上居中，也就是 4 个方向上各留空白，而不只是在卷筒纸的横向居中。

325 设置打印比例和方向

1. 打印比例

【打印比例】选项组用于设置出图比例尺。在【比例】下拉列表框中可以精确设置需要出图的比例尺。如果选择【自定义】选项，则可以在下方的文本框中设置与图形单位等价的英寸数来创建自定义比例尺。

如果对出图比例尺和打印尺寸没有要求，可以直接选中【布满图样】复选框，这样 AutoCAD 会将打印区域自动缩放到充满整个图样。

【缩放线框】复选框用于设置线宽值是否按打印比例缩放。通常要求直接按照线宽值打印，而不按打印比例缩放。

在 AutoCAD 中，有两种方法控制打印出图比例。

● 在打印设置或页面设置的【打印比例】区域设置比例，如图 14-44 所示。

● 在图纸空间中使用视口控制比例，然后按照 1∶1 打印。

2. 图形方向

工程制图多需要使用大幅的卷筒纸打印，在使用卷筒纸打印时，打印方向包括两个方面的问题：第一，图纸阅读时所说的图纸方向，是横宽还是竖长；第二，图形与卷筒纸的方向关系，是顺着出纸方向还是垂直于出纸方向。

在 AutoCAD 中分别使用图纸尺寸和图形方向来控制最后出图的方向。在【图形方向】区域可以看到小示意图，其中白纸表示设置图纸尺寸时选择的图纸尺寸是横宽还是竖长，字母 A 表示图形在纸张上的方向。

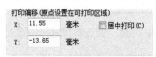

图 14-43 【打印偏移】设置选项

图 14-44 【打印比例】设置选项

326 打印预览

AutoCAD 中，完成页面设置之后，发送到打印机之前，可以对要打印的图形进行预览，以便发现和调整错误。

预览时进入预览窗口，在预览状态下不能编辑图形或修改页面设置，可以缩放、平移和使用搜索、通信中心、收藏夹。打印预览窗口如图 14-45 所示。

图 14-45 打印预览窗口

14.4 图纸集

为了方便管理图形文件，AutoCAD 提供了【图纸集】功能，图纸集会生成一个独立于图形文件之外的数据文件，这个文件中记录关于图纸的一系列信息，并且可以管理控制集内图纸的页面设置、打印等。

327 图纸集管理器

在图纸集管理器中可以看到当前所有的图纸集以及每个图纸集下的布局。图纸集中按照布局组织，也就是按照最后打印为单位来组织。

1. 启用方法

● 菜单栏：单击【工具】|【选项板】|【图纸集管理器】选项。

● 命令行：SHEETSET 或 OPENSHEETSET。

2. 操作过程

执行【图纸集管理器】命令后，系统弹出【图纸集】列表选项框，如图 14-46 所示。【图纸集】包括【图纸列表】、【图纸视图】和【模型视图】3 个部分，根据各个选项的用途来管理图纸即可。

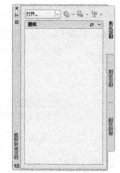

图 14-46 图纸集管理器

3. 选项说明

● 【图纸集】列表选项框：列出了用于创建新图纸集、打开现有图纸集或在打开的图纸集之间切换的菜单选项。

● 【图纸列表】选项卡：显示了图纸集中所有的有序列表。图纸集中的每张纸都是在图形文件中指定的布局，在列表中双击即可打开该文件。

● 【图纸视图】选项卡：显示了图纸集中所有图纸视图的有序列表。

● 【模型视图】选项卡：列出了一些图形的路径和文件夹名称，这些图形包含要在图纸集中使用的模型空间视图。

328 创建图纸集

创建图纸集是指将图形文件的布局输入到图纸集中。用户可以使用【创建图纸集】向导创建图纸集。在【图纸集管理器】的【图纸集】列表选项框中，单击【新建图纸集】选项，如图 14-47 所示。系统将弹出【创建图纸集—开始】对话框，如图 14-48 所示。用户可以选择使用【样列图纸集】或【现有图形】的工具来创建图纸集。

图 14-47 新建图纸集　　　　　　　　图 14-48 【创建图纸集—开始】对话框

选择【现有图形】的工具来创建图纸集。单击【下一步】按钮，系统将弹出图 14-49 所示的【创建图纸集—图纸集详细信息】对话框，在该对话框中，用户可以输入新图纸集的名称、图纸集的相关说明以及选择该图纸集的保存地址。而单击【图纸集特性】按钮，里面显示着新建图纸集的相关特性，用户也可以在里面对图纸集进行修改。

单击【下一步】按钮，系统将弹出图 14-50 所示的【创建图纸集—选择布局】对话框，选择包含图形文件的文件夹，再选择需要添加到图纸集中的图形文件的布局。

图 14-49 【创建图纸集—图纸集详细信息】对话框　　　图 14-50 【创建图纸集—选择布局】对话框

继续单击【下一步】按钮，系统将弹出图 14-51 所示的【创建图纸集—确认】对话框，里面显示着新建图纸集的基本信息。如果有不正确的，用户可以单击【上一步】按钮返回上层进行重新编辑或修改；如果信息显示正确，可以单击【完成】按钮，完成新建图纸集的操作。

图 14-51 【创建图纸集—确认】对话框

329 管理图纸集

在绘制大型工程图时，图纸集中的图纸有很多，为了方便管理和查找，有必要将树状图中的图纸和视图进行整理和归类，这些归类的集合称为子集。

图纸子集的归类一般是按照图形的种类或某个主题进行整理。归类后的图纸集更加便利于创建和查看相关子集，对工程图纸的管理和输出有很大的帮助。在实际操作过程中，还可以根据需要在子集中创建下一步子集。创建完成子集后，用户还可以在树状图中拖动图纸或子集，对其位置进行移动或重新排序。

14.5 出图

在完成打印的所有设置工作后，就可以开始打印出图或者输出为其他格式的图形文件了。

330 直接打印

1. 启用方法

- 快捷键：Ctrl+P。
- 菜单栏：单击【文件】|【打印】选项。
- 命令行：PLOT。

2. 操作过程

启用【打印】命令后，系统将弹出图 14-52 所示的【打印】对话框，该对话框与【页面设置】对话框相似，可以进行出图前的最后设置。但最简单的方法是在【页面设置】选项中的【名称】下拉列表中直接选择已经定义好的页面设置，这样就不必反复设置对话框中的其他设置选项。

正式打印之前，可以单击【预览】按钮，查看实际的出图效果。

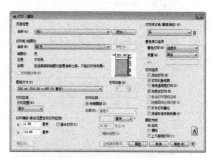

图 14-52 【打印】对话框

3. 结束方法

如果效果合适，可以单击【确定】按钮，开始打印。

331 输出高分辨率的 JPG 图片

除了第二章介绍的几种图形输出方法外，dwg 图纸还可以通过命令将选定对象输出为不同格式的图像，例如，使用 JPGOUT 命令导出 JPEG 图像文件、使用 BMPOUT 命令导出 BMP 位图图像文件、使用 TIFOUT 命令导出 TIF 图像文件、使用 WMFOUT 命令导出 Windows 图元文件等。但是导出的这些格式的图像分辨率很低，如果图形比较大，就无法满足印刷的要求，因此必须使用打印的方法进行输出。输出高分辨率的 JPG 图片的操作步骤如下所示。

01 打开任意文件，如图 14-53 所示。

02 按 Ctrl+P 组合键，弹出【打印 – 模型】对话框。然后在【名称】下拉列表框中选择所需的打印机，本例要输出 JPG 图片，便选择系统自带的【PublishToWeb JPG.pc3】打印机，如图 14-54 所示。

图 14-53 素材文件

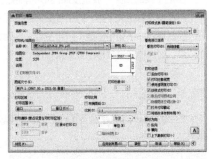

图 14-54 指定打印机

03 单击【PublishToWeb JPG.pc3】右边的【特性】按钮 <kbd>特性(B)</kbd>，系统弹出【绘图仪配置编辑器】对话框，选择【用户定义图纸尺寸与校准】节点下的【自定义图纸尺寸】，然后单击右下方的【添加】按钮，如图 14-55 所示。

04 系统弹出【自定义图纸尺寸 – 开始】对话框，选择【创建新图纸】单选项，然后单击【下一步】按钮，如图 14-56 所示。

图 14-55 【绘图仪配置编辑器】对话框

图 14-56 【自定义图纸尺寸 – 开始】对话框

05 调整分辨率。系统跳转到【自定义图纸尺寸 - 介质边界】对话框，这里会提示当前图形的分辨率，可以酌情进行调整，本例修改分辨率如图 14-57 所示。注意设置分辨率时，要注意图形的长宽比与原图一致。如果所设置的分辨率与原图长、宽不成比例，则会失真。

06 单击【下一步】按钮，系统跳转到【自定义图纸尺寸 - 图纸尺寸名】对话框，在【名称】文本框中输入图纸尺寸名称，如图 14-58 所示。

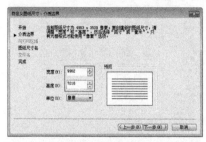

图 14-57 调整分辨率

图 14-58 【自定义图纸尺寸 - 介质边界】对话框

07 单击【下一步】按钮，再单击【完成】按钮，完成高清分辨率的设置。返回【绘图仪配置编辑器】对话框后单击【确定】按钮，再返回【打印 - 模型】对话框，在【图纸尺寸】下拉列表中选择刚才创建好的【高清分辨率】，如图 14-59 所示。

08 单击【确定】按钮，即可输出高清分辨率的 JPG 图片，局部截图效果如图 14-60 所示。

图 14-59 选择图纸尺寸（即分辨率）

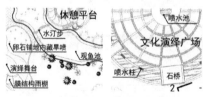

图 14-60 局部效果

332 输出供 PS 用的 EPS 文件

对于新时期的设计工作来说，已不能再是仅靠一种软件来进行操作，无论是客户要求还是自身发展，都在逐渐向多软件互通的方向靠拢。因此使用 AutoCAD 进行设计时，就必须掌握 dwg 文件与其他主流软件（如 Word、PS、CorelDRAW）的交互。

图 14-61 原始的 DWG 平面图

图 14-62 经过 PS 修缮后的彩平图

通过添加打印设备，就可以让 AutoCAD 输出 EPS 文件，然后再通过 PS、CorelDRAW 进行二次设计，即可得到极具表现效果的设计图（彩平图），如图 14-61、14-62 所示，这在室内设计中极为常见。

输出供 PS 用的 EPS 文件步骤如下所示。

01 单击功能区【输出】选项卡【打印】组面板中【绘图仪管理器】按钮，系统打开【Plotters】文件夹窗口，如图 14-63 所示。

图 14-63 【Plotters】文件夹窗口

02 双击文件夹窗口中【添加绘图仪向导】快捷方式，打开【添加绘图仪 – 简介】对话框，如图 14-64 所示。介绍称本向导可配置现有的 Windows 绘图仪或新的非 Windows 系统绘图仪。配置信息将保存在 PC3 文件中。PC3 文件将添加为绘图仪图标，该图标可从 Autodesk 绘图仪管理器中选择。在【Plotters】文件夹窗口中以 .pc3 为后缀名的文件都是绘图仪文件。

03 单击【添加绘图仪 – 简介】对话框中【下一步】按钮，系统跳转到【添加绘图仪 – 开始】对话框，如图 14-65 所示。

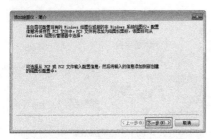

图 14-64 【添加绘图仪 – 简介】对话框

图 14-65 【添加绘图仪 – 开始】对话框

04 选择默认的选项【我的电脑】，单击【下一步】按钮，系统跳转到【添加绘图仪 – 绘图仪型号】对话框，如图 14-66 所示。

05 选择默认的生产商及型号，单击对话框【下一步】按钮，系统跳转到【添加绘图仪 – 输入 PCP 或 PC2】对话框，如图 14-67 所示。

图 14-66 【添加绘图仪 – 绘图仪型号】对话框

图 14-67 【添加绘图仪 – 输入 PCP 或 PC2】对话框

06 再单击对话框【下一步】按钮，系统跳转到【添加绘图仪－端口】对话框，选择【打印到文件】选项，如图 14-68 所示。因为是用虚拟打印机输出，打印时弹出保存文件的对话框，所以选择打印到文件。

07 单击【添加绘图仪－端口】对话框中【下一步】按钮，系统跳转到【添加绘图仪－绘图仪名称】对话框，如图 14-69 所示。在【绘图仪名称】文本框中输入名称【EPS】。

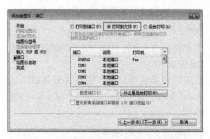

图 14-68 【添加绘图仪－端口】对话框

图 14-69 【添加绘图仪－绘图仪名称】对话框

08 单击【添加绘图仪－绘图仪名称】对话框中【下一步】按钮，系统跳转到【添加绘图仪－完成】对话框，单击【完成】按钮，完成 EPS 绘图仪的添加，如图 14-70 所示。

图 14-70 【添加绘图仪－完成】对话框

09 单击功能区【输出】选项卡【打印】组面板中【打印】按钮，系统弹出【打印－模型】对话框，在对话框【打印机／绘图仪】下拉列表中可以选择【EPS.pc3】选项，即上述创建的绘图仪。单击【确定】按钮，即可创建 EPS 文件，如图 14-71 所示。

10 以后通过此绘图仪输出的文件便是 EPS 类型的文件，用户可以使用 AI（Adobe Illustrator）、CDR（CorelDraw）、PS（Photoshop）等图像处理软件打开，置入的 EPS 文件是智能矢量图像，可自由缩放。能打印出高品质的图形图像，最高能表示 32 位图形图像。

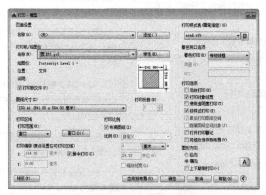

图 14-71 【打印—模型】对话框

附录 A AutoCAD 常见问题索引

文件管理类

01 样板文件要怎样建立并应用？
见第 2 章 2.1 小节。

02 如何减少文件大小？
将图形转换为图块，并清楚多余的样式（如图层、标注、文字的样式）可以有效减少文件大小。见第 9 章 9.1 与 9.2 小节。

03 DXF 是什么文件格式？
一种参考文件，可由 AutoCAD 生成并供其他软件打开，详见第 2 章 2.2 小节的 030 。

04 DWL 是什么文件格式？
一种保护文件，在使用 AutoCAD 绘图时会在当前文件夹生成半隐藏文件，详见第 2 章 2.2 小节 033 的"技能点拨"。

05 图形如何局部打开或局部加载？
见第 1 章 1.1 小节 003 的"技能点拨"。

06 什么是 AutoCAD 的自动保存功能？
见第 2 章 2.3 小节的 034 。

07 自动保存的备份文件如何应用？
见第 2 章 2.3 小节。

08 如何使图形只能看而不能修改？
可将图形输出为 DWF 或者 PDF，见第 1 章的 1.1 小节。也可以通过常规文件设置为"只读"的方式来完成。

09 怎样直接保存为低版本图形格式？
只需在保存图形时选择"文件类型"为低版本的格式即可。

10 如何核查和修复图形文件？
见第 2 章 2.3 小节的 036 。

11 如何让 AutoCAD 只能打开一个文件？
见第 1 章 1.1 小节 003 的"技能点拨"。

12 误保存覆盖了原图时如何恢复数据？
可以使用【撤销】工具或 .bak 文件来恢复。

13 打开旧图遇到异常错误而中断退出怎么办？
见第 2 章的 2.3 小节的 036 。

14 打开 dwg 文件时，系统弹出对话框提示【图形文件无效】？
图形可能被损坏，也可能是由更高版本的 AutoCAD 创建。可参考本书第 2 章 2.3 小节的 036 。

15 怎样添加自定义快捷键？
见第 1 章 1.3 小节的 018 。

16 如何恢复 AutoCAD 的经典工作空间界面，如 AutoCAD 2005 或 AutoCAD 2008？
经典工作空间是通过工具条来执行命令的，因此可将工作界面调整为显示工具条的形式，详见本书第 1 章 1.1 小节的 010 。

绘图编辑类

17 什么是对象捕捉？
对象捕捉是 AutoCAD 中为捕捉对象特征点而设计的辅助绘图功能，使用十分方便，详见第 3 章的 3.3 小节的 051 。

18 对象捕捉有什么方法与技巧？
见第 3 章的 3.3 小节的 051 。

19 选择无效时怎么办？
可通过其他选择方法进行选取，详见第 3 章的 3.2 节。

20 怎样按指定条件选择对象？
可通过快速选择的方法进行针对性选择，详见第 3 章的 3.2 小节的 048 。

21 在 AutoCAD 中 Shift 键有什么使用技巧？
可以用于辅助对象捕捉或加载快捷菜单，见第 3 章的 3.3 小节。

22 在 AutoCAD 中 TAB 键有什么使用技巧？
可以用于切换对象捕捉点。

23 AutoCAD 中的夹点要如何编辑与使用？
见第 5 章的 5.5 小节。

㉔ **多段线有什么操作技巧?**
见第 4 章的 4.4 小节。

㉕ **如何使变得粗糙的图形恢复平滑?**
在命令行中输入 FACETRES,调整该值大小即可,数值越大越平滑,然后输入 RE 命令重生成图形即可。

㉖ **复制图形粘贴后总是离得很远怎么办?**
使用带基点复制(Ctrl+Shift+C)命令,指定复制图形的基点。

㉗ **如何用 Break 命令在一点处打断对象?**
见第 5 章的 5.3 小节的 123。

㉘ **直线(Line)命令有哪些操作技巧?**
见第 4 章 4.2 小节 063 的技能点拨。

㉙ **如何快速绘制直线?**
见第 4 章 4.2 小节的 063。

㉚ **偏移(Offset)命令有哪些操作技巧?**
见第 5 章 5.2 小节的 111。

㉛ **镜像(Mirror)命令有哪些操作技巧?**
见第 5 章 5.1 小节的 106。

㉜ **修剪(Trim)命令有哪些操作技巧?**
见第 5 章 5.3 小节的 115。

㉝ **设计中心(Design Center)有哪些操作技巧?**
见第 9 章的 9.4 小节。

㉞ **OOPS 命令与 UNDO 命令有什么区别?**
见第 5 章 5.3 小节 126 的“技能点拨”。

㉟ **为什么有些图形无法分解?**
在 AutoCAD 中,有 3 类图块是无法被使用【分解】命令分解的,即 MINSERT【阵列插入图块】、外部参照、外部参照的依赖块等 3 类图块。而分解一个包含属性的块将删除属性值并重新显示属性定义。

㊱ **在 AutoCAD 中如何统计图块数量?**
借助快速查找命令 QSELECT 搜索该图块的名称即可。

㊲ **内部图块与外部图块的区别?**
见第 9 章的 9.1 小节。

㊳ **如何让图块的特性与被插入图层一样?**
在插入图块之前,将图层更改为所需的图层即可。

㊴ **图案填充(HATCH)时找不到范围怎么解决?**
见第 5 章 5.4 小节的 131。

㊵ **填充时未提示错误但填充不了?**
见第 5 章 5.4 小节 130 的“技能点拨”。

㊶ **怎样使用 MTP 修饰符?**
见第 3 章的 3.3 小节的 053。

㊷ **怎样使用 FROM 修饰符?**
见第 3 章的 3.3 小节的 053。

图形标注类

㊸ **为什么修改了文字样式,但文字没发生改变?**
见第 7 章的 7.1 小节的“技能点拨”。

㊹ **字体无法正确显示?**
点选出现问号的文字,单击鼠标右键打开【特性】管理器。然后修改文字体样式即可。

㊺ **控制镜像文字以镜像方式显示文字?**
方法与镜像图形相同,详情见第 5 章 5.1 小节的 109。

㊻ **如何快速调出特殊符号?**
见第 7 章 7.2 小节的 184。

㊼ **如何快速标注序号?**
可先创建一个多重引线,然后使用【阵列】、【复制】等命令创建大量副本。

㊽ **如何编辑标注?**
双击标注文字即可进行编辑,也可查阅第 6 章的 6.5 节。

㊾ **复制图形时标注出现异常?**
把图形连同标注从一张图复制到另一张图,标注尺寸线移位,标注文字数值变化。这是标注关联性的问题,见第 6 章 6.5 小节的 172。

系统设置类

㊿ **绘图时没有虚线框显示怎么办?**
见第 4 章 4.8 小节的“技能点拨”。

51 **为什么鼠标中键不能用作平移了?**
将系统变量 MBUTTONPAN 的值重新指定为 1 即可。

52 如何控制坐标格式？

直角坐标与极轴坐标见第 3 章的 3.1 小节。

53 如何灵活使用动态输入功能？

见第 3 章 3.3 小节的 056 。

54 如何设置自定义的个性工作空间？

方法参照本书第 1 章 1.1 小节的 010 。

55 怎样在标题栏中显示出文件的完整保存路径？

在【选项】对话框中切换至【打开和保存】选项卡，在【文件打开】选项组中勾选【在标题中显示完整路径】复选框，单击【确定】按钮即可。

56 怎样调整 AutoCAD 的界面颜色？

见第 1 章 1.4 小节的 027 。

57 模型和布局选项卡不见了怎么办？

在 AutoCAD 状态栏的左下角，有【模型】和【布局】选项卡，用于切换模型与布局空间。有时由于误操作，会造成该选项卡的消失。此时就可以在【显示】选项卡中勾选【显示布局和模型选项卡】复选框进行调出。

58 如何将图形全部显示在绘图区窗口？

单击状态栏中的【全屏显示】按钮即可。

视图与打印类

59 为什么找不到视口边界？

视口边界与矩形、直线一样，都是图形对象，如果没有显示的话可以考虑是对应图层被关闭或冻结，开启方式见第 8 章的 8.3 小节。

60 如何删除顽固图层？

见第 8 章 8.3 小节的 207 。

61 AutoCAD 的图层到底有什么用处？

图层可以用来更好地控制图形，见第 8 章的 8.1 小节。

62 设置图层时有哪些注意事项？

设置图层时要理解它的分类原则，见第 8 章的 8.2 小节。

63 如何快速控制图层状态？

可在【图层特性管理器】中进行统一控制，见第 8 章 8.3 小节的 203 。

64 如何使用向导创建布局？

见第 14 章的 14.1 小节的 316 。

65 如何输出高清的 JPG 图片？

见第 14 章 14.5 小节的 331 。

66 如何批处理打印图纸？

批处理打印图纸的方法与 DWF 文件的发布方法一致，只需更换打印设备即可输出其他格式的文件。

67 文本打印时显示为空心？

将 TEXTFILL 变量设置为 1。

68 有些图形能显示却打印不出来？

图层作为图形有效管理的工具，对每个图层有是否打印的设置。而且系统自行创建的图层，如 Defpoints 图层就不能被打印也无法更改。

程序与应用类

69 如何处理复杂表格？

可通过 Excel 导入 AutoCAD 的方法来处理复杂的表格，详见第 7 章 7.3 小节的 195 。

70 重新加载外部参照后图层特性改变

将 VISRETAIN 的值重置为 1。

71 图纸导入显示不正常？

可能是参照图形的保存路径发生了变更，重新指定保持路径即可。

72 怎样让图像边框不打印？

可将边框对象移动至 Defpoints 层，或设置所属图层为不打印样式。

73 附加工具 Express Tools 和 AutoLISP 实例安装。

在安装 AutoCAD 软件时勾选即可。

74 AutoCAD 图形导入 Word 的方法

直接粘贴、复制即可，但要注意将 AutoCAD 中的背景设置为白色。也可以使用 BetterWMF 小软件来处理。

75 AutoCAD 图形导入 CorelDRAW 的方法

输出 EPS 文件即可，详见第 14 章 14.5 小节的 332 。

CAD 常用快捷键命令

L	直线	A	圆弧
C	圆	T	多行文字
XL	射线	B	块定义
E	删除	I	块插入
H	填充	W	定义块文件
TR	修剪	CO	复制
EX	延伸	MI	镜像
PO	点	O	偏移
S	拉伸	F	倒圆角
U	返回	D	标注样式
DDI	直径标注	DLI	线性标注
DAN	角度标注	DRA	半径标注
OP	系统选项设置	OS	对象捕捉设置
M	MOVE（移动）	SC	比例缩放
P	PAN（平移）	Z	局部放大
Z + E	显示全图	Z + A	显示全屏
MA	属性匹配	AL	对齐
Ctrl + 1	修改特性	Ctrl + S	保存文件
Ctrl + Z	放弃	Ctrl + C Ctrl + V	复制 粘贴
F3	对象捕捉开关	F8	正交开关

1. 绘图命令：

PO, *POINT（点）
L, *LINE（直线）
XL, *XLINE（射线）
PL, *PLINE（多段线）
ML, *MLINE（多线）
SPL, *SPLINE（样条曲线）
POL, *POLYGON（正多边形）
REC, *RECTANGLE（矩形）
C, *CIRCLE(圆)
A, *ARC(圆弧)

DO, *DONUT（圆环）
EL, *ELLIPSE（椭圆）
REG, *REGION（面域）
MT, *MTEXT（多行文本）
T, *MTEXT（多行文本）
B, *BLOCK（块定义）
I, *INSERT（插入块）
W, *WBLOCK（定义块文件）
DIV, *DIVIDE（等分）
ME,*MEASURE(定距等分)
H, *BHATCH（填充）

2. 修改命令:

CO, *COPY（复制）
MI, *MIRROR（镜像）
AR, *ARRAY（阵列）
O, *OFFSET（偏移）
RO, *ROTATE（旋转）
M, *MOVE（移动）
E, DEL 键 *ERASE（删除）
X, *EXPLODE（分解）
TR, *TRIM（修剪）
EX, *EXTEND（延伸）
S, *STRETCH（拉伸）
LEN, *LENGTHEN（直线拉长）
SC, *SCALE（比例缩放）
BR, *BREAK（打断）
CHA, *CHAMFER(倒角）
F, *FILLET（倒圆角）
PE, *PEDIT（多段线编辑）
ED, *DDEDIT（修改文本）

3. 视窗缩放:

P, *PAN（平移）
Z + 空格 + 空格, * 实时缩放
Z, * 局部放大
Z+P, * 返回上一视图
Z + E, 显示全图
Z+W, 显示窗选部分

4. 尺寸标注:

DLI, *DIMLINEAR（直线标注）
DAL, *DIMALIGNED（对齐标注）
DRA, *DIMRADIUS（半径标注）
DDI, *DIMDIAMETER（直径标注）
DAN, *DIMANGULAR（角度标注）
DCE, *DIMCENTER（中心标注）
DOR, *DIMORDINATE（点标注）
LE, *QLEADER（快速引出标注）
DBA, *DIMBASELINE（基线标注）
DCO, *DIMCONTINUE（连续标注）
D, *DIMSTYLE（标注样式）
DED, *DIMEDIT（编辑标注）
DOV, *DIMOVERRIDE（替换标注系统变量）
DAR,（弧度标注，CAD 2006)
DJO, （折弯标注，CAD 2006）

5. 对象特性

ADC, *ADCENTER（设计中心 "Ctrl + 2"）
CH, MO *PROPERTIES(修改特性 "Ctrl + 1"）
MA, *MATCHPROP（属性匹配）
ST, *STYLE（文字样式）
COL, *COLOR（设置颜色）
LA, *LAYER（图层操作）

LT, *LINETYPE（线型）
LTS, *LTSCALE（线型比例）
LW, *LWEIGHT （线宽）
UN, *UNITS（图形单位）
ATT, *ATTDEF（属性定义）
ATE, *ATTEDIT（编辑属性）
BO, *BOUNDARY（边界创建，包括创建闭合多段
线和面域）
AL, *ALIGN（对齐）
EXIT, *QUIT（退出）
EXP, *EXPORT（输出其他格式文件）
IMP, *IMPORT（输入文件）
OP,PR *OPTIONS（自定义 CAD 设置）
PRINT, *PLOT（打印）
PU, *PURGE（清除垃圾）
RE, *REDRAW（重新生成）
REN, *RENAME（重命名）
SN, *SNAP（捕捉栅格）
DS, *DSETTINGS（设置极轴追踪）
OS, *OSNAP（设置捕捉模式）
PRE, *PREVIEW（打印预览）
TO, *TOOLBAR（工具栏）
V, *VIEW（命名视图）
AA, *AREA（面积）
DI, *DIST（距离）
LI, *LIST（显示图形数据信息）

常用 Ctrl 快捷键

Ctrl + 1 *PROPERTIES(修改特性）
Ctrl + 2 *ADCENTER（设计中心）
Ctrl + O *OPEN（打开文件）
Ctrl + N、M *NEW（新建文件）
Ctrl + P *PRINT（打印文件）
Ctrl + S *SAVE（保存文件）
Ctrl + Z *UNDO（放弃）
Ctrl + X *CUTCLIP（剪切）
Ctrl + C *COPYCLIP（复制）
Ctrl + V *PASTECLIP（粘贴）
Ctrl + B *SNAP（栅格捕捉）
Ctrl + F *OSNAP（对象捕捉）
Ctrl + G *GRID（栅格）
Ctrl + L *ORTHO（正交）
Ctrl + W * （对象追踪）
Ctrl + U * （极轴）

常用功能键

F1 *HELP（帮助）
F2 * （文本窗口）
F3 *OSNAP（对象捕捉）
F7 *GRIP（栅格）
F8 正交

平面绘图练习 **40** 例

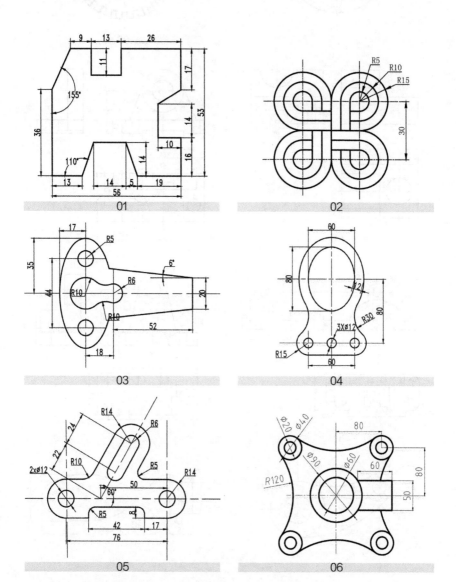

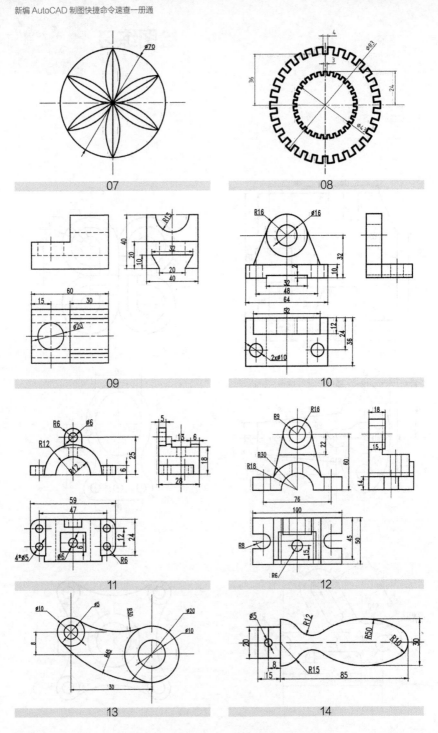

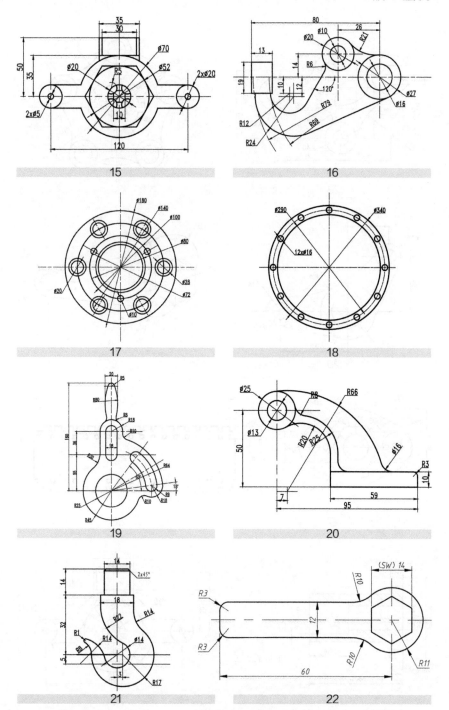

15

16

17

18

19

20

21

22

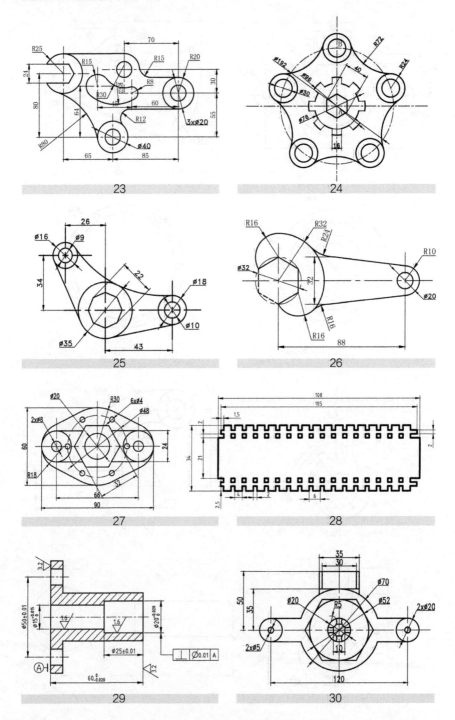

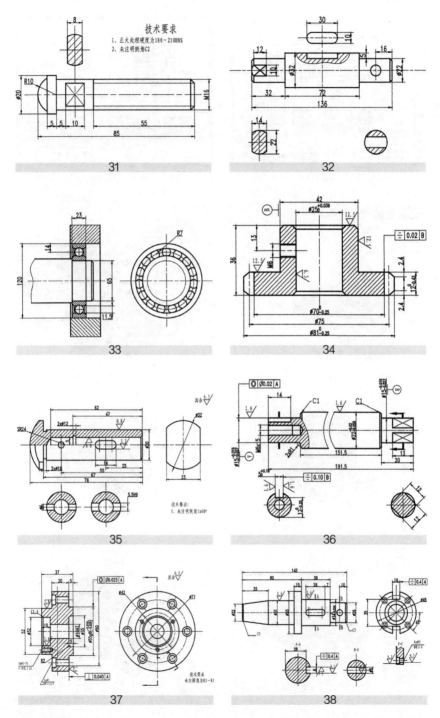

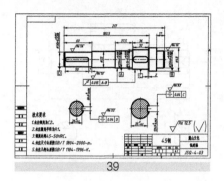

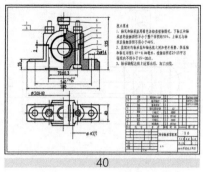

| 39 | 40 |

三维绘图练习 20 例

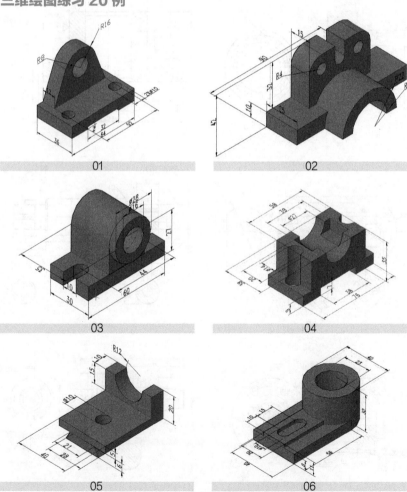

01	02
03	04
05	06

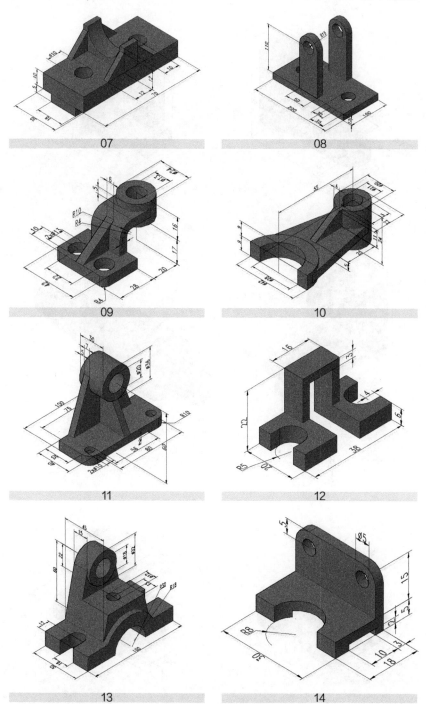

07

08

09

10

11

12

13

14

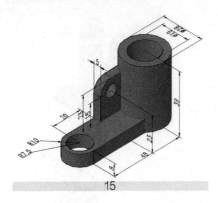

15

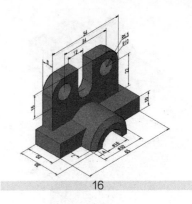

16

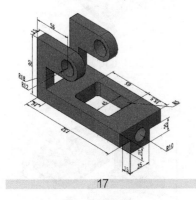

17

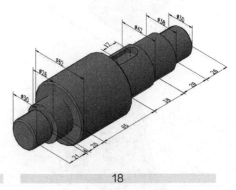

18

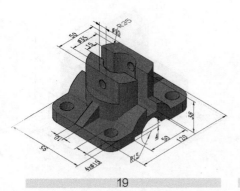

19

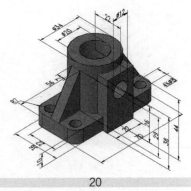

20